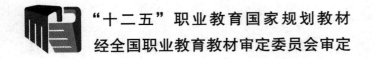

"十二五"职业教育国家规划教材

经全国职业教育教材审定委员会审定

办公软件应用
（Office 2010）
（第2版）

张 平 主编

U0281387

电子工业出版社

Publishing House of Electronics Industry

北京·BEIJING

内 容 简 介

本书根据教育部颁发的《中等职业学校专业教学标准（试行）信息技术类（第一辑）》中的相关教学内容和要求编写。本书的编写从满足经济发展对高素质劳动者和技能型人才的需求出发，在课程结构、教学内容、教学方法等方面进行了新的探索与改革创新，以利于学生更好地掌握本课程的内容，利于学生理论知识的掌握和实际操作技能的提高。

本书以Microsoft Office 2010为版本，从Office 2010软件的安装开始讲解，着重介绍常用的Office组件，全书分三篇：Word 2010篇、Excel 2010篇、PowerPoint 2010篇。本书每章开始处均加入了本章重点要掌握的知识技巧，进行点睛指引，书中的案例来自于实际工作中遇到的问题。

本书采用通俗易懂的语言对各知识点进行讲解，尽量避免艰涩、难懂的专业术语出现。

本书是计算机相关专业的专业（技能）方向课程教材，也可作为各类计算机速录培训班的教材，还可以供计算机速录人员参考学习。

图书在版编目（CIP）数据

办公软件应用：Office 2010 / 张平主编. —2 版. —北京：电子工业出版社，2022.12

ISBN 978-7-121-24473-5

I. ①办… II. ①张… III. ①办公自动化—应用软件—中等专业学校—教材 IV. ①TP317.1

中国版本图书馆 CIP 数据核字（2014）第 231195 号

责任编辑：关雅莉　　文字编辑：张志鹏
印　　刷：北京雁林吉兆印刷有限公司
装　　订：北京雁林吉兆印刷有限公司
出版发行：电子工业出版社
　　　　　北京市海淀区万寿路 173 信箱　邮编　100036
开　　本：880×1 230　1/16　印张：17.5　字数：403.2 千字
版　　次：2016 年 1 月第 1 版
　　　　　2022 年 12 月第 2 版
印　　次：2024 年 8 月第 3 次印刷
定　　价：35.10 元

凡所购买电子工业出版社图书有缺损问题，请向购买书店调换。若书店售缺，请与本社发行部联系，联系及邮购电话：（010）88254888，88258888。

质量投诉请发邮件至 zlts@phei.com.cn，盗版侵权举报请发邮件至 dbqq@phei.com.cn。

本书咨询联系方式：（010）88254576，zhangzhp@phei.com.cn。

前言 | PREFACE

本书根据教育部颁发的《中等职业学校专业教学标准（试行）信息技术类（第一辑）》中的相关教学内容和要求编写，从 Office 2010 软件的安装开始讲解，着重介绍办公软件的应用，分为 Word 2010 篇、Excel 2010 篇、PowerPoint 2010 篇。

本书特色

本书的编写从满足经济发展对高素质劳动者和技能型人才的需求出发，从实际的工作应用入手，讲解办公软件 Office 2010 的操作方法，每篇开始均加入了要重点掌握的知识技巧，进行点睛指引。本书共 16 章，大多数章节包含"本章重点掌握知识""任务描述""操作步骤""知识解析""举一反三""知识拓展及训练"等部分，并且在最后附有相关的"习题"。每篇的最后一章又以综合实训的方式将本篇讲述的技巧串联，旨在巩固所学知识的基础上，使学生做到举一反三，灵活巧用。

本书采用通俗易懂的语言对各知识点进行讲解，尽量避免出现艰涩的专业术语。

课时分配

本书参考课时为 64 学时。课时分配如下。

课时分配（仅供参考）

序　号	学 习 内 容	建议课时分配	
		讲　授	实　训
第 1 章	Word 2010 的窗口组成和基本操作——制作"介绍信"	2	2
第 2 章	Word 2010 文档的编辑及基本格式设置——制作"招聘启事"	2	2
第 3 章	Word 2010 文档的格式化——制作"企业产品介绍手册"	2	2
第 4 章	Word 2010 表格的制作——制作"员工通讯录""员工档案登记表"	2	2
第 5 章	Word 2010 图形、图像与艺术字的使用——制作"产品宣传页"	2	2
第 6 章	Word 2010 综合实训——制作"公司内部期刊"		4
第 7 章	Excel 2010 窗口组成及基本操作——制作"客户资料表"	2	2
第 8 章	Excel 2010 电子表格的格式设置——制作"销售业绩统计表"	2	2
第 9 章	Excel 2010 电子表格的数据处理——制作"员工工资表"	2	2
第 10 章	Excel 2010 电子表格的数据分析——制作销售利润分析表	2	2
第 11 章	Excel 2010 工作表的打印与输出——打印员工工资表	2	2
第 12 章	Excel 2010 综合实训——员工档案和工资表的制作及数据分析		4

序　号	学 习 内 容	建议课时分配	
		讲　授	实　训
第 13 章	PowerPoint 2010 窗口组成及基本操作——创建"公司文化简介"	2	2
第 14 章	插入各种多媒体对象——制作旅游宣传片	2	2
第 15 章	设置动画效果和幻灯片切换——制作游戏测试题	2	2
第 16 章	PowerPoint 2010 综合实训——创建"中国瓷文化"演示文稿		4
合计		26	38

本书作者

本书由张平担任主编，郭玲担任副主编，参加编写工作的有：张平编写第 1 章，娄慧轩编写第 2、3 章，董宇编写第 4、5、6 章，杜玉静编写第 7、8、9 章，郭玲编写第 10、11、12 章，张楠编写第 13、14、15、16 章。由于编者水平有限，书中难免出现疏漏和不足之处，敬请读者批评指正。

本书资源

为了方便教师教学，本书还配有教学资源。请有此需要的老师登录华信教育资源网注册后免费进行下载。

编　者

CONTENTS | 目录

Excel 2010 篇

Power Point 2010 篇

党的二十大报告指出："教育、科技、人才是全面建设社会主义现代化国家的基础性、战略性支撑。必须坚持科技是第一生产力、人才是第一资源、创新是第一动力，深入实施科教兴国战略、人才强国战略、创新驱动发展战略，开辟发展新领域新赛道，不断塑造发展新动能新优势。"这一重要论断，阐释了新时代实施科教兴国战略、强化现代化建设人才支撑的重大战略意义，明确了建设教育强国、科技强国、人才强国的出发点。

Office 2010 是微软 Microsoft Office 产品史上颇具创新与革命性的一个版本。包括全新设计的用户界面、稳定安全的文件格式和无缝高效的沟通协作。Office 2010 包括了 Word、Excel、PowerPoint、Outlook、Publisher、OneNote、Groove、Access 和 InfoPath 所有的 Office 组件。Office 2010 简体中文版还集成 Outlook 手机短信/彩信服务、中文拼音输入法 MSPY 2010 及特别为本地用户开发的 Office 功能。Office 2010 窗口界面比以前版本更美观大方，功能更完善，工作效率更高。

本书以 Office 2010 版本为例，介绍在办公中经常使用的相关功能，掌握这些就能使工作更有效率且轻松惬意。

图解 Office 2010 的安装

Office 2010 的安装方法与前版本基本相同，安装方法如图 0-1～图 0-10 所示步骤进行。

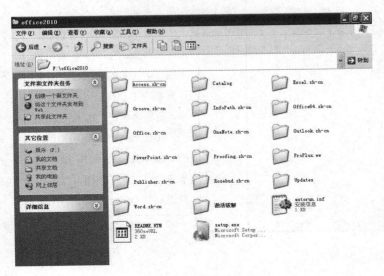

步骤 1：将安装光盘放入光驱中，打开 Office 2010 安装文件夹，如图 0-1 所示，双击安装文件"Setup.exe"即可启动安装过程。

图 0-1　安装文件夹

图 0-2　启动安装文件

步骤 2：启动安装文件，如图 0-2 所示。

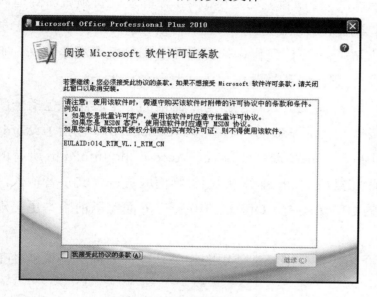

图 0-3　接受许可协议条款

步骤 3：接受 Microsoft 软件许可证条款，勾选图 0-3 下面的"我接受此协议的条款"复选框。单击"继续"按钮。

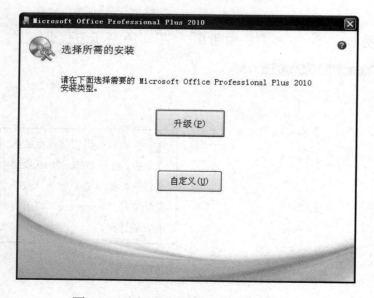

图 0-4　选择升级还是自定义安装方式

步骤 4：用户的计算机中如果存在 Office 的旧版本，会出现如图 0-4 所示的对话框。如果计算机中不存在 Office 的旧版本，则直接单击"继续"按钮。

　　单击"升级"按钮将 Office 的旧版本升级到 2010 版本，单击"自定义"按钮可按用户需求安装 Office 2010。

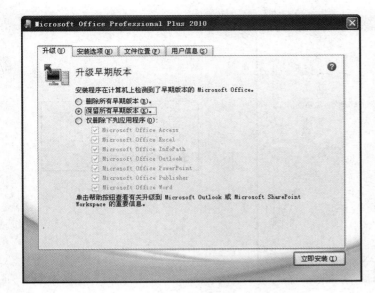

图 0-5　自定义安装方式

步骤 5：单击"自定义"按钮，可以选择不同方式安装 Office 2010。这里选中"保留所有早期版本"单选按钮，如图 0-5 所示

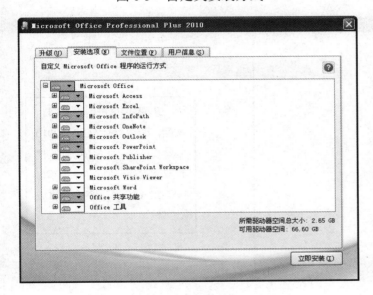

图 0-6　安装选项

步骤 6：单击"安装选项"选项卡，如图 0-6 所示，选择安装 Office 2010 的不同组件。

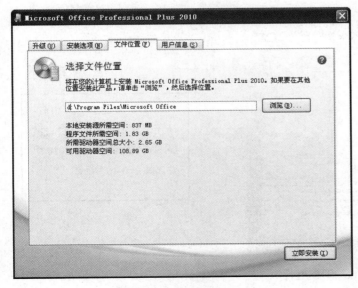

图 0-7　指定安装文件位置

步骤 7：单击"文件位置"选项卡，选择文件位置。建议用户将 Office 2010 安装到 D 盘上，如图 0-7 所示。

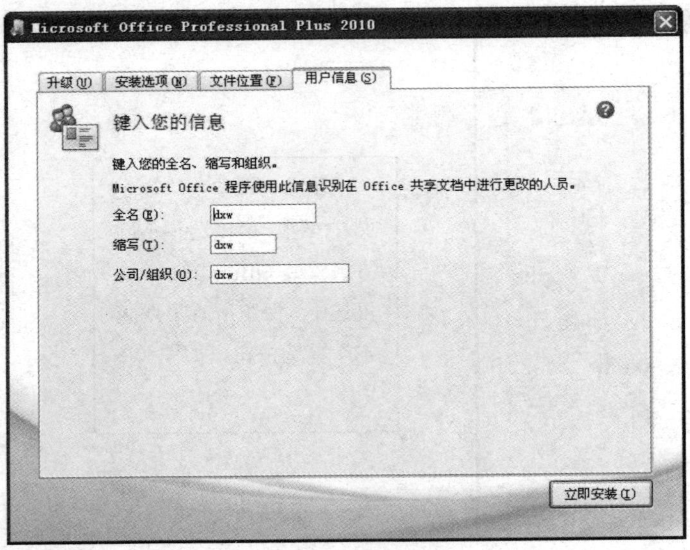

图 0-8　输入用户信息

步骤 8：单击"用户信息"选项卡，输入用户信息，如图 0-8 所示。

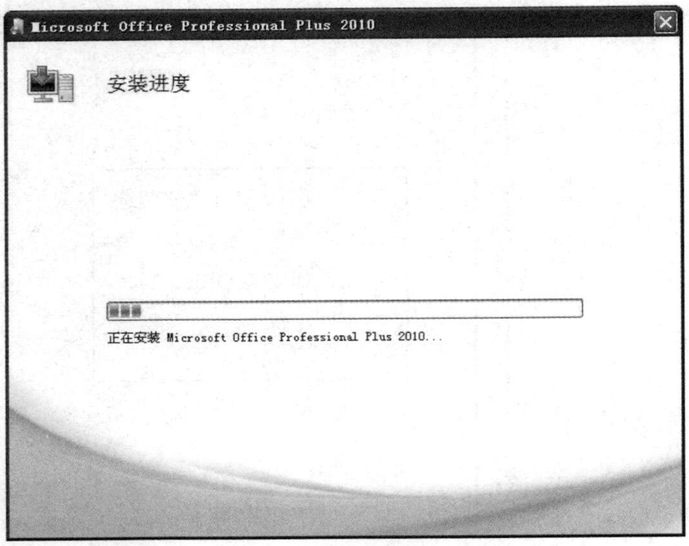

图 0-9　安装程序复制文件

步骤 9：单击"立即安装"按钮，安装程序将 Office 2010 自动安装到计算机中，安装程序复制文件，如图 0-9 所示。安装完成后，系统将自动重启计算机。

步骤 10：重启计算机后，打开"开始"菜单，会自动显示安装后的 Office 2010 组件，如图 0-10 所示。

图 0-10　安装完成后显示的 Office 2010 组件

Word 2010 篇

Word 2010 是优秀的文字处理软件之一，作为 Office 2010 办公应用软件中的一个重要组件，Word 2010 将一组功能完备的撰写工具与易于使用的 Office 流畅用户界面相结合，从而帮助用户创建和共享具有专业外观的内容。

Word 2010 能轻松地制作和处理包含文字、符号、表格、图形等信息的各种文档资料，其完善的文字处理功能给用户提供了很大的方便，掌握该软件的使用已成为企事业员工工作和学习的必备技能。本篇通过具体的案例，使用户基本掌握 Word 2010 中的文字编辑处理、表格制作、图文混排和打印输出等功能，初步具备现代办公的应用能力。

第 1 章

Word 2010 的窗口组成和基本操作
——制作"介绍信"

 本章重点掌握知识

1. Word 2010 界面的基础操作
2. Word 2010 视图操作
3. 文件的新建和保存操作
4. 页面纸张大小的设置

 任务描述

　　江北一中前期组织本校教师在江北考试中心参加计算机等级考试，现已公布成绩，需要派 1 名江北一中的职工去考试中心领取计算机考试合格证书，特撰写介绍信以便交接工作顺利进行。

　　介绍信以江北一中命名，保存在"我的文档"中，如图 1-1 所示。通过完成本任务，掌握 Word 2010 的启动和退出，对建立的文档能够进行打开、保存和关闭等基本操作。熟悉 Word 2010 中 Office 按钮、快速访问工具栏、功能区、文档编辑区及状态栏等基本界面元素及其功能。

介绍信

江北市考试中心：

　　兹有我单位＿＿＿＿同志，身份证号＿＿＿＿＿＿＿。前往你处办理领取我单位＿＿＿名同志的计算机考试合格证书事宜，请予接洽为盼。

　　附：我单位考试通过人员名单

江北一中

年　月　日

图 1-1　介绍信

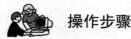　操作步骤

1. 启动 Word 2010 并输入文字

（1）选择"开始"→"程序"→"Microsoft Office"→"Microsoft Word 2010"选项，启动 Word 2010，如图 1-2 所示。若已在桌面上建立了 Word 2010 的快捷方式，也可双击该图标启动 Word 2010。

图 1-2　启动 Word 2010

（2）Word 2010 启动后，自动建立名为"文档 1"的空白文档，Word 2010 的工作界面如图 1-3 所示。

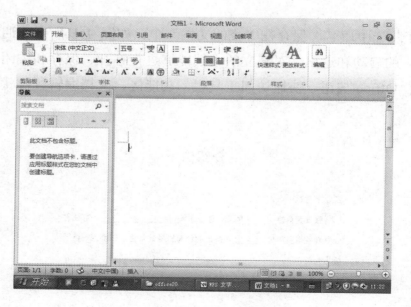

图 1-3　Word 2010 的工作界面

（3）工作界面中间的空白区域是"文档编辑区"，可以输入文本，编辑区中的"|"状闪烁光标就是文本输入的起始位置，在此输入介绍信的内容，如图 1-4 所示。

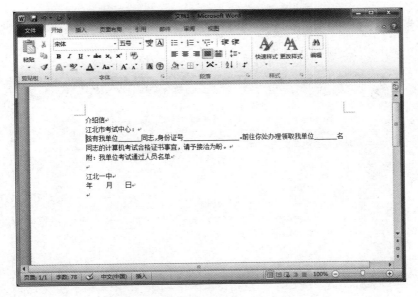

图 1-4　在文档编辑区中输入文字

（4）在"文档编辑区"中选中"介绍信"3 个字，单击工具栏上的"居中"按钮，将介绍信的题头居中放置。在"开始"选项卡的"字体"组中。单击"字体"按钮和"字号"按钮，可以设置字体及字号，也可以单击"增大字号""减小字号"按钮设置字号大小，这里可将其设置为"黑体""二号"；按【Enter】键将文字下移，再将光标移至介绍信的标题文字后按【Enter】键，拉开标题和内容的距离，如图 1-5 所示。

图 1-5　修饰文档编辑区标题

> **📖 提示**
>
> Word 软件在编辑中支持所见即所得，选取内容后便可编辑。选取文字内容的方式如下。
>
> （1）拖动鼠标选取任意区域：在选取内容起始位置单击不松开鼠标并向后拖动。
>
> （2）单击行首：选取整行；双击：可选取一个词语；三击：选取一段。
>
> （3）按【Ctrl+A】组合键：全选整个文档。

（5）在介绍信正文处，在段前按【Spacebar】键，空出两个汉字的位置，然后选取整个文字内容，设置字号为"四号"；选中"年　月　日"所在行，单击"右对齐"按钮▤，完成编辑。正文的修饰效果如图 1-6 所示。

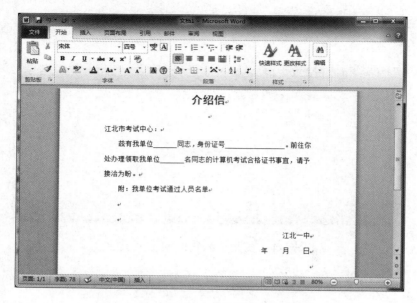

图 1-6　正文的修饰效果

2. 保存文档和关闭 Word 2010

（1）文字输入完成后，单击"文件"按钮，打开 Backstage 视图，选择"保存"选项，如图 1-7 所示。

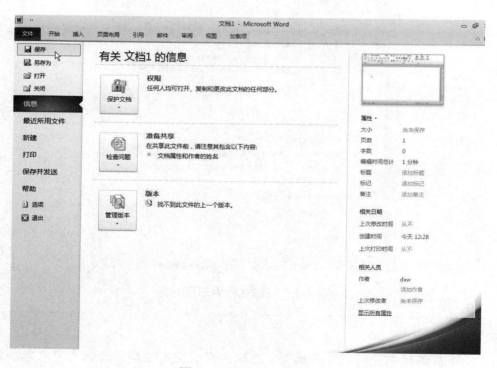

图 1-7　"保存"选项

（2）首次保存会弹出"另存为"对话框，如图 1-8 所示。在对话框的"保存位置"下拉菜单中选择"我的文档"选项，在"文件名"文本框中输入"介绍信"，单击"保存"按钮，文档将以"介绍信"为文件名保存在"我的文档"中。

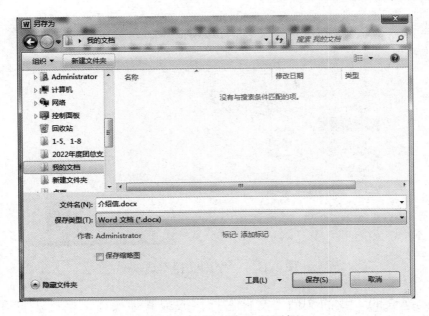

图 1-8　"另存为"对话框

（3）文档保存后，工作窗口不会关闭，可继续对"我的文档"进行编辑或其他操作。在工作窗口第一行标题栏中，显示当前文档名为"介绍信"，如图 1-9 所示。

图 1-9　显示当前文档名

（4）文档编辑完成后，退出 Word 2010，选择"文件"→"退出"选项或单击工作窗口右上角的"关闭"按钮 ✕，如果文档已保存，则关闭文档及工作窗口；如果文档没有保存或保存后又有修改，则会弹出"是否保存"警告框，如图 1-10 所示，根据需要选择"保存"或"不保存"，即可退出 Word 2010。

图 1-10　"是否保存"警告框

📖 **提示**

　关闭 Word 2010，可同关闭其他应用程序一样通过【Alt+F4】组合键来实现。

3. 新建、打开和关闭 Word 文档

（1）选择"开始"→"程序"→"Word 2010"选项，自动新建一个空白文档。

（2）在 Word 2010 已启动情况下新建文档，选择"文件"→"新建"选项，在"可用模板"列表中选择"空白文档"选项，如图 1-11 所示，也可新建一个空白文档。

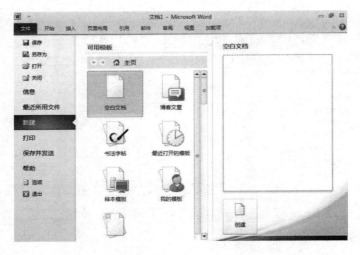

图 1-11　"空白文档"选项

（3）要对已建立的"我的文档"文件进行修改或其他操作，需要先打开该文档。如果 Word 2010 未启动，就先打开桌面上的"我的文档"文件夹，找到文件名为"介绍信"的 "Word 文档"类型文件，如图 1-12 所示。双击该文件，就会自动启动 Word 2010，并在工作窗口中显示出该文件内容；如果 Word 2010 已启动，单击"文件"按钮，打开已经存在的 Word 文档，或选择"最近所用文件"→"介绍信"选项，如图 1-13 所示。

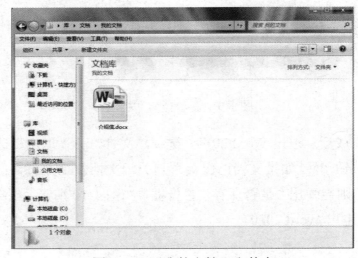

图 1-12　"我的文档"文件夹

图 1-13　"最近所用文件"选项

（4）当修改完成"介绍信"文档中的内容后，除了直接退出 Word 2010，还可以只关闭"介绍信"文档，不退出 Word 2010。选择"文件"→"关闭"选项，关闭"介绍信"文档。虽然工作窗口中文档编辑区消失了，但 Word 2010 程序并没有被关闭，关闭文档后的界面如图 1-14 所示。在该状态下，可继续进行 Word 文档的"新建""打开"等操作。

图 1-14　关闭文档后的界面

 知识解析

1.　Word 2010 的优势

（1）减少设置格式的时间，将主要精力集中于撰写文档。

Word 2010 提供了相应的工具，使用户可以轻松快速地设置所需的文档格式，选中文本后弹出的快捷工具栏如图 1-15 所示。

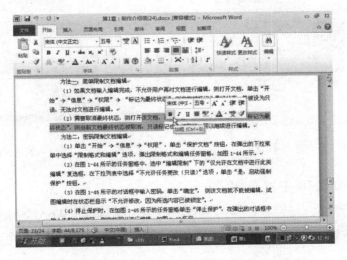

图 1-15　选中文本后弹出的快捷工具栏

（2）借助 SmartArt 图形和新的制图工具更有效地传达信息。

新的 SmartArt 图形和新的制图引擎可以使用三维形状、透明度、投影及其他效果，创建外观精美的内容，"选择 SmartArt 图形"对话框如图 1-16 所示。

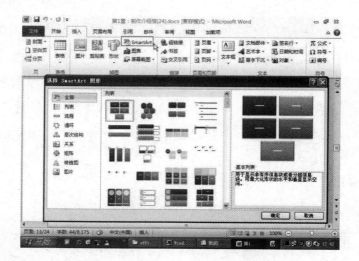

图 1-16　"选择 SmartArt 图形"对话框

（3）使用构建基块快速构建文档。

Word 2010 中的构建基块可用于通过常用的或预定义的内容（如免责声明文本、重要引述、提要栏、封面，以及其他类型的内容）构建文档，这样就可避免在各文档间重新进行创建、复制或粘贴，有助于使组织内创建的所有文档保持一致性。封面基块如图 1-17 所示。

（4）直接从 Word 2010 另存为 PDF 或 XPS 格式。

Word 2010 提供了与他人共享文档的功能，无须增加第三方工具就可以将 Word 文档转换为可移植文档格式（PDF）或 XML 文件规范格式（XPS），有助于与使用其他平台的用户进行广泛交流。文档共享如图 1-18 所示。

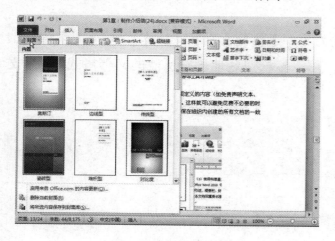

图 1-17　封面基块

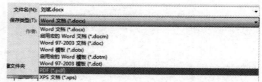

图 1-18　文档共享

（5）直接从 Word 2010 中发布和维护博客。

将 Word 2010 配置为直接链接到博客网站，使用丰富的 Word 经验来创建包含图像、表格和高级文本格式设置功能的博客。

（6）使用 Word 2010 和 SharePoint Server 2010 控制文档审阅过程。

通过 SharePoint Server 2010 中内置的工作流服务，在 Word 2010 中启动和跟踪文档的审阅和批准过程，加速整个组织的审阅周期，而无须强制用户学习新工具。

（7）将文档与业务信息连接。

使用新的文档控件和数据绑定来创建动态智能文档，这种文档可通过连接到后端系统进行自动更新。组织可以利用新的 XML 集成功能来部署智能模板，以协助用户创建高度结构化的文档。

（8）删除文档中的修订、批注和隐藏文本。

在"审阅"选项卡中，使用文档检查器检测并删除不需要的批注、隐藏文本或个人身份信息，以确保在发布文档时不会泄露信息，如图 1-19 所示。

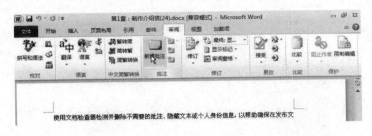

图 1-19　"审阅"选项卡

2．工作界面介绍

Word 2010 工作窗口的设计有了很大的变化，它用简洁明了的功能区代替了旧版本中的菜单栏和工具栏。除功能区外，还包括"Office"按钮、"快速访问"工具栏、文档编辑区和状态栏等基本部分。

（1）Word 2010 同 Word 之前的版本相比最大的改进就是增加了功能区。功能区横跨在 Word 2010 工作窗口的顶部，主要由选项卡、组和按钮组成，每个选项卡包含若干个围绕特定方案或对象进行组织的组。例如，"开始"选项卡包含"剪贴板""字体""段落"等组，组中包含若干个图形化设计的按钮，其中，"字体"组包含"字体""字号""粗体""上标"等按钮，如图 1-20 所示。

图 1-20　"开始"选项卡

（2）有的按钮还有下拉菜单。例如，在"插入"选项卡中，单击"表格"组中的"表格"按钮，弹出"表格"下拉菜单，如图 1-21 所示。

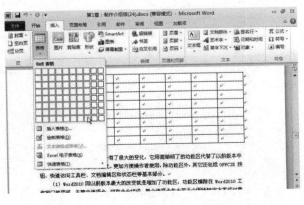

图 1-21　"表格"下拉菜单

（3）在某些组的右下角还会有"对话框启动器"按钮，单击该按钮可弹出相应的对话框。例如，单击"页面布局"→"页面设置"组的"对话框启动器"按钮，弹出"页面设置"对话框，可以对页面选项进行设置，如图1-22所示。

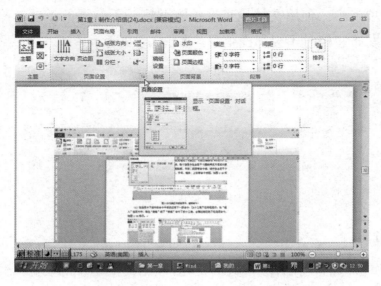

图1-22　"页面设置"组的"对话框启动器"按钮

📖 **提示**

　　双击功能区的选项卡，功能区中的组会临时隐藏，从而提供更多操作空间，再次单击选项卡，组就会重新出现。

（4）功能区的左上角是"文件"按钮，左侧菜单中包含了"新建""打开""保存""打印"等关于文档的选项。"新建"选项可以创建空白文档，也可以利用本机上安装的模板或互联网上的模板来创建一些有固定格式的文档。"Word选项"可对Word中一些相关操作进行更一步的设置，如设置自动保存的时间等。"信息"选项如图1-23所示。选择"选项"选项，弹出"Word选项"对话框，如图1-24所示。

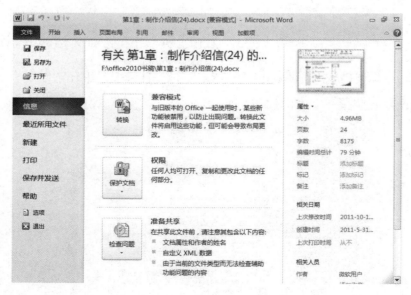

图1-23　"信息"选项

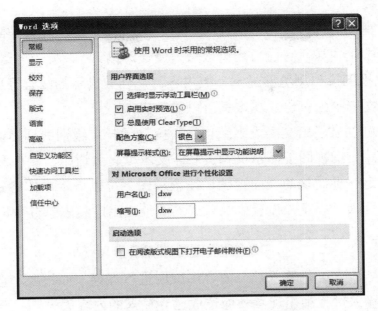

图 1-24　"Word 选项"对话框

（5）工作窗口的上部，"Word 图标"的右侧是"快速访问工具栏"，默认包含"保存""撤销""恢复" 3 个频繁使用的按钮，这些按钮在任何选项卡下都能访问，也可以向其中添加其他常用的按钮。中间位置显示当前打开文档的名称，右侧是"最小化""最大化/向下还原""关闭"按钮，如图 1-25 所示。

图 1-25　工作窗口的上部

（6）工作窗口的下部为状态栏，显示文档的基本信息，左侧显示当前文档的总页码、当前页码、总字数、语言及当前是"插入"还是"改写"状态。右侧是 Word 2010 的 5 个视图按钮，单击不同的视图按钮可以切换不同的视图，还有当前文档的显示比例，左右拖动滑块可以调节文档的显示大小，状态栏如图 1-26 所示。

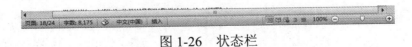

图 1-26　状态栏

3．Word 2010 的视图模式

Word 2010 中提供了 5 种不同的版式视图，即页面视图、阅读版式视图、Web 版式视图、大纲视图和草稿视图。单击"视图"选项卡下版式视图中的 5 个按钮，可以切换相应的视图方式，单击状态栏右侧的 5 个按钮也可以快速切换到不同的视图。

（1）页面视图是文档编辑中默认的视图方式，该视图下可以看到各种排版的格式，如页脚页眉、文本框、分栏等，其显示效果与最终打印输出的效果相同。

（2）阅读版式视图可以方便用户阅读文档。在该视图下，功能区被隐藏，相邻的两页显示在同一个窗口中，并显示有前后翻页按钮，便于阅读。

（3）Web版式视图模拟浏览器显示文档内容，文档被显示为没有分页的长文档，自动适应窗口的大小，文档中的背景、图像都可以显示出来。

（4）大纲视图可以显示出文档大纲结构，折叠显示一定级别的标题，也可以显示文档所有的标题和正文。大纲视图不显示页脚页眉、文本框、页边距、图片及背景等。

（5）草稿视图是一种简化的页面视图，在该视图下可以显示字体格式和段落格式，但不能显示页边距、页脚页眉及未设置成嵌入式的图片，用虚线表示分页符。

4．文档的保存

（1）在输入文档内容时，输入部分内容后就应进行保存，而不要将全部文档内容输入完才保存，以防因输入过程中出现意外而造成已经输入的内容丢失。

（2）第一次保存时除输入文件名外，还可以进行文件保存类型的选择。默认保存为Word 2010格式，扩展名为".docx"，为能在Word 2003中使用，可选择保存为"Word 97-2003文档"，扩展名为".doc"，保存为其他类型的文档如图1-27所示。

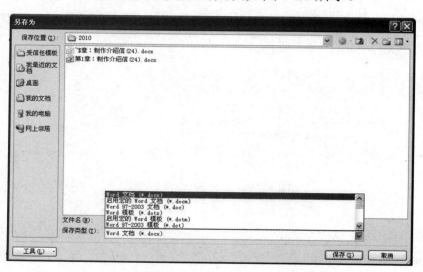

图1-27　保存为其他类型的文档

（3）第一次保存后，在继续编辑的过程中，可通过单击"快速访问工具栏"上的"保存"按钮（Ctrl+S）随时进行保存，以防内容丢失。

（4）为保证文档安全，可以利用Word 2010的自动保存功能。选择"文件"→"选项"选项，在弹出的"Word 选项"对话框中选择"保存"选项，勾选"保存自动恢复信息时间间隔"复选框，设置为5分钟，单击"确定"按钮，这样在输入内容的过程中每隔5分钟，Word 2010将自动保存当前文档。在"自动恢复文件位置""默认文件位置"两个文本框中还可以设置文件自动保存的位置，"Word 选项"对话框如图1-28所示。

（5）当需要对已经保存的文档，重新保存到另一个位置、保存为另一种文件类型或以另一个文件名保存时，可以选择"文件"→"另存为"选项，选择需要保存的类型，选择新的保存位置或输入新的文件名，单击"确定"按钮即可完成文档的保存。

图 1-28　"Word 选项"对话框

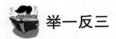举一反三

1. 创建"会议通知"

院校各领导为了进一步提升员工工作意识，树立新学年的工作目标，挖掘优秀员工，特对我院系各部门进行述职考核，考核方式不再由领导内部进行，而是通过组织院系各部门职工代表与校系领导共同参与的方式进行。请用 Word 2010 制作一个简单的会议通知，并保存在"我的文档"中，以"会议通知"命名，完成后关闭该 Word 文档，但不关闭 Word 2010 工作窗口。

要求：1．输入文字时力求准确，主要以练习文档相关操作为主。

2．文档排版力求美观大方。

3．通知用 A3 纸张打印。

2. 操作提示

设置纸张大小的方法：在 Word 2010 窗口中，单击"页面布局"→"纸张大小"按钮。"页面布局"选项卡如图 1-29 所示。

图 1-29　"页面布局"选项卡

3. 会议通知范例

会议通知

院属各部门、各位代表：

经学院研究决定，2011 年 12 月 26 日（星期一）上午 8:30 在柴达木校区报告厅召开 2011 年度院属各部门和中层领导干部述职、述廉考核大会，现将有关事宜通知如下。

一、参加会议人员：院领导、中层领导干部、全体教职工代表（名单附后）。参加会议的人员由各部门负责人通知。

二、参会人员自行前往，大会设置签到处，如确需请假者请到刘建明副院长处请假。

三、其他事项

（一）各部门由部门负责人述职。述职与本部门年度目标述职一并进行，每人述职不超过 5 分钟，述职后将填好的考核登记表一式二份交给韩永玲同志。

（二）实训基地（实训基地管理处，公路、汽车行业职业技能鉴定所（站）办公室）、培训部参加学院年度述职考核。

（三）全体参会人员要坚持公正、公平、实事求是的原则进行打分。

（四）与会同志请保持会场卫生，会场内严禁吸烟、吃零食。

（五）为了体现会议的严肃性，请参会人员将手机设为静音状态，不得大声喧哗，不能迟到、早退。

会议工作人员：李华　杨晓玲　韩永玲　吉毛太　沙莎

校委会领导办公室
2011 年 12 月 22 日

附：职工代表名单

李文时	张永兵	刘建明	曹立君	杨维恩	常坚义	王海春
段恭喜	梁　平	张冬冬	靳生盛	张海俐	殷建国	祁赤莉
韩永玲	苏惠艳	张青基	郭青兰	陈　岩	王惠萍	杨林林
杨　兵	刘丽娜	顾金刚	童经天	史大良	张　伟	季得庆
黄　平	都桂英	海显勋	雷培宁	赵丽华	张文莲	韦彩萍
鲁芳琴	李卫东	苗　岩	夏奕华	李亚莉	陈　佳	

会议议程：

时　　间：2011 年 12 月 26 日（星期一）
地　　点：学院柴达木校区报告厅
内　　容：部门及中层领导干部述职考核大会
主 持 人：副院长刘建明同志
工作人员：李华　韩永玲　杨晓玲　沙莎

议　　程：

一、刘建明同志讲话并宣布会议开始

二、人事劳资处主任张伟说明述职考核的要求

三、中层领导干部按顺序进行述职

四、工作人员分发考核表

 知识拓展及训练

在实际应用中，有些特殊的文档只允许知道密码的用户才能阅读和编辑，有些文档只允许阅读而不能进行编辑，有些文档需要通过用户验证才能打开和编辑，Word 2010 提供了对文档权限的管理方法。

1. 为文档添加打开密码

（1）对文档添加密码。例如，要对前面建立的"介绍信"文档加上密码，首先打开"介绍信"文档。

（2）单击"文件"→"信息"→"保存文档"按钮，在下拉菜单中选择"用密码进行加密"选项，如图 1-30 所示，在弹出的"加密文档"对话框中输入密码，如图 1-31 所示。单击"确定"按钮，关闭该文档。

（3）再次打开"介绍信"文档时，弹出"密码"对话框，只有输入密码才能打开，如图 1-32 所示。

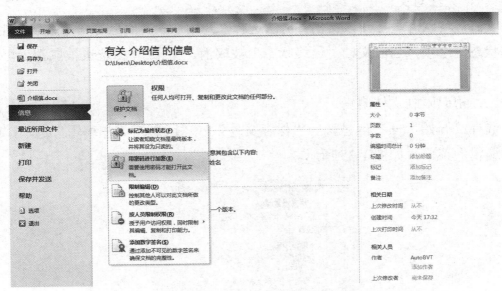

图 1-30　"用密码进行加密"选项

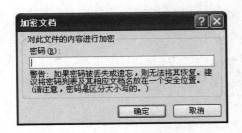

图 1-31　"加密文档"对话框

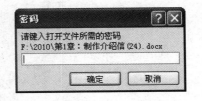

图 1-32　"密码"对话框

📖 **提示**

　　在保存文档时，也可对文档进行加密设置，"另存为"对话框如图 1-33、"常规选项"对话框如图 1-34 所示。

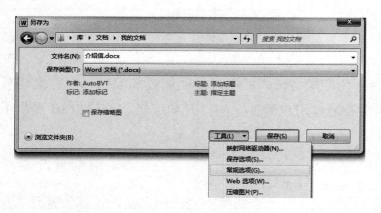

图 1-33　"另存为"对话框

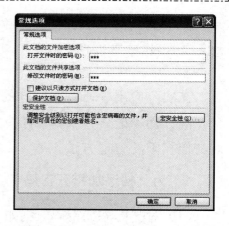

图 1-34　"常规选项"对话框

2. 限制对文档的编辑

　　方法一：简单限制文档编辑。

　　（1）如果文档输入编辑完成，不允许用户再对文档进行编辑。打开文档，选择"文件"→"信息"→"保存文件"→"标记为最终状态"选项，文档被标记为"最终状态"，并被设为"只读"，无法对文档进行编辑。

　　（2）取消最终状态。打开该文档，再次选择"开始"→"信息"→"保存文件"→"标记为最终状态"选项，当前文档"最终状态"被取消，"只读"标记也被取消，可以继续进行编辑。

　　方法二：密码限制文档编辑。

　　（1）选择"开始"→"信息"→"保存文件"→"限制格式和编辑"选项，弹出"限制格式和编辑"菜单，如图 1-35 所示。

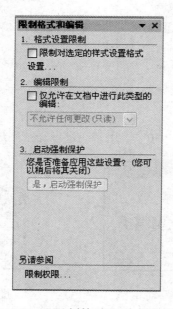

图 1-35　"限制格式和编辑"菜单

（2）在如图 1-35 所示的任务窗格中，勾选"编辑限制"栏的"仅允许在文档中进行此类型的编辑"复选框，在下拉列表中选择"不允许任何更改（只读）"选项，单击"是，启动强制保护"按钮。

（3）在"启动强制保护"对话框中输入密码，单击"确定"按钮，文档就不能被编辑，当试图编辑时会在状态栏显示"不允许修改，因为所选内容已被锁定"提示，如图 1-36 所示。

（4）停止保护时，在"限制格式和编辑"菜单中单击"停止保护"按钮，在弹出的对话框中输入已设的密码后，文档就可以进行编辑了，如图 1-37 所示。

"限制权限"操作需要通过网络认证，在此不再赘述。

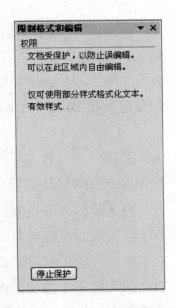

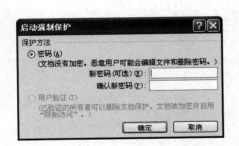

图 1-36　"启动强制保护"对话框　　　　　　　图 1-37　"停止保护"按钮

3．拓展训练

（1）将"介绍信"文档添加密码。

（2）将"会议通知"文档标记为最终状态。

（3）使用 Word 2010 给父母写一封信，打印后邮寄给父母。

习　　题

一、填空题

1．Word 2010 文档扩展名的默认类型是_____。

2．在 Word 2010 中，用智能 ABC 输入法编辑 Word 文档时，如果需要进行中英文切换，可以按_____键。

3．Word 软件在编辑中支持所见即所得，选取内容后便可编辑，选取文字整行_____；选取一个词语该_____；选取一个段落：_____；全选文档按_____键。

4．Word 排版中，对齐文字的方式有_____、_____、_____、_____四种。

二、选择题

1. 在 Word 2010 主窗口呈最大化显示时，该窗口的右上角可以同时显示的按钮是（   ）按钮。

  A. 最小化、还原、最大化 B. 还原、最大化和关闭

  C. 最小化、还原和关闭 D. 还原和最大化

2. 在 Word 2010 中，当前活动窗口是文档 D1.docx 的窗口，单击该窗口的"最小化"按钮（   ）。

  A. 不显示 D1.docx 文档内容，但 D1.doc 文档并未关闭

  B. 该窗口和 D1.docx 文档都被关闭

  C. D1.docx 文档未关闭，且继续显示其内容

  D. 关闭了 D1.docx 文档，但该窗口并未关闭

3. 如果想关闭 Word 2010 窗口，可在主窗口中单击"文件"菜单，然后单击该下拉菜单中的（   ）命令。

  A. 关闭 B. 退出 C. 发送 D. 保存

4. 在 Word 2010 的编辑状态下，选择"编辑"菜单中的"复制"选项后（   ）。

  A. 被选择的内容被复制到插入点处

  B. 被选择的内容被复制到剪贴板

  C. 插入点所在的段落被复制到剪贴板

  D. 插入点所在的段落内容被复制到剪贴板

5. 下面对 Word 2010 的叙述中，正确的是（   ）。

  A. Word 是一种电子表格

  B. Word 是一种字表处理软件

  C. Word 是一种数据库管理系统

  D. Word 是一种操作系统

第2章

Word 2010 文档的编辑及基本格式设置
——制作"招聘启事"

 本章重点掌握知识

1. Word 2010 文本选择操作
2. Word 2010 文本与段落的格式设定
3. 文档的预览与打印
4. 项目符号与编号的设置
5. 分栏与首字下沉格式的设置

 任务描述

随着公司业务的不断拓展，需要一批有志之士加入到公司中来，为此公司人力资源部根据公司各部门主管提出的人员需求，制订了一份招聘与培训计划，安排人力资源部人事专员小李来制作相关文档，其中包括招聘启事文档。

本章主要讲解如何利用 Word 2010 完成招聘启事的撰写，并保存到公司文件夹中。"招聘启事"参考样张如图 2-1 所示。

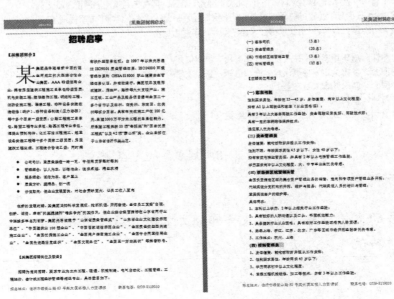

图 2-1　"招聘启事"参考样张

招聘启事由人力资源中心张贴，或者将其发布到网上，主要包括公司简介、招聘岗位及数量、岗位要求职责、应聘时间、招聘流程、联系电话及地址等。本任务的制作中要掌握关于文字输入、符号插入、选中文本、复制粘贴、移动删除及查找替换等基本编辑方法及字体格式、颜色、背景和段落间距、首字下沉及分栏操作等格式的基本设置方法。

 操作步骤

1. 输入通知内容

（1）选择"开始"→"程序"→"Microsoft Office"→"Microsoft Word 2010"选项，打开 Word 2010 的工作界面。

（2）在空白文本区输入通知的内容。文本区中闪烁的"ᛁ"状光标就是插入点，就是输入文字的位置。输入文本过程中会自动换行，输完一段后，按【Enter】键换行。

（3）输入完成后，选择"文件"→"保存"选项，或单击"快速访问工具栏"中的"保存"按钮，在弹出的"另存为"对话框中，将文件保存到"我的文档"中，文件名为"招聘启事"，输入"招聘启事"的内容，如图 2-2 所示。

招聘启事

某商业集团简介

某商业集团是伴随着新中国的诞生而成立的大型综合性企业集团，AAA 特级信用企业，拥有房屋建筑工程施工总承包特级资质；机电安装工程、装修装饰工程、钢结构工程、消防设施工程、幕墙工程、特种设备安装改造维修（锅炉）、特种设备制造（压力容器）等多个国家一级资质；公路工程施工总承包、路面工程专业承包、路基工程专业承包、混凝土预制构件、化工石油工程施工、起重设备安装工程等十多个国家二级资质；房屋建筑工程监理、工程造价咨询乙级；同时拥有涉外经营承包权。自 1997 年以来先后通过 ISO9001 质量管理体系、ISO14000 环境管理体系和 OHSAS18000 职业健康安全管理体系认证，并有效运行。集团现已发展形成建筑、房地产、路桥等九大支柱产业，施工区域、工业产品及服务项目遍布全国二十多个省市以及非洲、南美洲、东南亚、北美洲等部分国家。具有年完成施工产值 100 亿元、承建 1000 万平方米工程的总承包能力。所承建工程荣获 10 项"鲁班奖"和"国家优质工程奖"以及 42 项"富强杯"奖。企业总部位于江东省苑北市兰山区。

公司司训：重质量渗透一砖一瓦，守信用贯穿每时每刻
管理理念：以人为本，以德治企，追求卓越，精益求精
服务理念：诚信为本、客户至上
质量方针：塑精品、创一流
价值取向：使企业发展更快，对社会贡献更大，让员工收入更高

图 2-2　"招聘启事"的内容

📖 **提示**

遇到内容较多的文档，应当在输入一部分文本内容后就进行保存，然后在继续输入过程中，再多次进行保存，以防文档内容丢失。

2. 文本选择

文本的编辑、修改等操作都是针对文档中部分内容而言的，所以首先要会选择不同部

分的文本。

（1）选中任意连续的文本：例如，要选中正文中"公司司训"至"价值取向"之间的四段文字时，在"公司司训"前单击不松开鼠标并向后拖动，拖动到"价值取向"这一行后松开鼠标，即可选中任意连续的文本，如图 2-3 所示。该方法可以选定一字、一词、一句、一段或是全部文档内容。

（2）选中整行的文本：要选中"某商业集团简介"所在的一行，需将光标定位到"某商业集团简介"前，当光标变为向右上的空心箭头时单击，即可选中整行的文本，如图 2-4 所示。

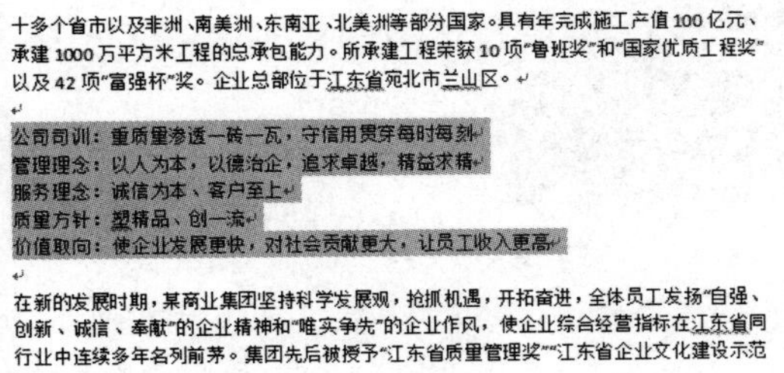

图 2-3　选中任意连续的文本　　　　　　图 2-4　选中整行的文本

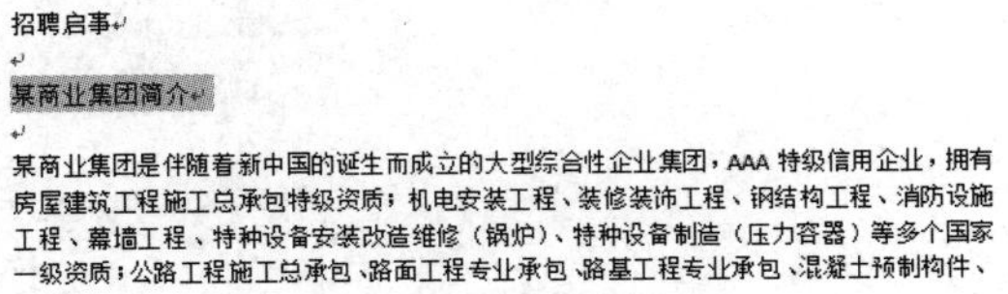

（3）选中整段的文本：选择正文的第一段，将光标移动到该段左端，当光标变为向右上的空心箭头时双击，即可选中整段的文本，如图 2-5 所示，在该段落中的任意位置三击，也可以选中该段。

（4）选中不连续的文本：用上述方法选择一部分文本后，按住【Ctrl】键，再选择其他文本区域，即可选中不连续的文本，如图 2-6 所示。

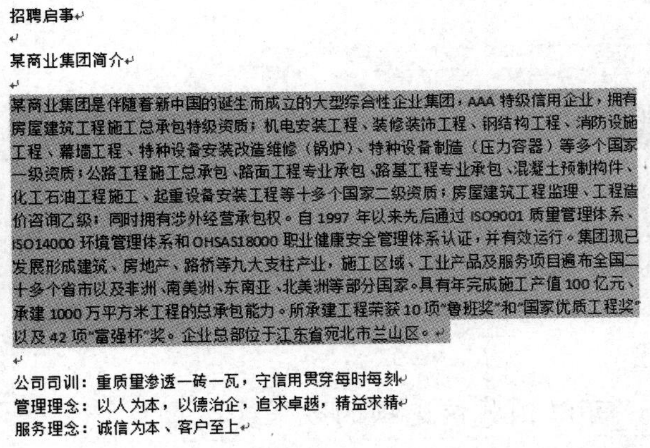

图 2-5　选中整段的文本　　　　　　图 2-6　选中不连续的文本

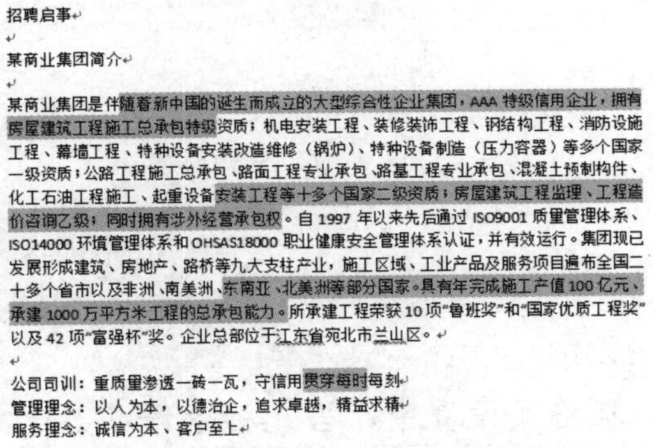

（5）选中全部的文本：采用选中任意连续文本的方法可以选中全部文本。在任意一行的左侧当光标变为空心箭头时，三击，就可选中整个文档；如果用命令的方法则是选择"开始"→"编辑"→"选择"→"全选"选项来选中整个文档，如图 2-7 所示。

📖 提示

　　当选中文本并指向所选文本时，弹出一个浮动工具栏，鼠标指向该浮动工具栏时颜色加深，离开后则会消失，使用该工具栏可方便进行常用格式的设置。

图 2-7　选中整个文档

3. 设置文字及段落格式

（1）选中招聘启事的标题"招聘启事"，在"开始"选项卡的"字体"组中，选择字体为"华文琥珀"，字号为"二号"，单击"加粗"按钮 **B**，在"段落"组中，单击"居中"按钮，设置标题的效果如图 2-8 所示。

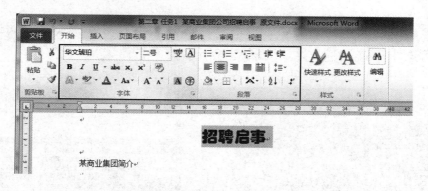

图 2-8　设置标题的效果

> 📖 **提示**
>
> 在格式设置中，当光标悬停在某选项上时，可以预览该选项的效果。

（2）选中"招聘启事"的正文部分，在"开始"选项卡的"字体"组中，选择字体为"仿宋体"，字号为"五号"。

（3）单击"插入"→"公式"按钮，如图 2-9 所示，可插入选择的符号"【"和"】"，光标停在要插入的位置，单击要插入的符号即可。在"某商业集团简介"两边插入符号。

（4）选中正文第二段中的"【某商业集团简介】"文本，单击"开始"→"字体"→"加粗"按钮 **B**，再单击"字体颜色"按钮 **A** 的下拉箭头，在弹出的下拉菜单中选择"红色"选项，将选中的文本设置为"红色"。单击"字体"按钮，弹出"字体"对话框，如图 2-20所示。选择"字体"选项卡中的"着重号"选项，将文本加上着重号，添加着重号的效果如图 2-11 所示。

图 2-9　插入符号　　　　　　　　　　图 2-10　"字体"对话框

招聘启事

【某商业集团简介】

某商业集团是伴随着新中国的诞生而成立的大型综合性企业集团，AAA 特级信用企业，拥有房屋建筑工程施工总承包特级资质；机电安装工程、装修装饰工程、钢结构工程、消防设施工程、幕墙工程、特种设备安装改造维修（锅炉）、特种设备制造（压力容器）等多个国家一级资质；公路工程施工总承包、路面工程专业承包、路基工程专业承包、混凝土预制构件、化工石油工程施工、起重设备安装工程等十多个国家二级资质；房屋建筑工程监理、工程造价咨询乙级；同时拥有涉外经营承包权。自 1997 年以来先后通过 ISO9001 质量管理体系、ISO14000 环境管理体系和 OHSAS18000 职业健康安全管理体系认证，并有效运行。集团现已发展形成建筑、房地产、路桥等九大支柱产业，施工区域、工业产品及服务项目遍布全国二十多个省市以及非洲、南美洲、东南亚、北美洲等部分国家。具有年完成施工产值 100 亿元、承建 1000 万平方米工程的总承包能力。所承建工程荣获 10 项"鲁班奖"和"国家优质工程奖"以及 42 项"富强杯"奖。企业总部位于江东省宛北市兰山区。

图 2-11　添加着重号的效果

（5）选中"【某商业集团简介】"后的所有正文内容，单击"开始"→"段落"按钮，弹出"段落"对话框，如图 2-12 所示。设置"特殊格式"为"首行缩进"、"磅值"为"2 字符"，设置"行距"为"多倍行距"、"设置值"为"1.25"，如图 2-13 所示。

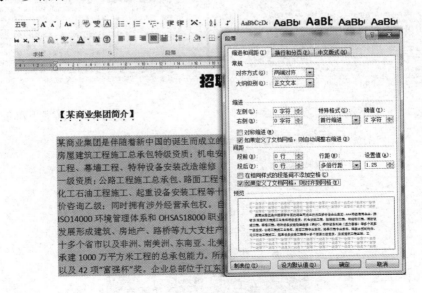

图 2-12　"段落"对话框

（6）选中"公司司训"至"价值取向"五行正文内容，单击"开始"→"段落"→"项目符号"按钮，可以设置项目符号，单击"　"旁边的小三角形可弹出选项，指定项目符号，如图2-14所示。

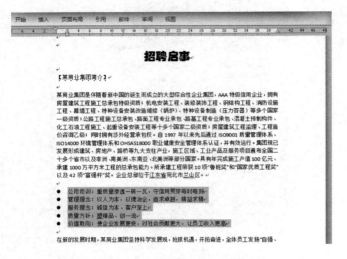

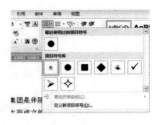

图2-13　为段落设置缩进字符和行距　　　　　　　　图2-14　项目符号设置

（7）在"【某商业集团简介】"段落文字上三击，选中整段后，单击"插入"→"首字下沉"按钮，在下拉菜单中选择"下沉"选项，如图2-15所示，可设置该段首第一个字的格式，首字下沉的效果如图2-16所示。

（8）再次在该段落文字上三击鼠标选中整段后，单击"页面布局"→"分栏"按钮。在下拉菜单中选择"两栏"选项，如图2-17所示，可设置该段的分栏格式，分栏的效果如图2-18所示。

图2-15　"下沉"选项　　　　　　　　　　　　　　图2-16　首字下沉的效果

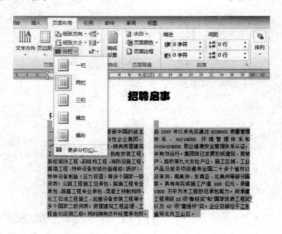

图2-17　"两栏"选项

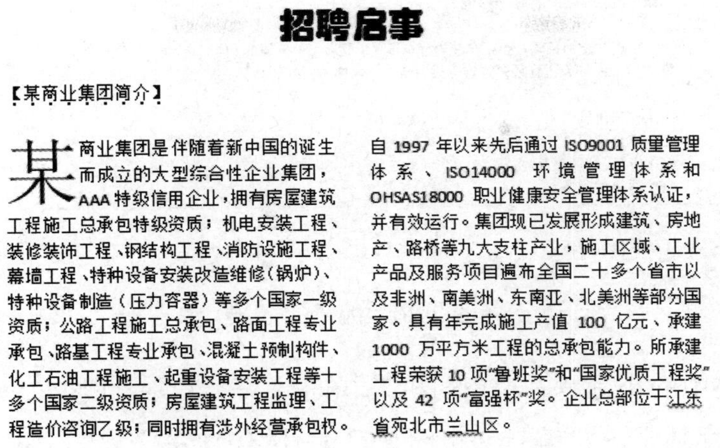

招聘启事

【某商业集团简介】

某商业集团是伴随着新中国的诞生而成立的大型综合性企业集团，AAA 特级信用企业；拥有房屋建筑工程施工总承包特级资质；机电安装工程、装修装饰工程、钢结构工程、消防设施工程、幕墙工程、特种设备安装改造维修（锅炉）、特种设备制造（压力容器）等多个国家一级资质；公路工程施工总承包、路面工程专业承包、路基工程专业承包、混凝土预制构件、化工石油工程施工、起重设备安装工程等十多个国家二级资质；房屋建筑工程监理、工程造价咨询乙级；同时拥有涉外经营承包权。

自 1997 年以来先后通过 ISO9001 质量管理体系、ISO14000 环境管理体系和 OHSAS18000 职业健康安全管理体系认证，并有效运行。集团现已发展形成建筑、房地产、路桥等九大支柱产业，施工区域、工业产品及服务项目遍布全国二十多个省市以及非洲、南美洲、东南亚、北美洲等部分国家。具有年完成施工产值 100 亿元、承建 1000 万平方米工程的总承包能力。所承建工程荣获 10 项"鲁班奖"和"国家优质工程奖"以及 42 项"富强杯"奖。企业总部位于江东省宛北市兰山区。

图 2-18　分栏的效果

> 📖 **提示**
>
> 　　分栏设置：在 Word 2010 中最多允许分 11 栏。在分栏按钮右侧，可选择"插入分隔符"选项，此选项中可插入分页符、分栏符、换行符等选项。其中，分栏符规定了开始分栏的位置。

（9）选中"客车司机（3 名）"至"材料管理员（15 名）"四行正文内容，单击"开始"→"段落"→"编号"按钮，可以设置编号，如图 2-19 所示，编号的效果如图 2-20 所示。

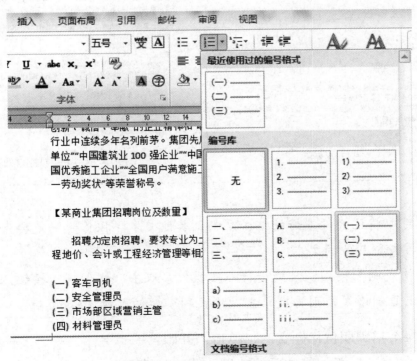

图 2-19　设置编号

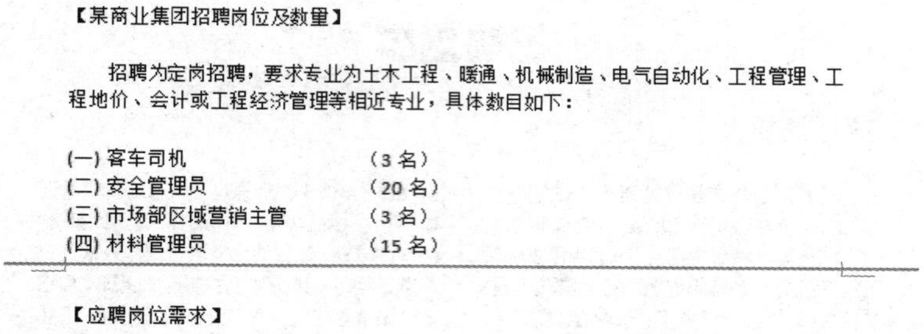

【某商业集团招聘岗位及数量】

招聘为定岗招聘，要求专业为土木工程、暖通、机械制造、电气自动化、工程管理、工程地价、会计或工程经济管理等相近专业，具体数目如下：

（一）客车司机　　　　　　　　　（3名）
（二）安全管理员　　　　　　　　（20名）
（三）市场部区域营销主管　　　　（3名）
（四）材料管理员　　　　　　　　（15名）

【应聘岗位需求】

图2-20　编号的效果

（10）选中正文中的小标题"客车司机"，单击"开始"→"段落"→"编号"按钮▤▾，单击"开始"→"字体"→"编号"按钮 **B**，编号修饰如图2-21所示。

（11）其他小标题与第一个小标题格式相同，可以使用格式刷工具。选中小标题"（一）客车司机"，单击"开始"→"剪贴板"→"格式刷"按钮 ✔，将光标移动到"（二）安全管理员"前面，按下鼠标左键，向右拖动鼠标并松开，该行小标题的格式就变成和第一个小标题格式相同，同样对后面的小标题实施同样操作，当选取箭头 ∂ 指向右侧时也可直接单击行首，格式刷的效果如图2-22所示。

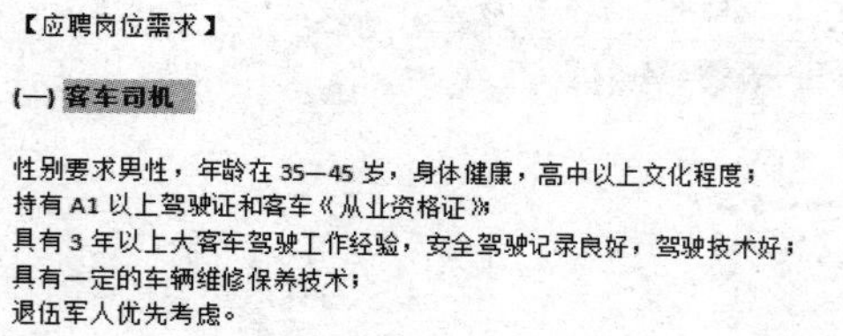

【应聘岗位需求】

（一）客车司机

性别要求男性，年龄在35—45岁，身体健康，高中以上文化程度；
持有A1以上驾驶证和客车《从业资格证》；
具有3年以上大客车驾驶工作经验，安全驾驶记录良好，驾驶技术好；
具有一定的车辆维修保养技术；
退伍军人优先考虑。

图2-21　编号修饰

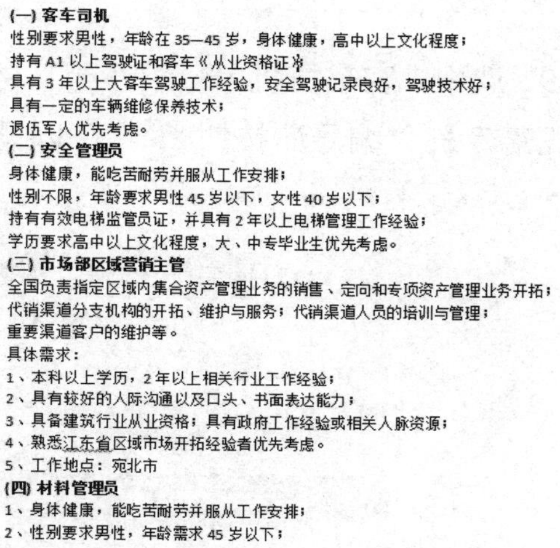

（一）客车司机
性别要求男性，年龄在35—45岁，身体健康，高中以上文化程度；
持有A1以上驾驶证和客车《从业资格证》；
具有3年以上大客车驾驶工作经验，安全驾驶记录良好，驾驶技术好；
具有一定的车辆维修保养技术；
退伍军人优先考虑。
（二）安全管理员
身体健康，能吃苦耐劳并服从工作安排；
性别不限，年龄要求男性45岁以下，女性40岁以下；
持有有效电梯监管员证，并具有2年以上电梯管理工作经验；
学历要求高中以上文化程度，大、中专毕业生优先考虑。
（三）市场部区域营销主管
全国负责指定区域内集合资产管理业务的销售、定向和专项资产管理业务开拓；
代销渠道分支机构的开拓、维护与服务；代销渠道人员的培训与管理；
重要渠道客户的维护等。
具体需求：
1、本科以上学历，2年以上相关行业工作经验；
2、具有较好的人际沟通以及口头、书面表达能力；
3、具备建筑行业从业资格；具有政府工作经验或相关人脉资源；
4、熟悉江东省区域市场开拓经验者优先考虑。
5、工作地点：宛阳市
（四）材料管理员
1、身体健康，能吃苦耐劳并服从工作安排；
2、性别要求男性，年龄需求45岁以下；

图2-22　格式刷的效果

📖 **提示**

● 格式刷可以将已经设置好的格式复制到其他文本。操作时一定要先选中已设置好的格式文本，再去刷其他的文本。

● 单击"格式刷"按钮，只能进行一次操作，双击"格式刷"按钮，可以进行多次操作。若要停止复制格式，则再次单击"格式刷"按钮或按【Esc】键。

（12）选中每个招聘职位标题文本，单击"开始"→"字体"→"字符底纹"按钮 A，向选中的文本添加底纹，添加底纹后的效果如图2-23所示。

（13）选中"【招聘程序】"后的内容，如图2-24所示，单击"开始"→"段落"组的"对话框启动器"按钮，显示"段落"对话框，如图2-25所示。设置段前间距和段后间距，设置段前间距空0.5行，段后间距空0.5行，效果如图2-26所示。

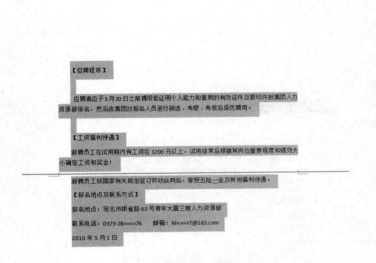

图 2-23　添加底纹后的结果

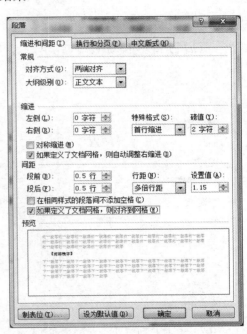

图 2-24　选中内容　　　　　　　　　　　　　图 2-25　"段落"对话框

（14）单击"插入"→"插入日期和时间"按钮 <u>日期和时间</u>，弹出"日期和时间"对话框，如图 2-27 所示，为整个文档结尾处插入日期和时间。在其中选择一种格式，单击"确定"按钮即可。选中该日期，单击"开始"选项卡中的"右对齐"按钮 三。插入日期并右对齐的效果如图 2-28 所示。

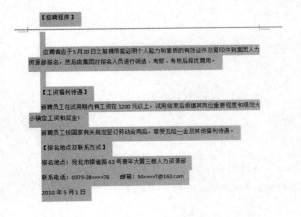

图 2-26　段间距设置

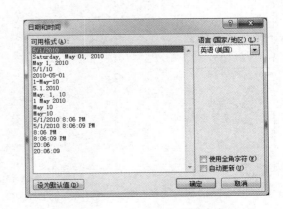

图 2-27　"日期和时间"对话框

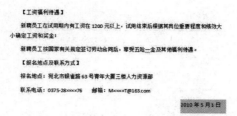

图 2-28　插入日期并右对齐的效果

4. 设置页眉与页脚格式

（1）单击"插入"→"页眉和页脚"→"页眉"按钮，在下拉菜单中选择"朴素型（偶数页）"选项，如图 2-29 所示。进入设置页眉状态，在右侧的框内输入"某商业集团招聘启事"，并设置为"黑体""五号"，在左边的日期列表中选择日期，同样设置为"黑体""五号"，页眉设置效果如图 2-30 所示。

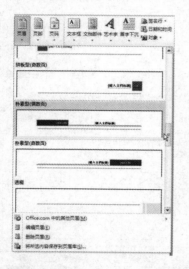

图 2-29　"朴素型（偶数页）"选项

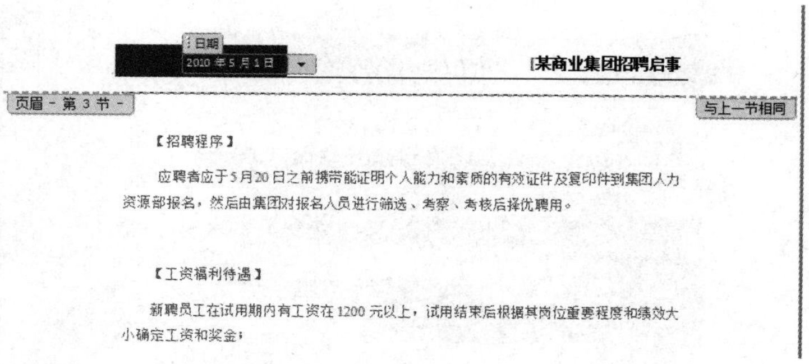

图 2-30　页眉设置效果

（2）单击"插入"→"页眉和页脚"→"页脚"按钮，在下拉菜单中选择"空白型"选项，如图 2-31 所示。文档进入设置页脚状态，在"输入文字"处输入文本，页脚设置效果如图 2-32 所示。

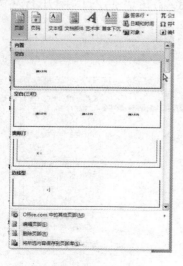

图 2-31　页脚设置

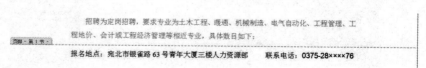

图 2-32　页脚设置效果

（3）在页眉和页脚编辑状态下，功能区会增加一个"页眉页脚工具设计"选项卡，包含关于页眉页脚相关操作的按钮，单击"页眉页脚工具设计"→"关闭"→"关闭页眉和页脚"按钮，或双击正文任意位置，可以回到正文编辑状态，如图 2-33 所示。

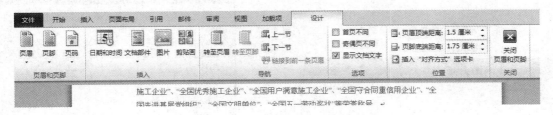

图 2-33　页眉页脚设置工具栏

（4）页眉和页脚制作完成，单击快速访问工具栏的"保存"按钮或按【Ctrl+S】组合键进行保存。

5．预览和打印

电子稿制作完成后，需要将招聘启事打印出来，在正式打印之前，先执行"打印预览"命令查看打印的效果，如果不满意可以返回编辑状态继续修改。

（1）单击"文件"选项卡，打开 Backstage 视图。可以在 Backstage 视图中管理文件及其相关数据：新建、保存、检查隐藏的原数据、个人信息及设置选项。简而言之，可以通过 Backstage 视图对文件执行所有无法在文件内部完成的操作。

在左侧菜单中选择"打印"选项，打印预览效果如图 2-34 所示。

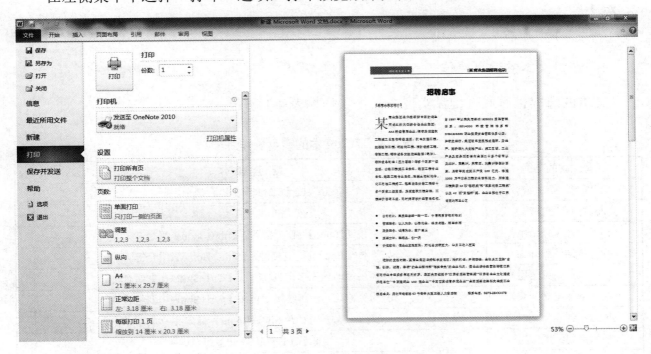

图 2-34　打印预览效果

（2）在打印窗口中，如果存在文本内容错误或对文本的格式不满意，可单击"取消"按钮或菜单中其他任意按钮，返回编辑窗口重新进行编辑修改。

（3）如果对文本的格式满意，单击"打印"按钮，即可打印。单击"打印机属性"按钮，弹出打印机的"文档 属性"对话框，如图2-35所示，可以设置纸张大小和打印份数。单击"页面设置"按钮，打开"页面设置"对话框，如图2-36所示，可以设置页边距。

图2-35 "文档 属性"对话框

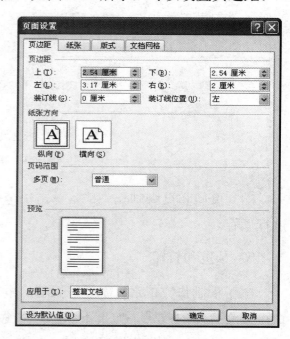

图2-36 "页面设置"对话框

（4）在"打印机属性"对话框中设置打印范围、打印份数，完成后单击"确定"按钮，文档将从打印机打出。

 知识解析

1. 选择文本的键盘操作

文本的选取也可通过键盘实现，具体操作如表4-1所示。

表4-1　选择文本的键盘操作

选择文本的范围	键 盘 操 作
右侧的一个字符	按【Shift+→】组合键
左侧的一个字符	按【Shift+←】组合键
一行（从开头到结尾）	按【Home】键，然后按【Shift+End】组合键
一行（从结尾到开头）	按【End】键，然后按【Shift+Home】组合键
一段（从开头到结尾）	将箭头移动到段落开头，再按【Ctrl+Shift+↓】组合键
一段（从结尾到开头）	将箭头移动到段落结尾，再按【Ctrl+Shift+↑】组合键
插入点到开头文档	按【Ctrl+Shift+Home】组合键
插入点到结尾文档	按【Ctrl+Shift+End】组合键
整篇文档	按【Ctrl+A】组合键
垂直文本块	按【Ctrl+Shift+F8】组合键，然后使用箭头键。按【Esc】键可关闭选择模式

2.文本编辑

（1）插入与删除。

在文档输入的过程中有两种状态，分别是插入状态和改写状态。当处于插入状态时，输入的内容会插在插入点位置，不会替换插入点后面的内容。当处于改写状态时，输入的内容会替换插入点后面的内容。在状态栏上会显示当前所处的状态，可以通过【Insert】键或单击状态栏上的"插入"按钮，在两种状态下进行切换，如图 2-37 所示。

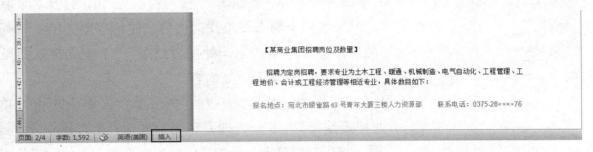

图 2-37 插入与改写状态

插入新内容时，在插入状态下将光标移动到插入点，输入新内容即可。删除输入的内容，按【Backspace】键，可删除光标前的文本；按【Delete】键，可删除光标后的文本；先选中文本，再按【Delete】键，可删除选中的文本。

（2）复制与移动。

复制文本的方法如下。

① 使用按钮：选中需复制的文本，单击"剪贴板"→"复制"按钮，将鼠标指针移动到目标位置，单击"剪贴板"→"粘贴"按钮。

② 使用快捷键：选中需要复制的文本，按【Ctrl+C】组合键（复制），再将光标移动到目标位置，按【Ctrl+V】组合键（粘贴）即可。

③ 使用快捷菜单：在选中的文本上右击，在弹出的快捷菜单中选择"复制"选项，再将光标移动到目标位置，右击，在弹出的快捷菜单中选择"粘贴"选项即可。

④ 使用鼠标拖动：选中需复制的文本，按住【Ctrl】键将其拖动到目标位置，松开鼠标即可。

移动文本的方法如下。

移动文本的方法与复制文本的前 3 种方法类似，只是将所有的"复制"选项改为"剪切"选项，按下【Ctrl+X】组合键。使用鼠标拖动时，选中要移动的文本，直接将其拖动到目标位置即可。

（3）撤销与恢复。

在操作过程中，如果发现进行了错误操作，可选择"撤销"选项，也可恢复已"撤销"的操作。撤销和恢复是相对应的，执行了撤销操作之后，恢复"撤销和恢复"的操作方法有以下两种。

① 使用快捷键：按一次【Ctrl+Z】组合键，可撤销上一步操作，多按可按顺序撤销多步操作；按一次【Ctrl+Y】组合键，可恢复刚才撤销的操作，多按可按顺序恢复多步操作。

② 使用按钮：可以使用"快速访问工具栏"中的"撤销""恢复"按钮 ，单击"撤

图 2-38　"撤销"下拉列表

销"按钮 ↺ ，弹出下拉菜单，在下拉菜单中可选择要撤销的操作，如图 2-38 所示。

（4）查找和替换。

使用查找和替换功能，可以很方便地找到文档中的文本、符号或格式，也可对多个相同的文本、符号或格式进行统一的替换。

查找文本的操作方法如下。

① 单击"开始"→"编辑"→"查找"按钮，打开"导航"对话框，在文本框中输入要查找的内容，便可列出文档中共有多少处相同的内容，单击"上一处搜索结果""下一处搜索结果"按钮，可找到上一处与下一处内容。

② 在文本框中，输入要查找的内容，如"某商业集团"，单击"上一处搜索结果""下一处搜索结果"按钮开始查找，当找到所需内容时，将以反白显示，单击"下拉列表"按钮右侧的三角按钮 ，在弹出的下拉菜单中选择"替换"选项，弹出"查找和替换"对话框如图 2-39 所示。

图 2-39　"查找和替换"对话框

③ 在图 2-39 中，多次单击"查找下一处"按钮，Word 会逐一查找文档中其他相同的内容。

替换文本的操作方法如下。

① 在图 2-39 中，单击"替换"选项卡。也可单击"开始"→"编辑"→"替换"按钮。

② 在"查找内容"文本框中，输入要查找的内容，如"某商业集团"，在"替换为"文本框中输入要替换的文本，如"某商业公司"，单击"查找下一处"按钮开始查找，找到所需内容后以反白显示，单击"替换"按钮，则将查到的"某商业集团"替换为"某商业公司"，再单击"替换"选项卡，则将找到的下一个"某商业集团"替换为"某商业公司"，如单击"全部替换"按钮，则会自动将文档中全部的"某商业集团"替换为"某商业公司"，如图 2-40 所示。

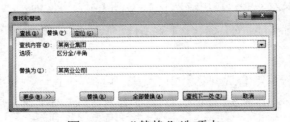

图 2-40　"替换"选项卡

③ 多次单击"查找下一处"按钮，Word 会逐一查找文档中的其他相同的内容。

📖 **提示**

单击"查找和替换"对话框中的"更多"按钮，展开详细地查找设置内容，可以进行"格式"或"特殊格式"的查找和替换。

3. 字符格式的设置

字符格式的设置主要包括字体、字号、字形及一些文字效果等。字符的格式设置可以通过多种方法进行。

（1）通过"浮动工具栏"进行常见的字符格式设置。

当选中文本并将光标指向文本时，就会弹出"浮动工具栏"，通过它可设置字符基本的字体、字号、加粗和斜体等格式，如图 2-41 所示。

（2）通过"字体"组中的按钮设置字符格式。

"开始"选项卡的"字体"组中有丰富的关于字符格式设置的按钮，可对字符进行更多的格式设置，如图 2-42 所示。

图 2-41　浮动工具栏

图 2-42　"开始"选项卡的"字体"组

常见"字体"按钮的含义如下。

① "带圈字符"按钮🈁：单击该按钮，可在字符周围放置圆圈和边框加以强调。

② "突出显示"按钮：单击该按钮，光标变为"🖊"形状，在文本上拖动，可使光标经过的文本按照特定的颜色突出显示，使文字看上去像是用荧光笔做了标记一样。单击右侧的小三角按钮，可以在弹出的下拉菜单中选择不同的颜色。

③ "增大字号"按钮：单击该按钮，可使选中的文本字号增大。

④ "缩小字号"按钮：单击该按钮，可使选中的文本字号缩小。

⑤ "清除格式"按钮：单击该按钮，可清除选中的文本格式，只留下纯文本。

⑥ "拼音指南"按钮：单击该按钮，可为选中的文本加上拼音。

⑦ "字符边框"按钮：单击该按钮，可为选中的文本添加边框，如"添加边框"。再次单击，取消边框。

（3）通过"字体"对话框来设置字符格式。

还有一些字符格式的设置要通过"字体"对话框来进行设置，如字符间距等，单击"字体"组右下角的"对话框启动器"按钮，打开"字体"对话框，如图 2-43 所示。

图 2-43　"字体"对话框

4. 段落格式的设置

段落格式的设置主要包括段落的对齐方式、行距、段前、段后、特殊格式等，段落格式也可以通过多种方法进行设置。

（1）通过"浮动工具栏"进行简单的段落格式设置。

当选中文本并将光标指向文本时，就会弹出"浮动工具栏"，如图 2-41 所示，在该工具栏上可设置居中、左右缩进和项目符号等段落格式。

（2）通过"段落"组中的按钮设置段落格式。

"开始"选项卡的"段落"组中有丰富的关于段落设置的按钮，可以对段落进行更多的设置，如图 2-44 所示。

图 2-44　"段落"组

常见段落格式命令按钮含义如下。

① "减少缩进量"按钮：单击该按钮，可减少选中文本或插入点所处段落的缩进量。

② "增加缩进量"按钮：单击该按钮，可增加选中文本或插入点所处段落的缩进量。

③ "中文版式"按钮：单击该按钮，可在弹出的快捷菜单中定义中文版式及进行字体的缩放。

④ "两端对齐"按钮：单击该按钮，可使选中的文本或插入点所处段落的文字两端对齐，并可根据需要增加字符间距。

⑤ "分散对齐"按钮：单击该按钮，可使选中的文本或插入点所处段落的文字分散对齐，使一行内的文字均匀的分布在左右页边距之间。

（3）通过"段落"对话框设置段落格式。

单击"段落"组右下角的"对话框启动器"按钮，可打开"段落"对话框，从中可对段落进行更多的设置。

对于段落中的左、右缩进、首行缩进及悬挂缩进等也可直接通过标尺栏进行设置。方法是：将插入点放到需要进行设置的段落中，将光标指向标尺上的缩进按钮后拖动鼠标，即可进行相应的设置，如图 2-45 所示。

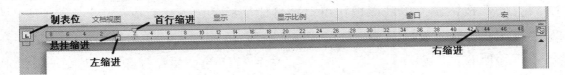

图 2-45　标尺栏

📖 **提示**

首行缩进是指段落内只有第一行由左向右缩进，其他行不变。悬挂缩进是指段落内除第一行以外，其余的行由左向右缩进。

5. 首字下沉与分栏设置

"首字下沉"与"分栏"是常用的段落修饰格式，这两种设置格式常用在报纸、杂志及宣传册的排版设计中，单击"插入"选项卡中的"首字下沉"按钮下方的三角按钮，弹出"首字下沉"对话框，如图 2-46 所示。

"首字下沉"按钮含义如下。

① "字体"下拉菜单用于设置每段首字的字体。

② "下沉行数"文本框用于设置首字的大小。

③ "距正文"文本框用于设置每段首字右侧与正文之间的距离。

单击"页面布局"→"分栏"按钮，弹出"分栏"对话框，如图 2-47 所示。在"分栏"对话框中可设置分栏的栏数及设置栏的宽度、栏与栏的间距等。

　　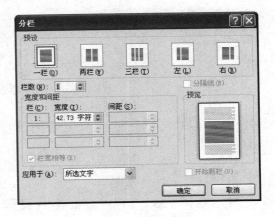

图 2-46　"首字下沉"对话框　　　　图 2-47　"分栏"对话框

6. 文档打印及页面设置

文档编辑完以后，通常要将其打印出来。在打印之前，应先进行打印预览，根据预览情况进行相应的页面设置。

（1）打印预览及页面设置。

"打印预览"功能可使用户在屏幕上预览实际打印的效果，并根据预览情况进行页边距、纸张大小和纸张方向的设置，从而确保打印效果。

选择"文件"→"打印"选项，屏幕切换到"打印预览"界面，如图 2-48 所示。

"打印预览"选项卡中各按钮的含义如下。

① "打印"按钮🖨：单击该按钮可直接打印文档。

② "打印机"选项 ：可以选择不同类型的打印机。

③ "打印所有页"选项 ：设置打印的页面和打印的范围。

④ "单面打印"选项 ：可设置单面打印或者双面打印。

⑤ "调整"选项 ：可调整页面的顺序。

⑥ "纵向"选项 ：可设置纸张的方向。

⑦ "A4"选项 ：可设置纸张的大小。

⑧ "正常边距"选项 ：可设置打印的页边距。

⑨ "每版打印 1 页"选项 ：可设置拼版格式。

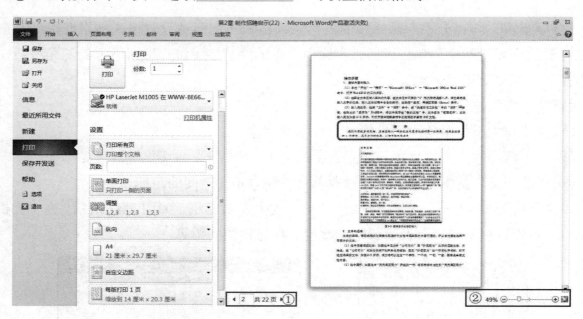

图 2-48　"打印预览"界面

在图 2-48 中，①处可以向后一页或者向前一页预览页面排版效果。②处可以设置预览时查看的比例。

（2）打印文档。

打印预览后，若确认文档的内容及格式正确无误，就可以打印了。打印前要确认打印机和计算机是否已正确的连接。打印文档的方法有两种。

① 选择"文件"→"打印"选项，弹出"打印预览"界面，单击"打印"按钮。

② 按【Ctrl+P】组合键会直接弹出"打印预览"界面，进行打印。

不论采用哪一种方法，Word 2010 都会打开"打印"对话框，从中可选择打印机、设置打印范围、打印份数等参数。设置完毕，单击"确定"按钮，即可打印文档。

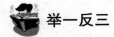举一反三

公司最近招聘了一批涉外办事处的秘书，由于业务经验不足，需要向某大学发一封委托代培的函件，函件在 Word 2010 中制作，保存在 D 盘的"工作文件"目录下（该目录需要自己建立），保存格式为 Word 2003 格式。

要求：标题为宋体、小二号、加粗、居中，正文最后一段为蓝色、黑体、小二号、居中。正文其他部分和落款均为"仿宋体""4 号"，小标题的段前为 0.5 行，段后为 0，正文行间距为固定值 25 磅，各段首行缩进 2 字符，其他效果看样张进行设置。可以使用不同的方法设置字体、字号及段落格式，制作过程中注意随时保存。

"关于商洽委托代培涉外秘书人员的函"样张如图 2-49 所示。

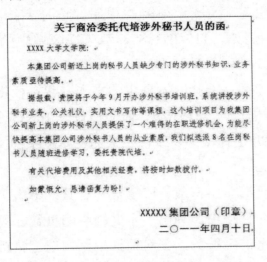

图 2-49　"关于商洽委托代培涉外秘书人员的函"样张

📖 提示

函的结构和写法

（一）标题

函的标题一般由发文机关、事由和文种构成，有时也可只由事由和文种构成。

（二）正文

1. 开头：写行文的原因、背景和依据。

去函的开头通常会根据上级的有关指示精神，或简要叙述本地区、本单位的实际需要。

复函的开头引用对方来文的标题及发文字号，有的复函还简述来函的主题，这与批复的写法基本相同。有的复函以"现将有关问题复函如下"一类文种承启语引出主体事项，即答复意见。

2. 主体：写需要商洽、询问、答复、联系、请求批准或答复审批及告知的事项。

函、去函和复函的事项一般都较单一，可与行文缘由合为一段。如果事项比较复杂，则分条列项书写。

3. 结语：不同类型的函结语有区别。如果行文只是告知对方事项而不必对方回复，则结语常用"特此函告""特此函达"。若是要求对方复函的，则用"盼复""望函复""请即复函"等结语。

知识拓展及训练

1. "审阅"选项卡中的字数统计工具

（1）输入时统计字数：在文档输入过程中，Word 2010 会自动统计文档中的页数和字数，并将其显示在工作区底部的状态栏上。

（2）统计一个或多个选择区中的字数：选择要统计字数的文本，可以统计一个或多个选择区域中的字数，各选择区域无须彼此相邻。选择要统计字数的文本，状态栏将显示选择区域中的字数。例如，117/16335 表示选择区域中的字数为 117，文档中的总字数为 16335。

（3）统计文本框中的字数：选择文本框中的文本，状态栏将显示文本框中的字数。例如，231/16635 表示该文本框包含 231 个字，而文档包含 16635 个字。要统计多个文本框中的字数，则按住【Ctrl】键并选择每个要统计字数的文本框中的文本。字数统计自动累加各文本框中所选文本的字数。

（4）统计文档中总的页数、字符数、段落数和行数：单击"审阅"→"校对"→"字数统计"按钮。在弹出的对话框中，列出了本文档中的页数、段落数、行数、非中文字符数，以及包括或不包括空格的字符数。在对话框中，勾选"包括文本框、脚注和尾注"复选框，则字数统计中包含文本框、脚注和尾注中的所有文本的数量。

2. "审阅"选项卡中的修订工具

当文档被修改后，其修改的过程要让最初的编辑者或其他编辑者看到，可使用 Word 2010 中的修订工具。

（1）修订工具可跟踪对文档进行的所有修改，包括插入、删除和格式更改等，并将修改的过程用不同颜色或修订框的形式显示在文档中，如图 2-50 所示，分别是修改格式、插入文本和删除文本后修订跟踪及显示的效果。

（2）修订有打开和关闭两种状态，单击"审阅"→"修订"→"修订"按钮，按钮呈深色显示，修订状态打开，进行的所有操作均被跟踪记录下来，当再次单击"修订"按钮，按钮呈正常状态显示，修订状态关闭，这时对文档进行任何更改都不会被做出标记。

（3）对修订过的文档，可以单击"审阅"→"更改"→"接受"或"拒绝"按钮进行确认更改或取消更改，或在修改过的位置右击，在弹出的快捷菜单中选择"接受"或"拒绝"选项，对修改过的内容进行确认更改或取消更改保留原内容。单击"接受"或"拒绝"按钮后，修订标记会消失。

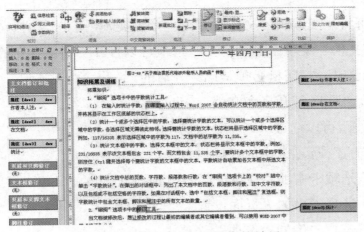

图 2-50　修订与审阅操作的效果

3. 训练

（1）统计"招聘启事"文档中的段落数和字符数。

（2）对"招聘启事"文档进行修订。

习　题

一、填空题

1．新建 Word 文档的快捷键是_____。

2．在 Word 2010 编辑状态中，能设定文档行间距的功能按钮是位于_____菜单中。

3．Word 2010 中的"文本替换"功能所在的选项卡是_____。

4．在 Word 2010 中，欲选定文本中不连续两个文字区域，应在拖曳（拖动）鼠标前，按住不放的键是_____。

5．在 Word 2010 中，要使用"格式刷"按钮，应该先单击_____选项卡。

二、选择题

1．在 Word 2010 中，调整文本行间距应选取（　　）。

　　A．"格式"菜单中"字体"中的行距

　　B．"插入"菜单中"段落"中的行距

　　C．"视图"菜单中的"标尺"

　　D．"格式"菜单中"段落"中的行距

2．在 Word 中，用户同时编辑多个文档，要一次将它们全部保存应（　　）操作。

　　A．按住【Shift】键并选择"文件"菜单中的"全部保存"选项。

　　B．按住【Ctrl】键并选择"文件"菜单中的"全部保存"选项。

　　C．直接选择"文件"菜单中"另存为"选项。

　　D．按住【Alt】键并选择"文件"菜单中的"全部保存"选项。

3．在使用 Word 进行文字编辑时，下面叙述中（　　）是错误的。

A．Word 可将正在编辑的文档另存为一个纯文本（txt）文件。

B．选择"文件"菜单中的"打开"选项可以打开一个已存在的 Word 文档。

C．打印预览时，打印机必须是已经开启的。

D．Word 允许同时打开多个文档。

4．Word 的页边距可以通过（　　　）设置。

A．"页面布局"选项卡中的"标尺"

B．"格式"选项卡中的"段落"

C．"文件"选项卡中的"页面设置"

D．"工具"选项卡中的"选项"

5．能显示页眉和页脚的方式是（　　　）。

A．普通视图　　　　　　　　B．页面视图

C．大纲视图　　　　　　　　D．全屏幕视图

三、上机操作题

将本书前言部分内容输入到计算机中，并保存为"《前言》.docx"。

要求如下：

（1）将标题"前言"设置为黑体、小三、居中对齐、1.5 倍行距、段后间距 0.5 行；

（2）将正文所有段落设置为首行缩进 2 字符、1.5 倍行距、两端对齐；

（3）在页面底端插入页码，居中显示；

（4）将纸型设置为 16 开；

（5）保存文档并关闭应用程序。

第 3 章

Word 2010 文档的格式化
——制作 "企业产品介绍手册"

 本章重点掌握知识

1. Word 2010 样式的使用
2. 目录与封面的使用
3. 页眉页脚的使用
4. 分隔符、边框与底纹的设置

 任务描述

公司最近开发了一款医疗管理软件，为了向用户介绍这项业务，需要制作一个简单的产品介绍，包括医疗管理软件的基本技术、产品的基本功能、产品的应用领域、管理软件的收费及服务等内容，通过产品介绍让客户对医疗管理软件有一个初步的了解和认识。在 Word 2010 中制作简介，并保存在 D 盘 "工作文件" 目录下，命名为 "医疗管理软件介绍"，格式为 Word 2010。封面及目录如图 3-1 所示，正文如图 3-2、图 3-3 和图 3-4 所示。

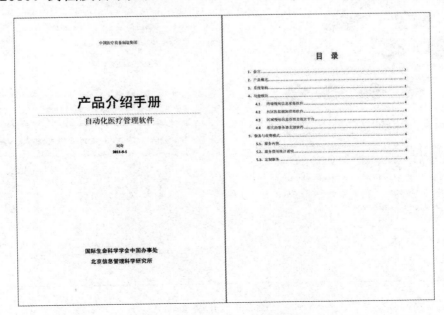

图 3-1　封面及目录

1、前言

慢病管理软件是通过卫生部中央补助地方慢病项目发展而来，根据国家卫生部疾控局和中国疾病预防控制中心对加强慢性病的预防和控制工作要求，将建立由乡镇、区县、省市和国家四级架构组成的全国慢病管理体系，通过在乡镇及区县各基层卫生服务机构采集慢病患者的有关信息。一方面地方卫生管理部门可以据此指导基层卫生服务机构对慢病患者个体和高危人群进行健康管理，另一方面将这些基础数据层层上传到省市及国家疾控中心，为国家制定慢病防制策略提供信息支持。

正是在这种应用需求和环境背景下，由卫生部疾控局与中国疾控中心全程指导，北京信息管理科学研究所和国际生命科学学会中国办事处共同研发的慢病管理软件通过国家测试，成为该领域率先通过国家测试的慢病管理信息化软件，为国家慢病标准规范的推广和应用提供了有效的技术支持。

2、产品概述

慢性病信息管理及协同办公服务系统是本项目的全称。它是北京信息管理科学研究所研发的为国内各级卫生组织提供的在其管理慢性病信息工作中应用的信息化工具。它是依据国家标准规范以慢病健康档案的管理为核心，以信息化技术为支撑，面向社区卫生服务机构及各级医疗卫生机构的慢病服务系统。

3、系统架构

区域社区卫生服务系统具有机构分布广、层次多的特点。其系统整体由区域社区卫生数据中心、社区卫生服务中心和分布在各社区的社区服务站等三级节点互联组成，各级节点间的行政管理模式和数据访问关系如下图所示：

由于社区卫生服务系统采用了数据集中式的业务处理方式，即将所有业务数据全部集中上报到区域社区卫生数据中心进行处理。因此为简化网络层次、提高网络性能，在实际网络拓扑中采用了两级星型的逻辑互联结构、考虑到社区服务中心与数据中心间的数据交换相对比较频繁，因此在数据中心与社区服务中心间借助政务专网的SDH线路进行网络互联，同时，出于可靠性方面的考虑，采用基于Internet的IPSec VPN永久链路作为SDH主线路备份。由于社区卫生服务站与数据中心，所属社区卫生服务中心间的应用访问和数据交换量很少。因此出于投资成本方面的考虑，采用了动态IPSec VPN链路来实现社区卫生服务站与数据中心，所属社区卫生服务中心间的网络互联。基于上述建设思路的网络逻辑架构如下图所示：

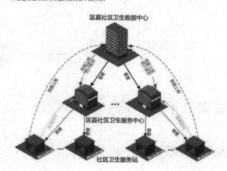

图 3-2　正文 1

理、绩效管理、办公通知等办公自动化辅助工具为办公协同软件拥有两种形态，即嵌入式形态和独立式形态。嵌入式形态即将办公软件嵌入到终端慢病信息采集软件中　方便终端医生的使用。独立式形态采用类似MSN的安装方式　为慢病管理及卫生医疗的其他部门工作人员使用。

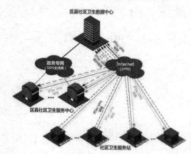

4.3 区域慢病信息管理及统计平台

区域慢病信息管理及统计平台，是一个为各级区域的卫生管理职能部门提供的，用于收集和管理各社区医院慢病人群信息的计算机软件系统。其基本工作模式为：平台通过互联网获得各社区医院及下辖单位报送的数据，并在数据库中进行管理。平台以浏览器页面的方式，向操作者和管理者展现数据，提供基本的数据汇总，视图分析等功能。为医疗卫生管理部门提供慢病管理支持，即，操作者可以在网上输入专门的网址，查看平台内部的有关信息。

4、功能模块

4.1 终端慢病信息采集软件

终端慢病信息采集软件是安装在社区医生工作电脑上的计算机软件，它满足了社区医生对公众人群健康信息的数据采集、数据管理、数据分析与利用、信息发布和知识库管理五部分需求。通过对慢病一般信息、慢病病史、主要慢病信息、家族史、行为危险因素、体格检查和实验室检查等数据的采集，管理和综合评价，指导基层卫生服务机构对慢病患者个体和高危人群进行健康管理，实施有针对性的药物治疗和个人生活方式干预，并进行跟踪随访。同时还可实现个案信息迁移、数据备份与恢复、摘要数据上报等功能。

4.2 社区医院辅助管理软件

社区医院辅助管理软件是为了满足各级慢性病管理工作者的工作交流、信息沟通、办公管理需要的软件。它不但包含传统及时文字聊天工具情语音视频聊天创建讨论组，群发信息文件传输等功能，还包括多人视频会议会议室白板、屏幕广播弹出广告等功能。同时，它还包括日常工作管

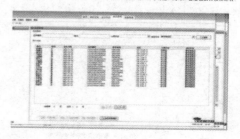

图 3-3　正文 2

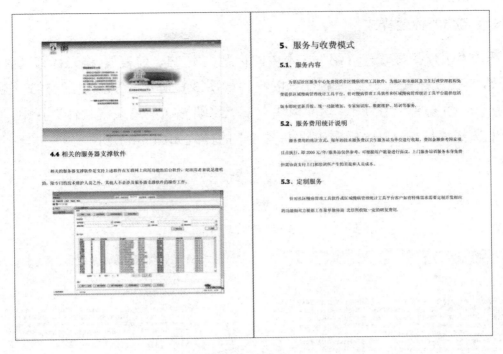

图 3-4　正文 3

在制作过程中，要注意巩固文字格式、行间距及段间距的设置，掌握首字下沉、分栏、边框、底纹、页眉、页脚等的设置方法，达到灵活运用的目的。

 操作步骤

1. 输入并保存文档的内容

（1）启动 Word 2010，新建一个 Word 文档，单击"快速访问工具栏"→"保存"按钮，在弹出的对话框中选择"保存位置"为 D 盘的"工作目录"文件夹，文件名为"医疗管理软件介绍"，先将文件进行保存。

（2）在文本区中输入产品介绍的内容，单击"快速访问工具栏"中的"保存"按钮或按【Ctrl+S】组合键，对文档进行保存。

（3）内容输入完成后的效果如图 3-5 所示。

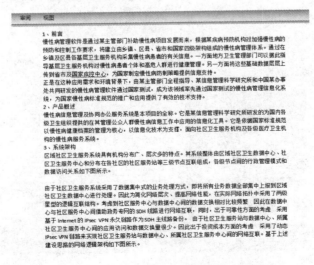

图 3-5　内容输入完成后的效果

2. 设置文档的标题样式

（1）选中"医疗管理软件介绍"文本中的标题文本"1、前言"，将光标移动到此行中，单击"开始"→"样式"→"标题 1"按钮，如图 3-6 所示，"标题 1"样式作用的文字如图 3-7 所示。光标停留在"4、功能模块"下"终端慢病信息采集软件"行中，在其中样式功能区上选择"标题 2"，"标题 1""标题 2"的样式如图 3-8 所示。

图 3-6　样式功能区

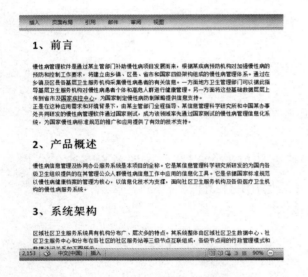

图 3-7　"标题 1"样式作用的文字

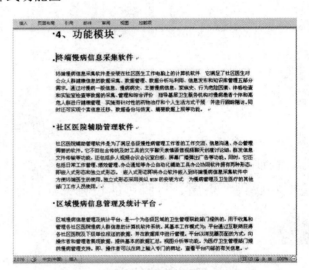

图 3-8　"标题 1""标题 2"的样式

（2）选中所有正文标题文本，设置标题样式如图 3-7、图 3-8 所示。选中正文段落后在"开始"选项卡的"字体"组中，设置正文字体为"幼圆"，字号为"小四"，选中正文段落，右击，在弹出的快捷菜单中选择"段落"选项，弹出"段落"对话框，如图 3-9 所示，设置行间距为 1.5 倍，首行缩进 2 字符。

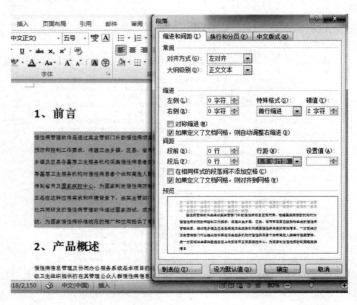

图 3-9　"段落"对话框

（3）设置其他段落格式。选中前言后的首段文字，单击"开始"→"格式刷"按钮，选中其他要设置此格式的段落，所有拖动并选中的段落均设置正文字体为"幼圆体"，字号为"小四号"。

（4）设置其他标题样式。

① 光标停留位置如图 3-10 所示，单击"开始"→"段落"→"多级列表"按钮 ，弹出"多级列表"下拉菜单，如图 3-11 所示。

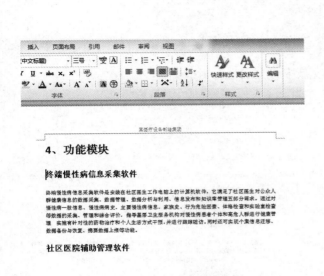

图 3-10　光标停留位置　　　　　　　　　　图 3-11　"多级列表"下拉菜单

② 选中"列表库"第 1 行第 2 个样式，调整文字样式如图 3-12 所示。选择"更改列表级别"选项，设置为二级，如图 3-13 所示。

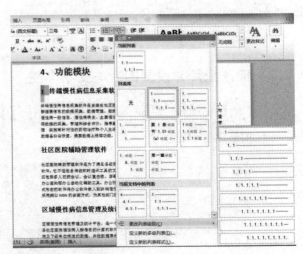

图 3-12　调整文字样式　　　　　　　　　　图 3-13　"更改列表级别"选项

③ 单击"多级列表"按钮 ，弹出"多级列表"下拉菜单，选择下方的"定义新的列表样式"选项，弹出"定义新多级列表"对话框，如图 3-14 所示。设置起始编号为 4，单击"确定"按钮，多级列表的效果如图 3-15 所示。

④ 使用格式刷工具，按照前面所述方法可设置标题 4.2 及标题 4.3 的样式。同样的方法也可将段落 5 的标题部分进行修改。与前者不同的是，在图 3-14 中设置起始编号为 5，多级列表的效果如图 3-16 所示。

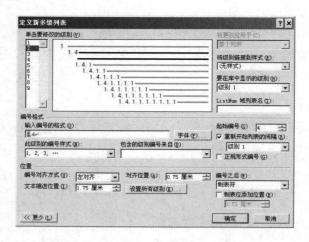

图 3-14　"定义新多级列表"对话框

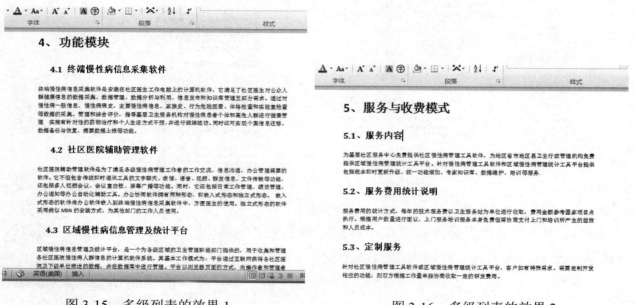

图 3-15　多级列表的效果 1　　　　　　图 3-16　多级列表的效果 2

3. 插入图片并设置图片与文字环绕

（1）光标停留在要插入的位置，单击"插入"→"插图"→"插入图片"按钮，"插图"组如图 3-17 所示。

图 3-17　"插图"组

（2）单击"插入图片"按钮，弹出"插入图片"对话框，如图 3-18 所示。选择要插入的"区县卫生服务中心"图片，单击"插入"按钮，即可将图片插入到当前文档中。

（3）设置图片与文字的环绕方式：图片在默认方式下，插入到文档中属于嵌入式方式，选中插入的图片，右击图片，弹出快捷菜单，选择"自动换行"→"其他布局选项"选项，弹出"布局"对话框，如图 3-20 所示，单击"文字环绕"选项卡，即可设置环绕方式，选择"上下型"环绕方式，如图 3-21 所示。

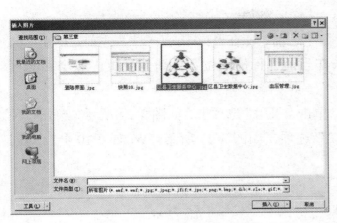

图 3-18　"插入图片"对话框

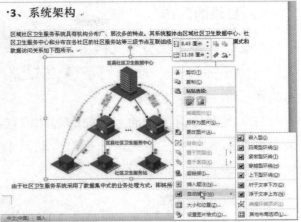

图 3-19　设置图片与文字的环绕方式

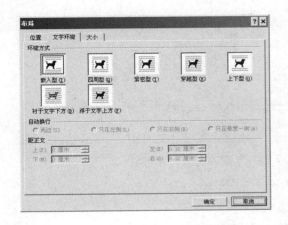

图 3-20　"布局"对话框

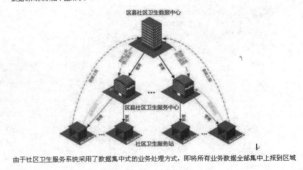

图 3-21　"上下型"文字环绕

（4）光标停留在下个图片要插入的位置，使用同样的方法，单击"插入"→"插图"→"插入图片"按钮，插入图片，这时工具栏会发生变化，如图 3-22 所示。在这里单击"位置"按钮，也可设置环绕方式。

（5）用同样的方式插入其他图片，如图 3-23 所示，选择的是"四周型"环绕方式。

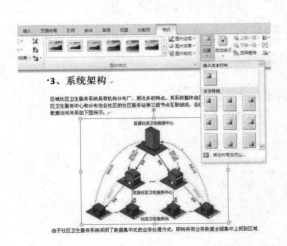

图 3-22　工具栏发生变化

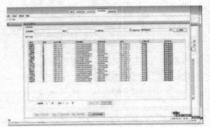

图 3-23　"四周型"文字环绕

4．目录的制作

（1）光标停留在整个文档第一行的第一个字之前。即在"1、前言……"之前，单击"插入"→"页面"→"插入分页符"按钮，在当前光标停留位置处新建一页，这个新的页面将用于放目录。

（2）光标停留在新插入页面的起始位置，单击"引用"选项卡，如图 3-24 所示，单击"目录"按钮下方的三角形，选择"自动目录 2"选项，如图 3-25 所示。Word 2010 会自动创建目录列表，如图 3-26 所示。

图 3-24　"引用"选项卡

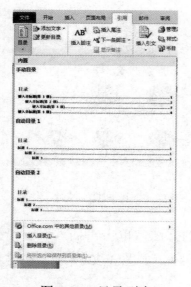

图 3-25　目录列表

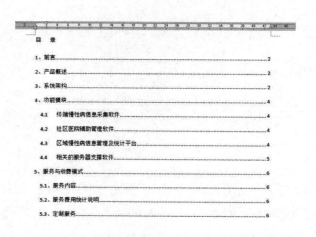

图 3-26　自动创建目录列表

（3）单击"目录"文本，设置段落格式为"居中"，设置字体格式为"黑体""二号"，选择目录中的其他文字，设置字体格式为"宋体""四号"，目录制作效果如图 3-27 所示。

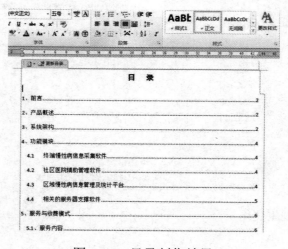

图 3-27　目录制作效果

5. 封面的制作

（1）光标停留在目录页中，单击"插入"→"页面"→"封面"按钮，弹出封面列表，如图 3-28 所示，选择"边线型"。

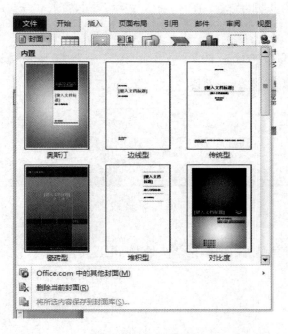

图 3-28　封面列表

（2）这时出现封面模板，如图 3-29 所示。在其中输入标题文字及封面内容等，即可完成制作，封面制作效果如图 3-30 所示。

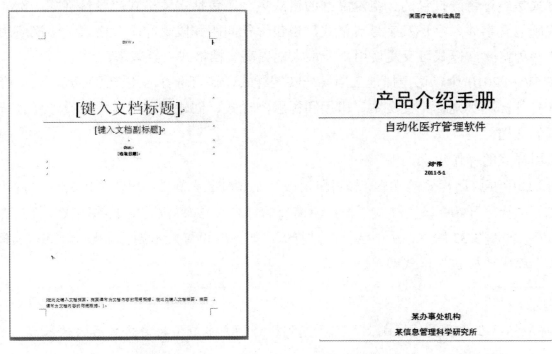

图 3-29　封面模板　　　　　　　　　　图 3-30　封面制作效果

6. 页眉与页脚的制作

（1）单击"插入"→"页眉和页脚"→"页眉"按钮，在弹出的下拉菜单中选择"空白"选项，文档进入设置页眉状态，在右侧的框内输入"某医疗设备制造集团"，并设置字体格式为"黑体""五号"字，设置文字对齐方式为"右对齐"方式。

（2）单击"插入"→"页眉和页脚"→"页脚"按钮，在弹出的下拉菜单中选择"空白"选项，文档进入设置页脚状态，在"输入文字"处输入"某办事处机构 某信息管理科学研究所"。

（3）单击"页眉和页脚工具设计"→"关闭"→"关闭页眉和页脚"按钮，或双击正文任意位置，回到正文编辑状态，如图 3-31 所示。

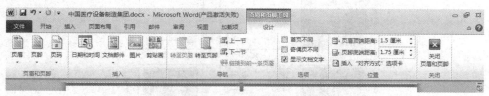

图 3-31　页眉页脚设置工具栏

（4）页眉和页脚制作完成后，单击"快速访问工具栏"→"保存"按钮或按【Ctrl+S】组合键进行保存。

 知识解析

1. 样式及样式的使用

A. 样式的定义及应用

样式是经过特殊打包的一组定义好的格式集合，包括字体格式或段落格式。例如，一个样式既包含字体、字形及字号等格式，也包含行间距和段落间距等格式，一次应用就可以设置多种格式，样式可反复使用，能很大地提高文档格式设置效率。

在 Word 2010 中，可便捷地应用某一特定样式，还可选择应用一组样式，一组样式可能包含多种标题级别、正文文本、引用和标题的样式，创建特定用途并且设计样式统一整齐美观的文档。

应用样式的操作步骤如下。

（1）选中要应用样式的文本，如将段落改为某种样式，单击该段落中的任何位置即可。

（2）选择"开始"→"样式"→"所需要的样式"。如果没有需要的样式，打开"快速样式"库，如图 3-32 所示，从中选择一种样式。如果要设置文本为"标题"样式，选择"快速样式"库中"标题"样式即可。

📖 **提示**

将鼠标放在要设置的样式上，可预览到所选的文本应用特定样式后的效果。

B. 样式的创建、修改及清除

（1）需要一些新样式时，自动创建并添加到样式库中。选择文本，设置好格式，如将文本的字体格式设置为"黑体""三号""蓝色""加粗"，右击所选内容，在弹出的快捷菜单中选择"样式"→"将所选内容保存为新快速样式"选项，为样式起一个名称，如"蓝色标题",单击"确定"按钮,新创建的样式就会显示在"快速样式"库中,以后可反复使用。

（2）如果需要更改样式中的某个属性,选择"开始"→"样式"→"任意样式",在弹出的快捷菜单中选择"修改"选项,弹出"根据格式设置创建新样式"对话框,可对该样式的某个属性进行修改,如图 3-33 所示。

图 3-32 "快速样式"库

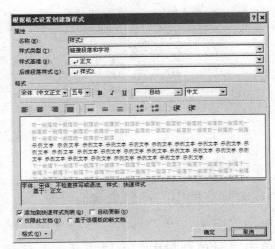

图 3-33 "根据格式设置创建新样式"对话框

（3）单击"开始"→"样式"→"预览"按钮,选择下拉菜单中的"清除格式"选项即可清除样式,或在"样式"对话框中单击"全部清除"按钮,文档中的样式即被清除。

2. 目录与封面

A. 创建目录

（1）选择目录中的标题样式（如标题 1、标题 2）创建目录。

Word 2010 提供了"样式库",有多种目录样式可供选择。标题样式应用于标题的格式设置。Word 2010 有 9 个不同的内置样式:从标题 1 到标题 9。当编辑的文档标题按标题层级,依次选择不同标题样式后,通过"自动目录创建功能"即可创建目录。

（2）应用自定义样式创建目录。

将自定义样式应用于标题。

① 单击要插入目录的位置。

② 选择"引用"→"目录"→"插入目录"选项,打开"目录"对话框。

③ 单击"选项"按钮,打开"目录选项"对话框,在"有效样式"列表中,查看应用于文档中的标题样式,如图 3-34 所示。

④ 在"目录级别"列表中,输入数字 1～9,代表标题样式的级别。

⑤ 如果只用自定义样式,则删除内置样式的目录级别数字,如"标题 1"。

⑥ 对每个包括在目录中的标题样式重复④和⑤。

⑦ 单击"确定"按钮。

⑧ 选择适合文档类型的目录。

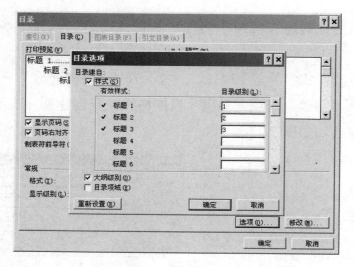

图 3-34 "目录选项"对话框

（3）更新目录。

添加或删除文档中的标题或其他目录项，可快速更新目录。

① 单击"引用"→"目录"→"更新目录"按钮。

② 单击"只更新页码"或"更新整个目录"。

（4）删除目录。

① 单击"引用"→"目录"→"目录"按钮。

② 在弹出的下拉菜单中选择"删除目录"选项。

B．封面

封面的使用比较简单，在 Word 2010 中提供了一个内置的封面样式库，使用时只需单击要选择的封面样式即可，如图 3-28 所示。

用户也可以将自己设计的封面格式保存为封面样式，在图 3-28 中选择"将所选内容保存到封面库"命令即可。

3．页眉、页脚和页码

页眉和页脚是指出现在文档顶端和底端的信息，主要包括页码、时间和日期、章节标题、文件名及作者姓名等表示一定含义的内容，也可包含图形图片，文档中可使用同一个页眉和页脚，也可在文档的不同部分使用不同的页眉和页脚。页码出现在页眉或页脚中，可以放在页面的左右页边距的某个位置，或插入到文档中间。

（1）页眉和页脚工作区。

页眉和页脚工作区包括文档页面顶端和底端的区域，专门用于输入或修改页眉和页脚内容。插入页眉或页脚后，这些区域变成活动状态，可以进行编辑，系统会用虚线标记这些区域。在页眉和页脚区域添加页码、日期等信息时，会显示在所有页面上。添加页码时，页码会自动连贯并在页数更改时自动更新。

（2）修改页眉或页脚。

页眉和页脚添加完成后，选择"插入"→"页眉和页脚"→"页眉"或"页脚"→"编辑页眉"或"编辑页脚"选项，就会进入编辑状态。或双击页眉或页脚位置，直接进入编辑状态，对文字格式等进行修改或者插入新的内容。

在插入或编辑页眉和页脚时，功能区中会出现"页眉和页脚工具设计"选项卡，在该选项卡上提供了"页眉""页脚"按钮及在页眉和页脚之间进行快速切换的按钮，如图 3-35 所示。

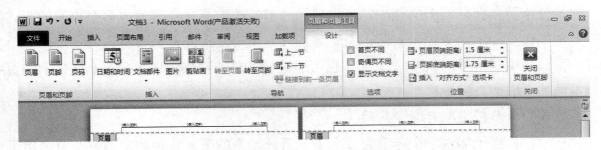

图 3-35　"页眉和页脚工具设计"选项卡

（3）删除页眉或页脚。

单击"插入"→"页眉和页脚"→"页眉"或"页脚"→"删除页眉"或"删除页脚"选项，可删除当前的页眉或页脚。或在"页眉和页脚工具设计"选项卡上，单击"页眉"或"页脚"按钮，在弹出的下拉列表中，选择"删除页眉"或"删除页脚"选项，删除页眉或页脚。

4．分隔符

分隔符包括分页符、分栏符、自动换行符和分节符等，单击"页面布局"→"页面设置"→"分隔符"按钮，弹出"分隔符"下拉菜单，如图 3-36 所示。

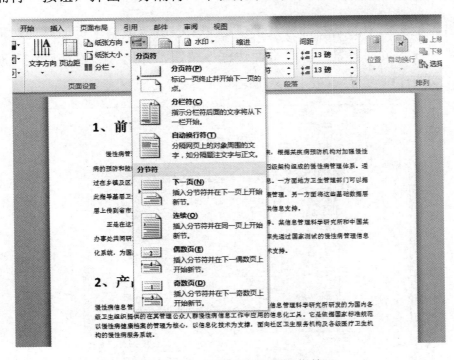

图 3-36　"分隔符"下拉菜单

（1）分页符：在输入文档内容的过程中，Word 2010 会根据纸张大小和内容多少自动分页，如果需要手动分页，可通过插入分页符来实现，在文档中的任何位置插入分页符后，其后面的文字将自动分布到下一页。

（2）分栏符：在文档中有分栏设置时，插入分栏符，使插入点后的文字移动到下一栏。

（3）自动换行符：插入自动换行符使插入点后的文字移动到下一行，但换行后的文字仍属于上一个段落。

（4）分节符：在同一个文档中，可以使用分节符改变某一个页面或多个页面的版式或格式。例如，页面中的分栏，实际上是通过插入分节符实现的，分节符还可实现同一个文档每一部分的页码编号都从"1"开始，也可通过插入分节符来实现在同一个文档不同页中创建不同的页眉或页脚等。

可插入的分节符类型有以下几种。

"下一页"：用于插入一个分节符并在下一页开始新的节。这种类型的分节符适用于在文档中有不同格式的新的一部分。

"连续"：用于插入一个分节符并在同一页上开始新节。连续分节符适用于在一页中实现一种格式更改，如分栏。

"偶数页"或"奇数页"：用于插入一个分节符并在下一个偶数页或奇数页开始新节。例如，文档中奇数页或偶数页要有不同的页眉或页脚等。

> 📖 **提示**
>
> 分隔符插入后，默认在屏幕上不显示，可单击"开始"→"段落"→"显示/隐藏编辑标记"按钮 显示。

5. 边框和底纹

为了突出显示文档中的某些部分，可以给文本、段落或整个页面添加边框或底纹。单击"页面布局"→"页面背景"→"页面边框"按钮，弹出"边框和底纹"对话框，从中进行边框和底纹的详细设置，如图 3-37 所示。

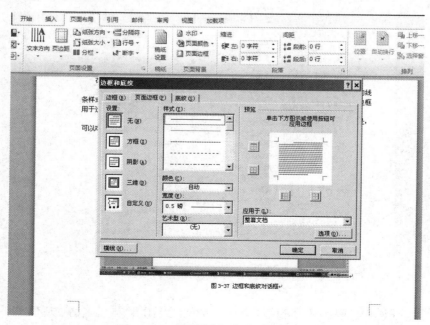

图 3-37　"边框和底纹"对话框

在该对话框中有"边框""页面边框""底纹"3 个选项卡。

（1）"边框"选项卡：从中可设置边框的类型为方框、阴影或其他，可设置边框的线条样式为实线、虚线、阴阳线等类型，可设置边框的颜色或宽度，"应用于"选项中可选择用于"边框"选中的文字，还是用于插入点所在的段落。

（2）"页面边框"选项卡：页面边框是针对整个页面添加边框，与文字和段落边框不同的是，可对页面添加"艺术型"边框，如图 3-38 所示。

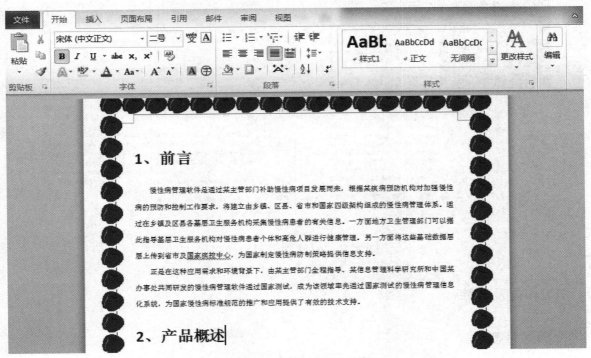

图 3-38　"艺术型"边框

（3）"底纹"选项卡：对文字和段落添加底纹，在对话框中可设底纹颜色或样式图案。

（4）选择"边框和底纹"对话框中"设置"选项中的"无"可将对应的边框或底纹删除。

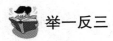 举一反三

法瑞公司最近要出公司内刊《法瑞世界》，目标是向客户全面介绍公司的企业文化，企业产品，推广公司部门的优秀管理办法。为了给员工提供一个交流展示的平台，公司总经理专门写了一篇刊首语。从今年 5 月开始，将每月出新刊，公司要求排版部提供设计小样，本任务只模拟制作期刊中的一页内容，包括页眉页脚、图形插入及文档正文等相关信息，要求在 Word 2010 中制作，保存在 D 盘的"工作文档"文件夹中，文件名为"法瑞世界"。

《法瑞世界》样张如图 3-39 所示。

图 3-39 《法瑞世界》样张

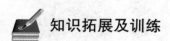知识拓展及训练

1. 插入书签

以前，记录阅读进度是夹在书里的书签，多为纸制，在电子信息时代，只需设置插入书签便可记录当前的阅读位置。

（1）插入书签。

插入书签的操作步骤如下。

① 光标停留在浏览位置。

② 单击"插入"→"书签"按钮，弹出"书签"对话框，如图 3-40 所示。在"书签"对话框中输入书签名，单击"添加"按钮即可。

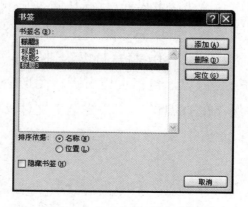

图 3-40 "书签"对话框

（2）书签的删除与定位。

"书签"对话框中列出所有的书签名，选中一个书签，单击"删除"按钮即可删除书签。选中任何一个书签，单击"定位"按钮，可迅速将光标移动到该书签所在的位置。

2．插入超链接

微软将超链接功能渗透到 Microsoft Office 办公套件的各个组件中，有了超链接可实现文档内部的迅速切换、外部的相互调用及网络网址与邮件的引用。

（1）同一文档内的超链接。

假定在某一文档的 A 处，需要快速跳转到 B 处时，可使用书签。

① 将光标定在 B 处，选择"插入"中的"书签"按钮，命名为"超链接"。

② 在 A 处，选中作为超链接的文本或图形，单击"插入"→"超链接"按钮（或按【Ctrl+K】键），打开"插入超链接"对话框，如图 3-41 所示。

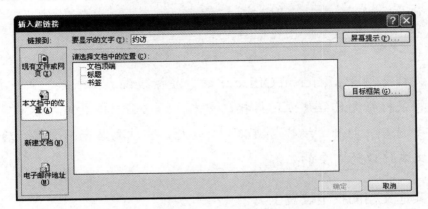

图 3-41　"插入超链接"对话框 1

③ 选择"本文档中的位置"选项，单击"书签"，选中在 B 处建立的名为"超链接"的书签，单击"确定"按钮。

④ 单击 A 处的文本或图形，即可快速跳转到 B 处。此时，"Web"工具栏自动展开，单击工具栏上的"返回"按钮，快速返回到 A 处。

> 📖 提示
>
> 　在"插入超链接"对话框中，除了链接到书签，还可以链接到设置样式的标题上。
>
> 　如果文档中建立了多个书签，想快速跳转到某个书签处，可执行"编辑/定位"命令，打开"查找和替换"对话框，选择"定位"→"定位目标"→"书签"选项，在"请输入书签名"下拉列表中，选择要跳转的书签名，单击"确定"按钮，完成设置。

（2）不同文档间的超链接。

① 链接到其他文档上。

选中作为超链接的文本或图形，右击，在弹出的快捷菜单中选择"超链接"选项，弹出"插入超链接"对话框，如图 3-42 所示。选择"现有文件或网页"→"当前文件夹"选项，然后从列表中选取要链接的文件。也可单击查找范围后面的下拉按钮，选择别处要链接的文件，选中相应的文档，单击"确定"按钮返回即可。

图 3-42　"插入超链接"对话框 2

以后单击链接的文本或图形，即可启动与"源文档"相关联的应用程序，并打开"源文档"。

> **📖 提示**
>
> 　　如果"源文档"不是 Microsoft Office 中的，超链接设置完成后，系统会自动调用软件打开文件。将鼠标指向已经建立超链接的文本，右击鼠标，出现对话框，单击"超链接/编辑超链接"选项，打开"编辑超链接"对话框，在"要显示的文字"后面的方框中，将原先粘贴的文本修改为需要的内容。

② 链接到其他文档的指定位置上。

如果"源文档"是 Microsoft Office 中的，可直接链接到文档指定的位置上。在图 3-42 中，选中要链接的文档，单击"书签"对话框，显示出当前文档中的所有书签名称，选中该书签，单击"确定"按钮即可设置链接到该文档的书签位置。

③ 网页信箱上的超链接。

在文档中输入网页地址或电子信箱地址后，按"空格"键，或接着输入后续文本，系统会自动将相应的地址转换为超链接格式。在联网状态下，如果单击该网页地址，可启动系统默认的浏览器，打开相应的网页；如果单击该电子信箱地址，可启动系统默认的电子邮件程序，并打开"写邮件"窗口，将电子信箱地址填入"收件人"栏中。选择"电子邮箱地址"选项，在右侧输入要链接的邮箱地址。

> **📖 提示**
>
> 　　关闭某个超链接时，可在文档输入网页地址或电子信箱地址后，按"空格"键或输入后续 1 个字符，直接按下【Ctrl+Z】组合键即可；要关闭整个自动转换功能，单击"文件"按钮，打开 Backstage 视图，如图 3-43 所示。选择"选项"选项，弹出"Word 选项"对话框，如图 3-44 所示。选择"校对"选项，勾选"忽略 Internet 和文件地址"复选框。

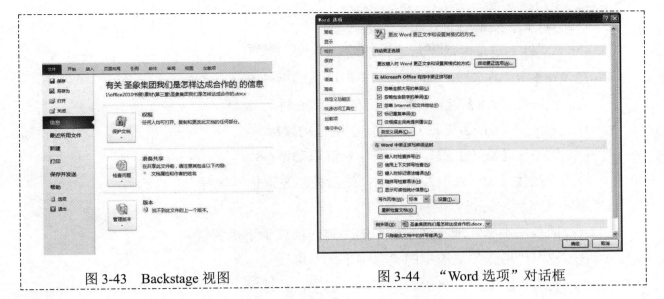

图 3-43　Backstage 视图　　　　　　图 3-44　"Word 选项"对话框

3.　拓展训练——用超链接的方式制作目录

用超链接方式制作本章文档中的目录，并观察设置效果。

习　题

一、判断题

1. 要删除分节符，必须转到普通视图才能进行。　　　　　　　（　　）
2. 单击"查找"按钮只能查找字符串，不能查找格式。　　　　　（　　）
3. Word 不能实现英文字母的大小写互相转换。　　　　　　　　（　　）
4. 单击"页面设置"按钮可以指定每页的行数。　　　　　　　　（　　）
5. 在插入页码时，页码的范围只能从 1 开始。　　　　　　　　　（　　）

二、选择题

1. 下面关于页眉和页脚的叙述中错误的是（　　）。

　　A. 一般情况下，页眉和页脚适用于整个文档

　　B. 奇数页和偶数页可以有不同的页眉和页脚

　　C. 在页眉和页脚中可以设置页码

　　D. 首页不能设置页眉和页脚

2. 要使文档中每段的首行自动缩进 2 个字符，可以使用标尺上的（　　）。

　　A. 左缩进标记　　　　　　　　B. 右缩进标记

　　C. 首行缩进标记　　　　　　　D. 悬挂缩进标记

3. 在当前文档中，若需要插入 Windows 的图片，应将光标移动到插入位置，然后选择（　　）。

　　A. "插入"菜单中的"对象"选项

　　B. "插入"菜单中的"图片"选项

  C．"编辑"菜单中的"图片"选项

  D．"文件"菜单中的"新建"选项

4．在 Word 中，在正文中选定一个矩形区域的操作是（　　　）。

  A．先按住【Alt】键，然后按住左键拖动鼠标

  B．先按住【Ctrl】键，然后按住左键拖动鼠标

  C．先按住【Shift】键，然后按住左键拖动鼠标

  D．先按住【Alt+Shift】组合键，然后按住左键拖动鼠标

5．要输入下标，应进行的操作是（　　　）。

  A．插入文本框，缩小文本框中的字体，拖放于下标位置

  B．使用"格式"菜单中的"首字下沉"选项

  C．使用"格式"菜单中的"字体"选项，并选择"下标"

  D．Word 中没有输入下标的功能

6．水平标尺左方 3 个"缩进"标记中最下面的是（　　　）。

  A．首行缩进　　　　　　　　　B．左缩进

  C．右缩进　　　　　　　　　　D．悬挂缩进

7．在 Word 中打印文档时，下列说法中不正确的是（　　　）。

  A．在同一页上，可以同时设置纵向和横向两种页面方向

  B．在同一文档中，可以同时设置纵向和横向两种页面方向

  C．在打印预览时可以同时显示多页

  D．在打印时可以指定打印的页面

8．在编辑文档时，如果要看到页面的实际效果，应采用（　　　）模式。

  A．普通视图　　　　　　　　　B．页面视图

  C．大纲视图　　　　　　　　　D．Web 版式

第 **4** 章

Word 2010 表格的制作
——制作"员工通讯录""员工档案登记表"

 本章重点掌握知识

1. 表格的插入
2. 表格内容的输入及格式的修改
3. 表格格式化
4. 表格与文本的互换

 任务描述

公司在人力资源管理过程中，凡来公司应聘的员工需填写个人简历表，将据此初步了解应聘者基础信息。在职员工希望将通讯录制作出来，便于公司内部沟通等，Word 2010提供的表格功能是可以实现这些操作的。"员工通讯录"样张如图 4-1 所示；"员工档案登记表"样张如图 4-2 所示。

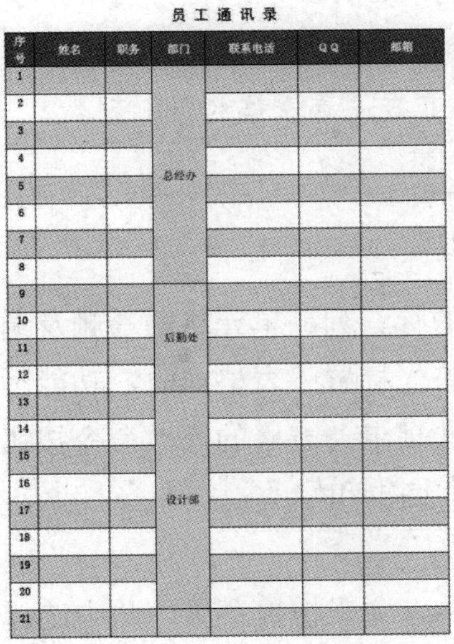

图 4-1　"员工通讯录"样张 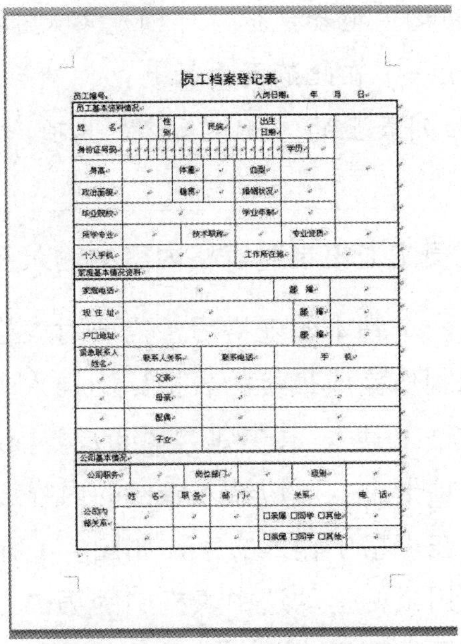　　　　　　图 4-2　"员工档案登记表"样张

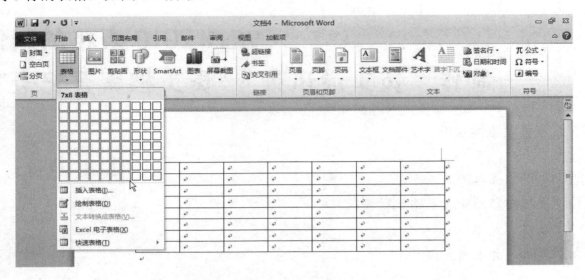

操作步骤

1. "员工通讯录"表格的插入

（1）新建 Word 文档，在文档编辑区首行输入标题"员工通讯录"。

（2）将光标移动到下一行，单击"插入"→"表格"按钮，在网格中拖动鼠标，创建 7 列 8 行的表格，如图 4-3 所示。

图 4-3　创建 7 列 8 行的表格

（3）单击"快速访问工具栏"中的"保存"按钮，在弹出的"另存为"对话框中，选择"存盘位置"为 D 盘"工作文档"，文件名为"员工通讯录"，单击"确定"按钮进行保存。

> 📖 **提示**
>
> 　　在网格中拖动鼠标，可创建不大于 8 行 10 列的表格，如果表格行列数大于此范围，可先建立一个在此范围内的表格，然后通过插入行列来达到要求，或直接选择"插入表格"下拉列表上的"插入表格"选项，在对话框中直接设置表格的行、列数，建立需要的表格。

2. "员工通讯录"表格内容的输入及格式的修改

插入一个基本的表格后，需要对表格进行相应的行、列、单元格的增删及调整大小等修改才能制作完成最终的表格。当插入一个表格并将光标置于表格内时，功能区上会自动出现"表格工具"，其中包含"布局""设计"两个选项卡，表格的修改命令按钮就包含在这两个选项卡中。可边输入表格的内容边进行表格的编辑和修改。

（1）在表格中输入文字，如图 4-4 所示。

（2）用鼠标拖动选中表格中的第二至八行，右击，弹出快捷菜单，从中选择"插入"选项后，再从下级菜单中选择"在上方插入行"选项，如图 4-5 所示。

员 工 通 讯 录

序号	姓名	职务	部门	联系电话	Q Q	邮箱

图 4-4　在表格中输入文字

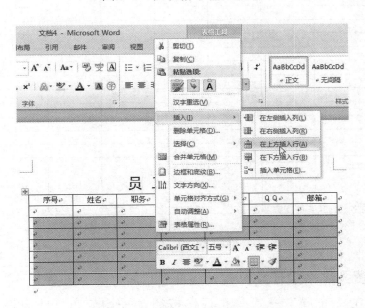

图 4-5　"在上方插入行"选项

（3）用同样的方法可以多插入几次，直到满意的格数，本例插入 19 行即可，如果插入格数较多，用鼠标拖动选中表格中的多插入行，右击，弹出快捷菜单，选择"删除单元格"选项，如图 4-6 所示，弹出"删除单元格"对话框，如图 4-7 所示，选中"删除整行"单选按钮。

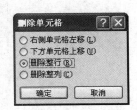

图 4-6　"删除单元格"选项　　　　　图 4-7　"删除单元格"对话框

（4）将光标停留到表格最后一行的行线上，当光标由箭头变成拖动行线的形状时，拖动行线，如图 4-8 所示，将最后一行拉宽，拉至本页底部。

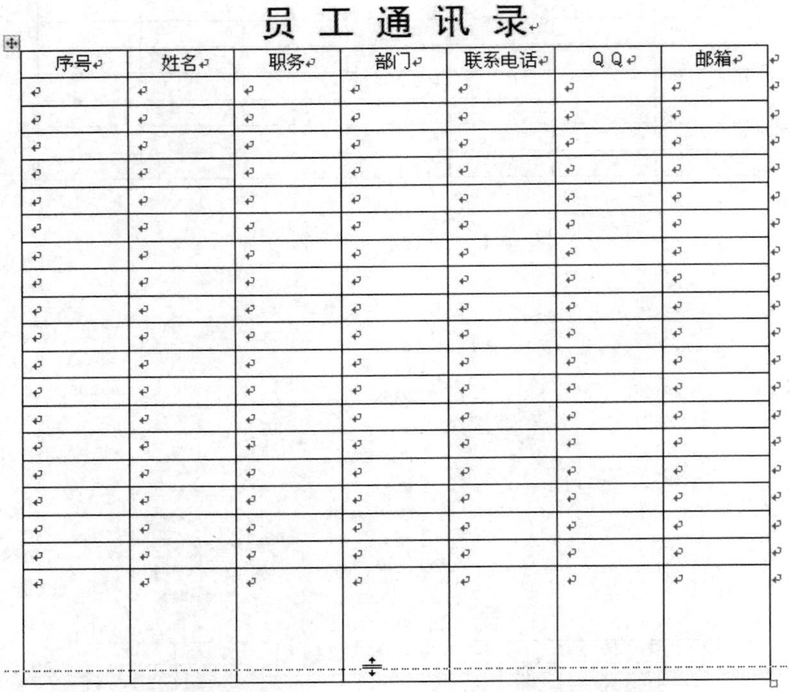

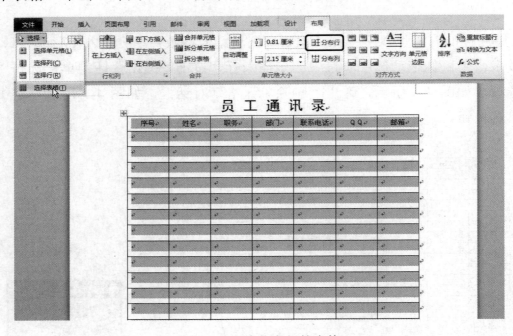

图 4-8　拖动行线

（5）将光标停留到表格中任意位置，选择"布局"→"选择"→"选择表格"选项，选择整个表格。单击"布局"→"分布行"按钮，平均分布行的表格如图 4-9 所示。

图 4-9　平均分布行的表格

（6）将光标停留在第一列与第二列的列线上，当光标由箭头变成拖动列线的形状时，拖动列线，如图 4-10 所示。改变列宽后的表格，如图 4-11 所示。

（7）在序号列中输入数字编号。

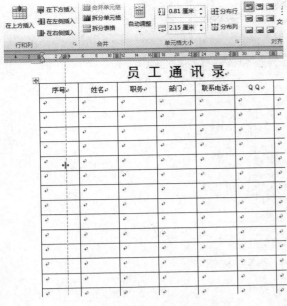

图4-10 拖动列线

图4-11 改变列宽后的表格

（8）拖动鼠标选择整个表格，将表格首行文字及序号文字内容均选中，单击"布局"→"对齐方式"→"水平居中"按钮，水平居中后的表格文字如图4-12所示。

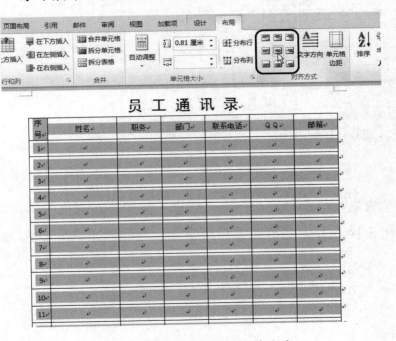

图4-12 水平居中后的表格文字

（9）用鼠标拖动6个单元格，单击"布局"→"合并单元格"按钮，将几个表格中间的分隔线去掉，合并成一个单元格，如图4-13所示。用同样的方法可合并多个单元格。

3."员工通讯录"表格套用样式的使用

（1）单击"设计"→"表格样式"→"展开表样式"按钮，如图4-14所示，选择如图4-15所示的表格样式，可将表格自动套用系统默认的一种样式。

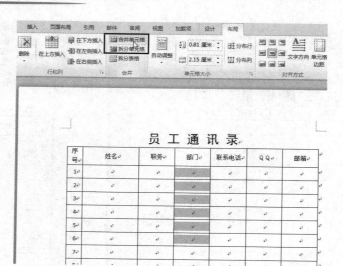

图 4-13 "合并单元格"按钮

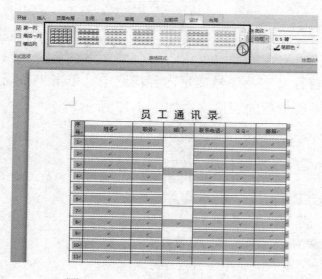

图 4-14 "展开表样式"按钮

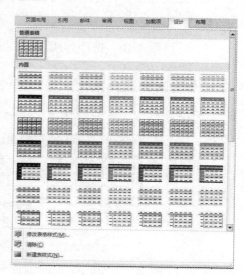

图 4-15 表格样式

（2）全选整个表格，单击"设计"→"边框"按钮，在弹出的下拉菜单中选择"所有框线"选项，如图 4-16 所示，将整个表格再次加上框线，完成员工通讯录的制作。

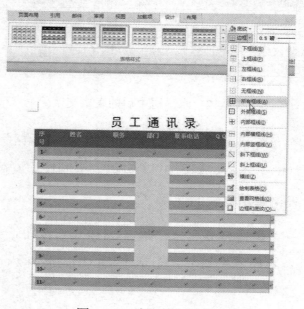

图 4-16 给表格加边线

4."员工档案登记表"的插入

（1）新建 Word 文档，在文档编辑区首行输入标题"员工档案登记表"；按【Enter】键换行输入员工编号及入岗时间年月日等。

（2）将光标移动到下一行，单击"插入"→"表格"按钮，在弹出的下拉菜单中选择"绘制表格"选项，如图 4-17 所示，此时光标会变成铅笔✐的形状。

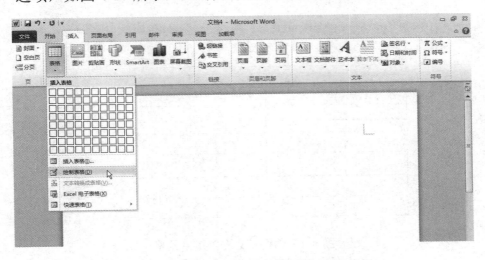

图 4-17　"绘制表格"选项

（3）首先，拖动光标绘制一个方框，然后，绘制表格的行线，绘制出一个基本的表格样式，拖动光标可自由地绘制表格，如图 4-18 所示。

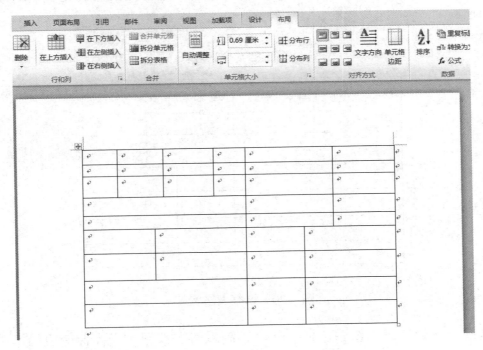

图 4-18　绘制表格

5."员工档案登记表"的输入及格式修改

（1）将第 1 行的 5 个单元格合成一个，单击"设计"→"绘图边框"→"擦除"按钮，当光标变成橡皮擦✐形状后，单击需要擦除的第 2、3、4、5 根竖线，擦除线条合并单元格，如图4-19所示，第1行的单元格被合并，在该单元格内输入"员工档案登记表"文本。

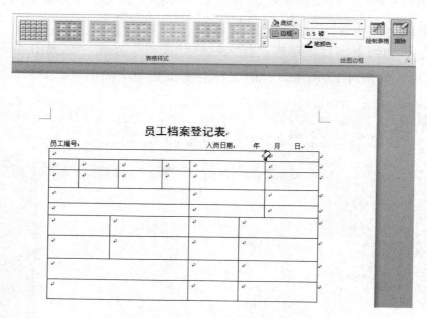

图4-19　擦除线条合并单元格

（2）在第2行的第一个单元格内输入"姓名"，第3个单元格内输入"性别"，调整表格中列的宽度，将光标移动到表格最后一列右边线上，当光标变成 形状时，按住鼠标左键并拖动鼠标，改变表格宽度。使用同样的方法，调整其他列的宽度，调整表格宽度如图4-20所示。

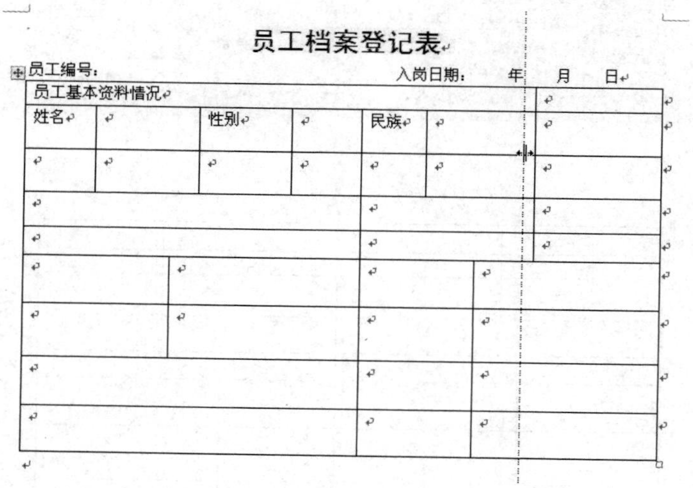

图4-20　调整表格宽度

（3）单击"设计"→"绘图边框"→"绘制表格"按钮，当光标变成铅笔 形状后，在第一行的单元格内划两条竖线，将单元格拆分成3个单元格，然后输入"民族""出生日期"，绘制拆分单元格，如图4-21所示。

（4）重复步骤（2）（3），分别调整表格的宽度和再绘制分割的单元格线，单击"设计"选项卡中的"擦除"按钮可擦掉多余的表格，在表格中输入文字，如图4-22所示。

（5）选中表格第2行第2个单元格，单击"布局"→工具栏→"拆分单元格"按钮，如图 4-23 所示，在弹出的"拆分单元格"对话框中，输入要拆分的行数和列数，如图 4-24 所示，单击"确定"按钮，即可拆分该单元格，用于输入身份证号码。

图 4-21　绘制拆分单元格

图 4-22　在表格中输入文字

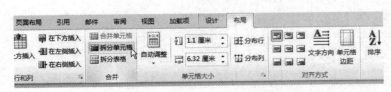

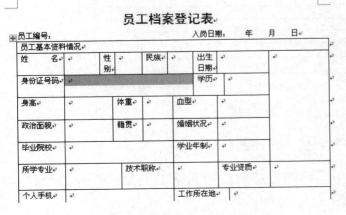

图 4-23　"拆分单元格"按钮　　　　　图 4-24　输入要拆分的列数和行数

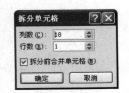

（6）选中单元格，单击"布局"→"合并"→"合并单元格"按钮，如图4-25所示。或在选中的单元格上右击，在弹出的快捷菜单上选择"合并单元格"选项，将单元格合并，在合并的单元格内输入"员工基本资料情况"文本。然后单击"设计"→"绘图边框"→"绘制表格"按钮，当光标变成铅笔 ∅ 形状可再多添加几行表格，如图4-26所示。表格的行数不够，也可将光标移动到最后一行的任意单元格内，单击"布局"→"行和列"→"在下方插入"按钮，会自动在下面插入一个空白行，每单击一次则插入一行。

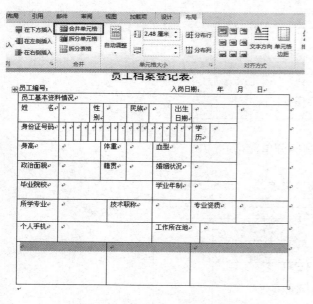

图4-25　"合并单元格"按钮

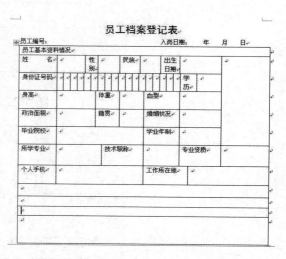

图4-26　再次绘制多个表格行

（7）单击"设计"→"绘图边框"→"绘制表格"按钮，当光标变成铅笔 ∅ 形状再次绘制行线，在原表格中增加几行，如图4-27所示。

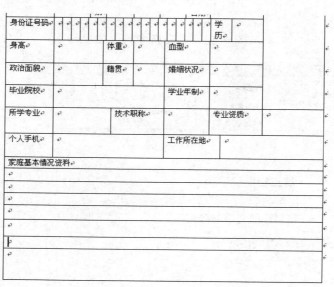

图4-27　再次绘制多个表格行

（8）通过前面的操作步骤，用同样的方法改变单元格的列宽、拆分和合并单元格并填入文本，如图4-28所示。

政治面貌		籍贯		婚姻状况			
毕业院校				学业年制			
所学专业		技术职称		专业资质			
个人手机				工作所在地			
家庭基本情况资料							
家庭电话				邮编			
现住址				邮编			
户口地址				邮编			
紧急联系人姓名	联系人关系		联系电话		手　机		
	父亲						
	母亲						
	配偶						
	子女						

图 4-28　改变列宽并拆分或合并单元格

📖 **提示**

单元格的拆分和合并，通常有两种方法。

方法一：单击"设计"→"绘图边框"→"绘制表格"按钮或"擦除"按钮，在相应单元格内划线或删除线来实现单元格的拆分和合并。

方法二：单击"布局"→"合并"→"拆分单元格"按钮或"合并单元格"按钮，对单元格进行拆分或合并。

（9）选中"子女"这一行的下边线，待光标变成 ÷ 形状，拖动鼠标，将最后一行拉宽，再单击"设计"→"绘制表格"按钮，绘制如图 4-29 所示表格。

	母亲			
	配偶			
	子女			
公司基本情况				

图 4-29　公司基本情况表格项

（10）在表格中，输入文本，如图 4-30 所示，表格基本绘制完毕。

	配偶					
	子女					
公司基本情况						
公司职务		岗位部门		级别		
	姓　名	职　务	部　门	关系		电话
公司内部关系				□亲属 □同学 □其他		
				□亲属 □同学 □其他		

图 4-30　输入文本

6. "员工档案登记表"的格式化

表格的格式化包括表格中字体、行宽和列高的设置、单元格对齐方式及边框底纹的设置等。

（1）选中表格的标题"员工档案登记表"，在"开始"选项卡中将其字体设置为"黑体""小二号""居中"，标题下面的"年月日"行设置为"仿宋体""小四号""右对齐"。

（2）将光标放入表格中，单击表格左上方的 ⊞ 形状，选中整个表格，单击"布局"→"对齐方式"→"水平居中"按钮 🔲 ，将表格中所有单元格中的内容设置为水平垂直均居中。

（3）选中表格中各行，单击"布局"→"单元格大小"→"表格行高度"按钮，设置为"1厘米"，如图4-31所示，将表格的各行设置为相同的1厘米高。选中表格各列也可以设置列宽。

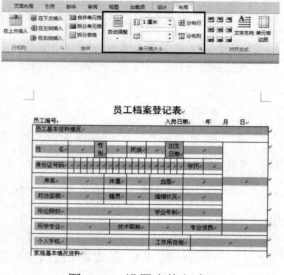

图4-31　设置表格行高

（4）将光标放入表格中，单击表格左上方的 ⊞ 按钮，选中整个表格，在"开始"选项卡中设置字体为"宋体""五号"。

（5）选择"设计"→"绘图边框"→"笔样式"项，可指定边框的线型，如图4-32所示，指定线型，单击"绘制表格"按钮，光标变成铅笔 ✎ 形状，绘制表格线，凡描过的线条均以设置的线型显示，如图4-33所示。

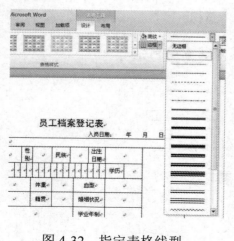

图4-32　指定表格线型

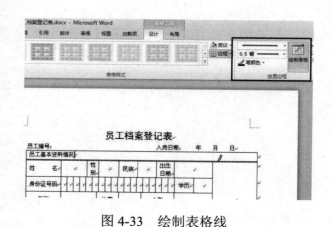

图4-33　绘制表格线

（6）将光标移入表格中，单击表格左上方的 ⊞ 形状，选中整个表格，选择"设计"→

"绘图边框"→"笔画粗细"选项 ，设置线型粗细，如图 4-34 所示。

（7）单击"边框"按钮，弹出下拉菜单，可有针对性地将设置的线型作用到指定的位置，如图 4-35 所示。选择"边框和底纹"线型，在弹出的对话框中设置边框与底纹样式。

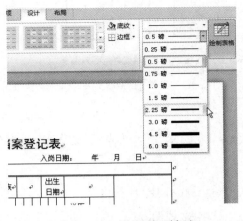

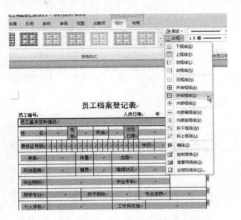

图 4-34　设置线型粗细　　　　　　　　　图 4-35　设置边框线型

（8）整个表格制作完成，效果如图 4-2 所示，单击"保存"按钮进行保存。

知识解析

1. 插入表格

单击"插入"→"表格"按钮，在弹出的下拉菜单中选择插入表格的各种方式。

（1）若插入表格的行数与列数小于或等于 8 行 10 列，可在表中拖动鼠标选择表格的行和列，单击后即可插入表格，如图 4-36 所示。

（2）选择"插入表格"选项，可设置表格的行数与列数及"自动调整"操作，如图 4-37 所示。

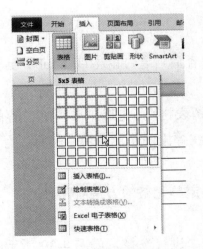

图 4-36　选择表格的行和列　　　　　　　图 4-37　设置插入表格的行数和列数

（3）选择"绘制表格"选项，光标变为铅笔形状，可以拖动光标，绘制表格。绘制表格的各种方法如图 4-38 所示。

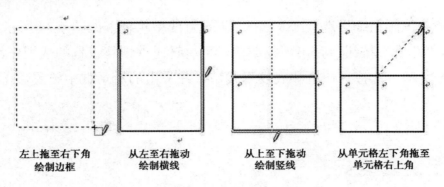

左上拖至右下角　　　从左至右拖动　　　从上至下拖动　　　从单元格左下角拖至
绘制边框　　　　　绘制横线　　　　　绘制竖线　　　　　单元格右上角

图 4-38　绘制表格的各种方法

（4）转换成表格形式。选择"文本转换成表格"选项，设置相应参数将文本转换成表格。

（5）选择"Excel 电子表格"选项，可以插入一个 Excel 电子表格。

（6）选择"快速表格"选项，出现一个内置的表格样式列表，单击所需的表格样式按钮，可快速创建一个具有一定格式的表格，只需修改其中的数据就可完成表格的创建。

> 📖 **提示**
>
> 当光标变为铅笔 ⁄ 形状时，按住【Shift】键，光标将变为橡皮擦 ⌀ 形状，单击表格边框或线段，可以擦除表线。

2. 编辑和修改表格

表格的编辑和修改包括表格内容的输入，行、列的增加和删除，单元格合并与拆分，以及行高和列宽的设置等。

当新建一个表格后，功能区上会自动出现"表格工具"，包括"布局""设计"两个选项卡，"布局"选项卡主要用于表格的单元格、行列及对齐方式等设置，"设计"选项卡主要用于表格的样式、边框等设置。

（1）输入内容和清除内容。

在表格的单元格中单击，在该单元格内输入内容后，通过鼠标或【Tab】键将插入点移到其他单元格，继续输入。

清除表格中的内容是指清除表中的文字，只保留表格线。先选中要清除内容的单元格，然后按【Delete】键；或者在选中的单元格中右击，在弹出的快捷菜单中选择"剪切"选项。

（2）选中单元格。

在表格中作任何操作时，都应选定单元格。选定单元格的方法有两种。

① 通过"布局"选项卡中的"选择"按钮。

单击"布局"→"选择"按钮，从其下拉列表中进行选择，如图 4-39 所示。

● 单击"选择单元格"按钮：选中插入点所在单元格。

● 单击"选择列"按钮：选中插入点所在的列。

● 单击"选择行"按钮：选中插入点所在的行。

● 单击"选择表格"按钮：选中插入点所在的整个表格。

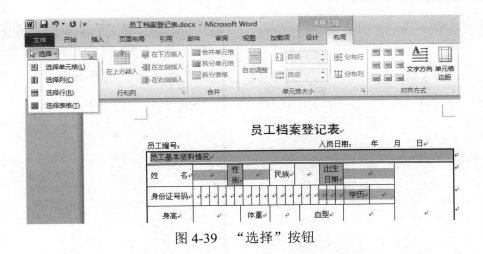

图 4-39　"选择"按钮

② 通过鼠标操作选定单元格。

● 将光标指向某单元格的左边线，当光标变为 形状时，单击可选中该单元格。

● 将光标指向表格某行的左边线，当光标变为 形状时，单击可选中该行。

● 将光标指向表格某列的上边线，当光标变为 形状时，单击可选中该列。

● 将光标指向表格左上角的 符号，当光标变为 形状时，单击可选中整个表格。

（3）改变表格的行高和列宽。

改变表格的行高和列宽的常用方法有 3 种。

① 使用鼠标拖动表线。

将光标指向需移动的行线，当光标变为 形状时，拖动鼠标可改变行高。将光标指向需移动的列线，当光标变为 形状时，拖动鼠标可改变列宽。

② 单击"布局"选项卡中的"单元格大小"组中的按钮。

③ 使用"表格属性"对话框。

单击"单元格大小"组右下角的"对话框启动器"按钮 ，弹出"表格属性"对话框，在其"行"选项卡中可以设置行高，在其"列"选项卡中可以设置列宽，如图 4-40～图 4-43 所示。在该对话框中还可进行表格的对齐方式、文字环绕方式及单元格的相关设置。

图 4-40　"表格"选项卡

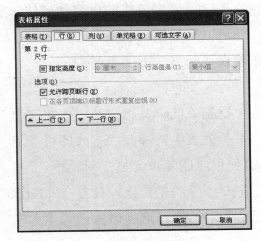

图 4-41　"行"选项卡

图 4-42　"列"选项卡

图 4-43　"单元格"选项卡

（4）添加行和列。

为表格添加行或列的常用方法有 3 种。

① 单击"行和列"组中的"插入"按钮。

选中表格，在"表格工具"的"布局"选项卡中，单击"行和列"组中的相关按钮，可为表格添加行或列。

② 选择快捷菜单中的"插入"选项。

选中要插入行或列的单元格，右击，在弹出的快捷菜单中选择"插入"选项，在下一级菜单选择"在左侧插入列""在右侧插入列""在上方插入行""在下方插入行"选项，即可在当前插入点的左、右、上、下处插入列或行。

③ 使用"插入单元格"对话框。

单击"行和列"组右下角的"对话框启动器"按钮，弹出"插入单元格"对话框，在其中进行插入单元格、行或列的操作。

（5）删除表格。

删除表格是指将表格的内容和表线一起删除。可以只删除某个单元格，也可以删除行或列，还可以删除整个表格。

删除表格的方法主要有两种。

① 单击"布局"选项卡中的"删除"按钮。

选中要删除的单元格，在"表格工具"的"布局"选项卡中，单击"删除"按钮，在弹出的下拉列表中选择删除方式即可。

② 使用"删除单元格"对话框。

选中要删除的单元格，右击，在弹出的快捷菜单中选择"删除单元格"选项，弹出"删除单元格"对话框，选择删除方式，单击"确定"按钮。

（6）合并与拆分单元格。

在制作表格的过程中，需要将两个或多个单元格合并为一个单元格，或将一个单元格拆分成多个单元格。

合并与拆分单元格主要有两种方法。

① 单击"布局"选项卡中的"合并"组中的按钮。

合并单元格：选中需要合并的多个单元格，单击"表格工具"→"布局"→"合并"→"合并单元格"按钮，即可实现合并单元格。

拆分单元格：首先选中需要拆分的单元格，单击"合并"→"拆分单元格"按钮，在弹出的"拆分单元格"对话框中输入需要拆分的行数和列数，单击"确定"按钮。

② 选择快捷菜单中的选项。

选中需要合并（或拆分）的单元格，右击，在弹出的快捷菜单中选择"合并单元格"（或"拆分单元格"）选项即可。

（7）设置对齐方式。

分为单元格对齐方式和表格对齐方式。单元格对齐方式是指单元格中的文字相对于单元格边界的对齐方式；表格对齐方式是指表格相对于页面的对齐方式。

① 设置单元格对齐方式。

选中需要进行设置的单元格，在"布局"选项卡中选择对齐方式。也可右击表格，在弹出的快捷菜单中选择"表格属性"选项，弹出"表格属性"对话框，单击"单元格"选项卡，从中选择需要的对齐方式。

② 设置表格对齐方式。

在"表格属性"对话框中，单击"表格"选项卡，从中选择需要的对齐方式。

（8）设置表格的边框和底纹。

设置表格的边框和底纹通常有两种方法。

① 在"边框和底纹"对话框中设置。

右击表格，在弹出的快捷菜单中选择"边框和底纹"选项，弹出"边框和底纹"对话框。对话框共包括 3 个选项卡，其中，"边框"选项卡用来设置表格边框的样式；"页面边框"选项卡设置当前文档页面的边框；"底纹"选项卡用来设置表格的底纹。

② 在"表格工具"的"设计"选项卡中设置。

"设计"选项卡中有一组设置表格边框和底纹样式的按钮，可以很方便地设置表格边框和底纹的样式。

 举一反三

1. 制作"网络课程申请表"

山香公司是一家互联网教育咨询公司，从事教师入编考试培训，在网络上可实现远程视频教学，在全国各省市地区的分支公司均可通过邮件向总部申请需要哪些学科的视频，总部网络中心会根据申请表提供的人数，申请网络账号和密码发送给分支公司。需要设计一个申请表，由分公司人员填写，表格存放在 D 盘"工作文档"下，文件名为"网络课程申请表"。"网络课程申请表"样张如图 4-44 所示。

网络专业课　　听课账户申请表

申请人签字：　　　　　　　　部门管签字：

申请地区		申报日期		申请开通时间	
学费标准					
学科专业人数	（合计）				
小学语文		小学数学		小学英语	
中学语文		中学数学		中学英语	
历史		地理		政治	
生物		物理		体育	
音乐		美术		计算机	
化学		学前教育			

备注：
1. 申请时间必须在开课时间前三天以上提交申请表，否则不予开通；
2. 账号有效期为 12 天，可以观看听课时间为 7 天；
3. 此表需完整认真填写，各学科专业人数不能漏报，多报。发现问题不予开通；
4. 签字处需要当事人书面签写，不予开通；

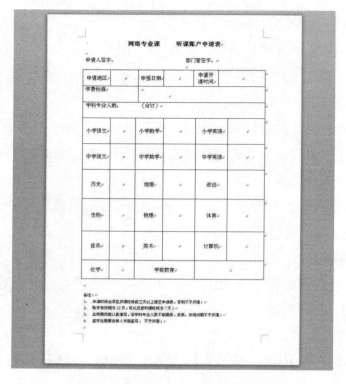

图 4-44　“网络课程申请表”样张

2. 制作“教师入编研究中心社会调查问卷”

公司为了让各地师范院校的学生对教师入编考试有所了解，需要进行市场调查，“教师入编研究中心社会调查问卷”样张如图 4-45 所示。

教师入编研究中心社会调查问卷

亲爱的同学们，您好！我中心为了做好 2011 年招教工作，更好地为参加 2011 年招教考试的考生服务，现面向社会进行预期项目调查，希望得到您的配合，谢谢合作！

（注：○为单选　□为多选，此问卷为有奖调查，请认真填写每一个信息，您将有机会获得我中心提供的奖品一份，并及时为您提供 2011 年教师招聘考试信息。）

学校名称	姓　名	性别	年级专业	户口所在地	手机号码	是否报考 2011 年招教
						是（ ）否（ ）

1. 做为一名师范类院校的学生，您会选择什么职业？
○ 教师　○ 公务员　○ 创业　○ 其它

2. 如果您选择教师职业，主要原因是：
□ 所学专业　□ 比较体面　□ 家长期望　□ 工资待遇

3. 您是否了解和听说教师入编考试？是否参加过本地区教师入编考试？
○ 了解，参加　○ 了解，没参加　○ 不了解，参加　○ 不了解，没参加

4. 您是否知道本地区有从事教师入编考试的培训？如果有是否愿意参加？
○ 不知道，不参加　○ 知道，参加　○ 知道，但不了解，没参加　○一旦知道，一定参加

5. 您认为现在教师的工资待遇怎样：
○ 偏低　○ 一般　○ 较高　○ 有待提高

6. 您对教师统一招聘考试的看法：
○ 赞同　○不赞同　○ 无所谓

7. 您希望教师招聘考试内容应侧重于哪些知识（在校生填）：
○ 教育理论知识　○ 专业知识　○ 案例分析

8. 针对教师招聘考试内容的变化，您认为应侧重于哪些知识（非在校生填）：
○ 教育理论知识　○ 专业知识　○ 案例分析

9. 您对教师招聘考试难易程度如何评价：
○ 非常难　○ 较难　○ 一般　○ 容易

10. 为了顺利通过考试，您会选择何种备考模式：
○ 通过专业培训机构学习　○ 自习或网上学习
○ 小组学习　○ 请教他人+自学

11. 您对 2011 年师范毕业生就业形势的看法是（在校生填）：
○ 能找到合适的工作　○ 通过努力可以找到工作　○ 对找到合适的工作信心不足
○ 担心找不到工作　○ 其他

12. 您觉得自己作为师范生报考教师招聘考试，最有待提高的素质及能力是：
□ 学科专业知识　□ 新课程理念
□ 教育学、教育心理学基础巩固（笔试）　□ 说课能力及综合能力的提高（面试）

13. 您会选择哪个出版社的教师招聘教材？
○ 首都师范大学出版社　○ 光明日报出版社　○ 现代教育出版社
○ 北京师范大学出版社　○ 党史出版社　○ 其它

14. 如果您投资学习培训+实践的话，每月可以接受的投资金额是多少？
○ 1000 元以上　○ 500 元左右
○ 300 元左右　○ 100 元以下

15. 您经常去书店查阅资料吗？如果书店的老板推荐你参加相关培训价格合适你愿意吗？
○ 经常去，愿意　○ 不常去，不愿意　○ 经常去，不愿意　○ 不常去，愿意

您所了解的招教培训品牌有：　　　　您最经常去的书店是：

网址：www.zhaojiao.net　咨询电话：400-600-3363　单位：教师入编研究中心

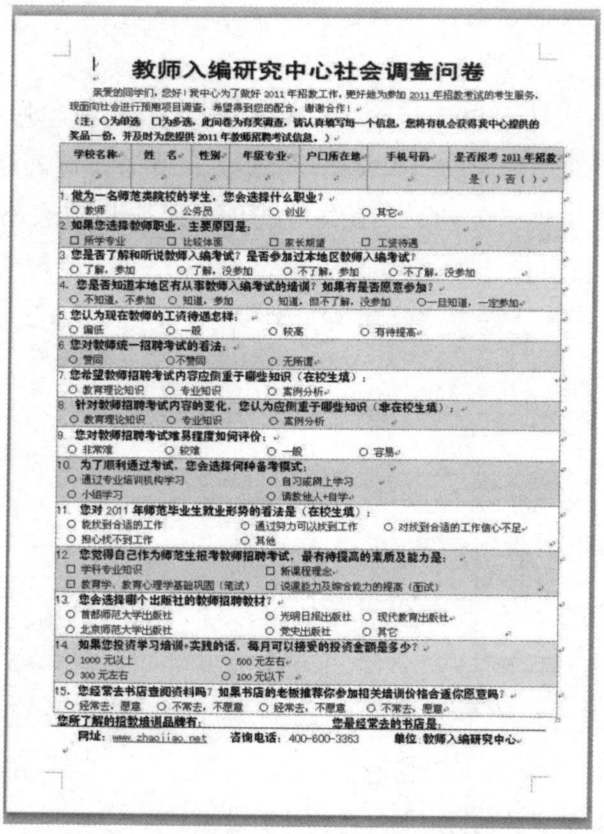

图 4-45　“教师入编研究中心社会调查问卷”样张

知识拓展及训练

1. 将文本转换成表格

Word 中可将使用逗号、制表符或其他分隔符标记的有规律排列的文本转换成表格，同样，也可将表格转换成有规律排列的文本。

（1）在文本中插入分隔符（如逗号或制表符），以指示将文本分成列的位置，使用段落标记指示要开始新行的位置。

（2）选择插入有分隔符的要转换的文本。

（3）单击"插入"→"表格"→"文本转换成表格"按钮。

（4）在"将文字转换成表格"对话框中选择表格的行数和列数，在"文字分隔位置"选择列分隔符类型，如逗号，单击"确定"按钮。

📖 **提示**

　分隔符：一些符号标记，如逗号、制表符及空格等，将表格转换为文本时，用分隔符标识文字分隔的位置，或在将文本转换为表格时，用其标识新行或新列的起始位置。

---

2. 将表格转换成文本

（1）选择要转换成段落的行或表格。

（2）单击"表格工具"→"布局"→"数据"→"转换为文本"按钮，打开"表格转换为文本"选项卡。

（3）在"文字分隔符"下，选择要用于代替列边界的分隔符，各行默认用段落标记分隔。

（4）单击"确定"按钮，表格就被转换为文本，文本之间用选中的分隔符分隔。

3. 拓展训练——文本与表格的互换

（1）将下列的文本转换为表格（文本之间是用空格分隔的）。

姓名　性别　出生年月　家庭住址　邮编　联系电话

刘斌　男　1980.10　河南郑州　450000 0371123456

李明明　女　1981.12　湖北武汉　730000 027123456

（2）将下列表格转换为文本，文本列之间用逗号分隔。

姓名	性别	出生年月	家庭住址	邮编	联系电话
刘斌	男	1980.10	河南郑州	450000	0371123456
李明明	女	1981.12	湖北武汉	730000	027123456

习　　题

一、填空题

1. 在 Word 2010 中创建表格的方法之一，可单击＿＿＿＿＿＿＿选项卡中的"插入表格"按钮。

2. 单击＿＿＿＿＿＿＿选项卡中的"绘图边框"组中的＿＿＿＿＿＿＿按钮或"擦除"按钮，在相应单元格内划线或删除线来实现单元格的拆分和合并。

3. 单击"布局"选项卡中的"合并"组中的＿＿＿＿＿＿＿按钮或＿＿＿＿＿＿＿按钮，对单元格进行拆分和合并。

4. 单击＿＿＿＿＿＿选项卡中的＿＿＿＿＿＿，可选择整个表格，再单击该选项卡中的＿＿＿＿＿＿按钮，可以为表格设置"平均分布各行"。

5. 单击"设计"选项卡，从＿＿＿＿＿＿＿功能区中，单击展开表样式，这时可以将表格自动套用系统默认的一种样式。

二、选择题

1. 在 Word 编辑文本时，可以在标尺上直接进行（　　　）操作。
   - A．文章分栏
   - B．建立表格
   - C．嵌入图片
   - D．段落首行缩进

2. 如果插入的表格的内外框线是虚线，将光标放在表格中，可选择（　　　）选项实现将框线变成实线。
   - A．"表格"菜单的"虚线"
   - B．"格式"菜单的"边框和底纹"
   - C．"表格"菜单的"选中表格"
   - D．"格式"菜单的"制表位"

3. 在 Word 中，如果要在文档中层叠图形对象，应执行（　　　）操作。
   - A．"绘图"工具栏中的"叠放次序"按钮
   - B．"绘图"工具栏中的"绘图"菜单中"叠放次序"选项
   - C．"图片"工具栏中的"叠放次序"按钮
   - D．"格式"工具栏中的"叠放次序"按钮

4. 要在表格中绘制斜线表头，需要打开（　　　）选项卡。
   - A．视图　　　B．插入　　　C．设计　　　　D．布局

5. 如何在改变表格中某列宽度的时候，不影响其他列宽度：（　　　）。
   - A．直接拖动某列的右边线
   - B．直接拖动某列的左边线
   - C．拖动某列右边线的同时，按住【Shift】键
   - D．拖动某列右边线的同时，按住【Ctrl】键

第 **5** 章

Word 2010 图形、图像与艺术字的使用
——制作"产品宣传页"

 本章重点掌握知识

1. 图片和剪贴画的插入与排版
2. 艺术字与形状的使用
3. 文本框与图表的使用
4. SmartArt 与邮件合并

 任务描述

　　成都兴和家政有限责任公司最近需要扩大宣传，不仅需要在网站上进行企业宣传，还要印制服务宣传单，制作一张介绍公司文化与服务的产品宣传页，要求图文并茂，引人入胜，一目了然。产品宣传页的正面在 Word 2010 中制作，保存在 D 盘"工作文档"文件夹中，文件名为"产品宣传页的正面"。

> 📖 **提示**
>
> 　　标题要用艺术字和插入形状来增加视觉效果，正文文字的格式为"黑体""五号""黑色"，插入多个文本框，用来输入公司的简介、企业文化及添加公司地址等相关信息，用自定义形状绘制地理位置图等。产品宣传页如图 5-1 和图 5-2 所示。
>
> 　　　　
>
> 　　图 5-1　产品宣传页的正面　　　　图 5-2　产品宣传页的背面

 操作步骤

1. 设置页面背景

打开 Word 2010，新建空白 Word 文档，单击"页面布局"→"页面颜色"按钮，在弹出的下拉菜单中选择指定的颜色，完成页面背景的设置，如图 5-3 所示。

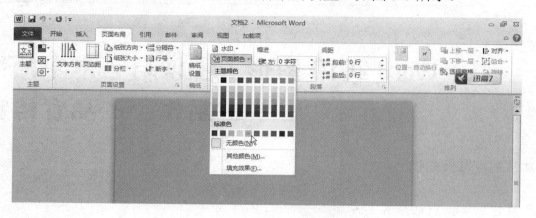

图 5-3　页面背景的设置

2. 制作公司标志

（1）选择"插入"→"插图"→"形状"→"椭圆"选项，如图 5-4 所示，在页面空白处拖出椭圆形状。这时工具栏会自动显示"格式"选项卡，在工具栏上指定椭圆的填充与边线样式，如图 5-5 所示。

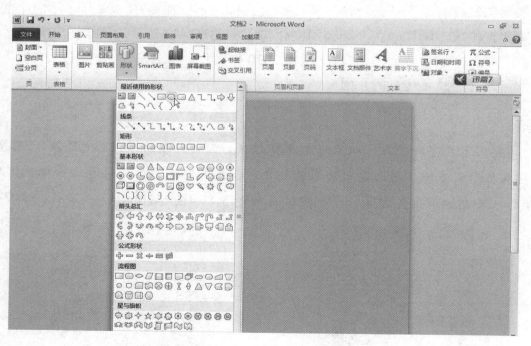

图 5-4　选择"椭圆"选项

（2）为增加椭圆的立体感，选中椭圆，选择"格式"→"阴影效果"→"阴影设置"选项，在弹出的阴影列表中指定阴影样式，如图 5-6 所示。

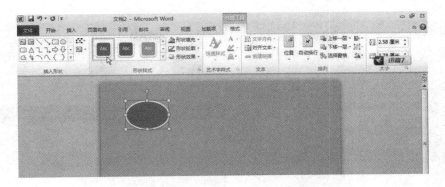

图 5-5　指定椭圆的填充与边线的样式

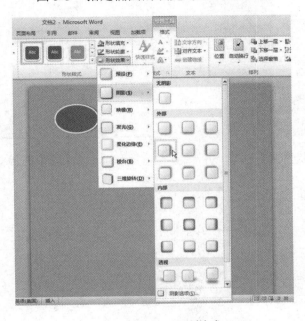

图 5-6　指定阴影样式

（3）在椭圆上右击，在弹出的快捷菜单中选择"添加文字"选项，如图 5-7 所示。输入"兴和"，设置字体为"黑体"，字号为"一号"，按【Enter】键，再次输入"Xing He"，设置字体为"黑体"，字号为"小四号"，按【Ctrl+A】组合键全选这两段文字，单击"开始"→"段落"→"段落样式"按钮，弹出"段落"对话框，如图 5-8 所示，设置行距为固定值，设置值为 25 磅。

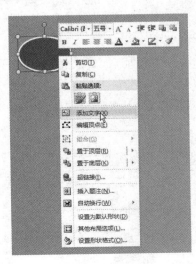

图 5-7　"添加文字"选项

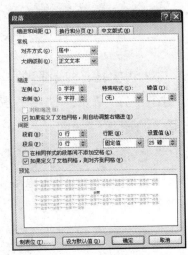

图 5-8　"段落"对话框

（4）在椭圆上右击，在弹出的快捷菜单中选择"设置形状格式"选项，如图 5-9 所示。弹出"设置形状格式"对话框，单击"文本框"选项卡，设置"内部边距"为"0"，如图 5-10 所示。

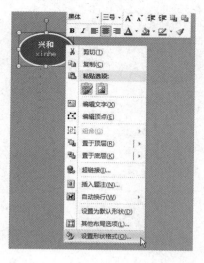

图 5-9　"设置形状格式"选项

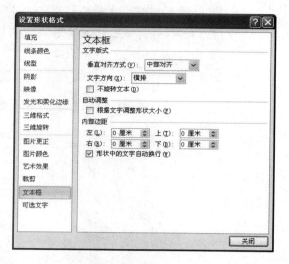

图 5-10　"设置形状格式"对话框

3. 制作艺术字标题

（1）选择"插入"→"文本"→"艺术字"→"艺术字样式 4"选项，如图 5-11 所示。

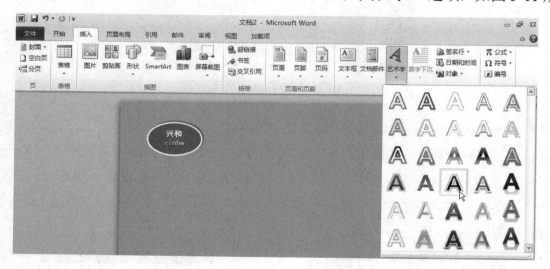

图 5-11　插入艺术字样式

（2）在文本框中输入"成都兴和家政有限责任公司"，设置字体为"宋体"，单击"确定"按钮，如图 5-12 所示。选择"朝鲜鼓"选项，拖动艺术字上的编辑点（黄色小方块）可以改变艺术字的形状，如图 5-13 所示。

（3）选中"艺术字"，单击"格式"→"艺术字样式"→"文本填充"按钮，在弹出的下拉菜单中选择"渐变"→"其他渐变"选项，如图 5-14 所示。选择"文本填充"选项，选中"渐变填充"单选按钮。选择"文本边框"选项，设置颜色为"白色"。

（4）选中"艺术字"，右击，在弹出的快捷菜单中选择"设置艺术字格式"选项，单击"版式"选项卡，可设置艺术字的环绕方式为"四周型"，如图 5-15 所示。

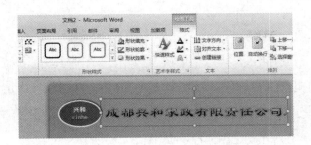

图 5-12　输入艺术字文本

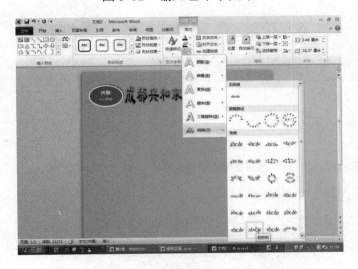

图 5-13　"朝鲜鼓"选项

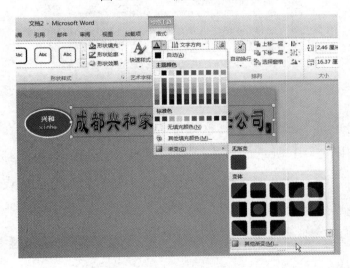

图 5-14　"其他渐变"选项

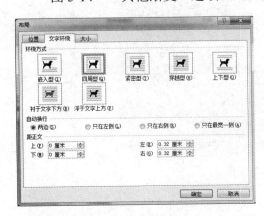

图 5-15　设置艺术字的环绕方式为"四周型"

4. 制作正文文本框

（1）单击"插入"→"插图"→"形状"按钮，在弹出的下拉列表中，选择"圆角矩形"选项。在页面空白处绘制圆角矩形形状后，再拖动顶点上的黄色小方块，改变圆角矩形倒角半径的距离，如图 5-16 所示。在圆角矩形上右击，在弹出的菜单中选择"添加文字"选项，如图 5-17 所示，输入的正文内容，如图 5-18 所示。

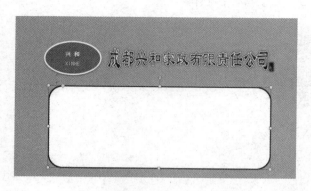

图 5-16　绘制圆角矩形

图 5-17　"添加文字"选项

图 5-18　输入的正文内容

（2）单击"圆角矩形"按钮，工具栏自动显示"格式"工具栏，单击"形状填充"按钮，设置填充色，如图 5-19 所示。单击"形状轮廓"按钮，设置边线色。在图形上右击，在弹出的快捷菜单中选择"设置形状格式"选项，打开"设置形状格式"对话框，单击"线条颜色"选项卡可设置线条颜色，如图 5-20 所示。

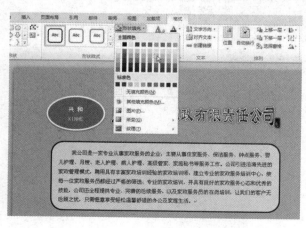

图 5-19　填充色

图 5-20　"线条颜色"选项卡

（3）在图 5-20 中单击"颜色"按钮，线条颜色可设置不同的填充颜色，如图 5-21 所示。设置填充色与边线色的效果如图 5-22 所示。

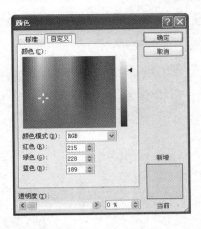

　　图 5-21　不同填充色　　　　　　　　图 5-22　设置填充色与边线色的效果

（4）使用同样的方法，再制作一个文本框并输入文字，如图 5-23 所示。

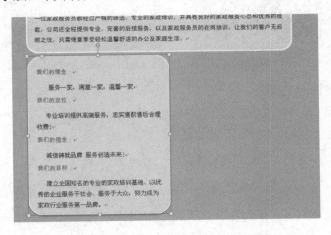

图 5-23　再制作一个文本框并输入文字

5. 插入图片并设置环绕方式

（1）单击"插入"→"插图"→"图片"按钮，弹出"插入图片"对话框，在"素材"文件夹中选取要插入的图形，单击"插入"按钮，如图 5-24 所示。拖动图片四角的小圆点可以改变图片的大小。

图 5-24　"插入图片"对话框

（2）默认状态下，插入图片后会自动出现"格式"选项卡，在"格式"选项卡中单击"位置"按钮可以设置图片与文字的位置方式，在这里设置"文字环绕"为"四周型"，如图 5-25 所示。用同样的方法插入多张图片，最终效果如图 5-26 所示。

（3）单击"插入"→"插图"→"形状"按钮，在弹出的下拉菜单中分别选择"矩形""线条"选项分别绘制图 5-26 中图片周围的几个线框作为装饰图案。

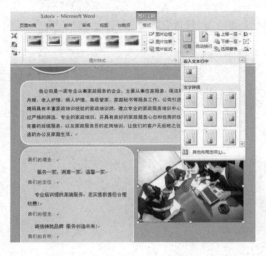

图 5-25　设置图片的环绕方式　　　　　图 5-26　插入图片的效果

6. 插入艺术字

选择"插入"→"文本"→"艺术字"→"艺术字样式 1"选项，输入文字"Faith founds brand，Service creates future!"，将艺术字颜色和边线色均设置为绿色，如图 5-27 所示。

图 5-27　插入艺术字并设置填充色与边线色

7. 制作地址文本框与地址导航图

（1）选择"插入"→"插图"→"形状"→"圆角矩形"选项，绘制两个圆角矩形，如图 5-28 所示。单击"格式"→"样式"功能区，设置圆角矩形的填充与边线样式，并输入文字，如图 5-29 所示。

图 5-28　绘制圆角矩形　　　　　图 5-29　设置圆角矩形并输入文字

（2）选择"插入"→"插图"→"形状"→"矩形和箭头"选项，绘制几个矩形形状和箭头，如图 5-30 所示。再单击"形状"按钮中的笑脸图像，如图 5-31 所示。

图 5-30　绘制导航图

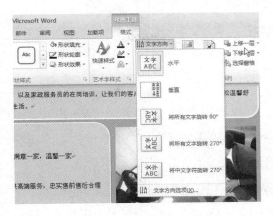

图 5-31　插入竖排艺术字

（3）选择"艺术字"→"形状填充"→"艺术字样式 6"选项，可以竖排文字。艺术字样式列表中的"艺术字样式 1"选项可以横排文字，设置所有艺术字填充色与边线色分别为白色，效果如图 5-32 所示。

8．制作页脚处的柔化图片

（1）单击"插入"→"插图"→"图片"按钮，在页面底部插入图片。默认状态下，图片为嵌入式方式，将图片按照前面所讲的方法设置位置，环绕方式为"四周型"，并将其移动至页面底部，如图 5-33 所示。

图 5-32　导航图上的艺术字

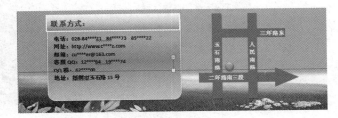

图 5-33　在页面底部插入图片

（2）选中该图片，单击"格式"→"样式"功能区中的"图片样式"按钮，从中选择"柔化的边缘"样式，如图 5-34 所示。

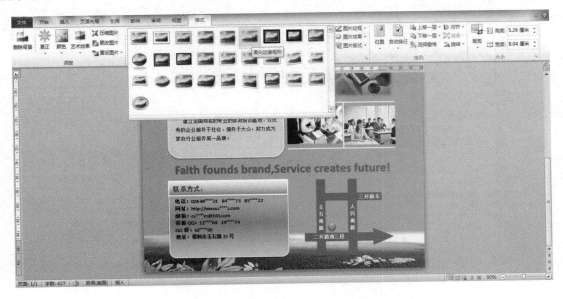

图 5-34　柔化页面底部图像

知识解析

1. 插入图片

（1）插入图片。插入图片是指在 Word 文档中插入以文件形式保存的图片。单击"插入"→"插图"→"图片"按钮，弹出"插入图片"对话框，选择图片的保存位置和文件名，单击"插入"按钮，即可插入图片。

（2）设置图片格式。插入图片后，在标题栏中出现"格式"选项卡，其"格式"选项卡由"调整""图片样式""排列""大小"4 部分组成。

① "调整"组：主要对图片进行亮度、对比度、颜色重新着色的设置，以及压缩、更改、重设图片等操作。对图片进行亮度与对比度、颜色、艺术效果的设置，如图 5-35～图 5-37 所示。

图 5-35　对图片进行亮度与对比度设置

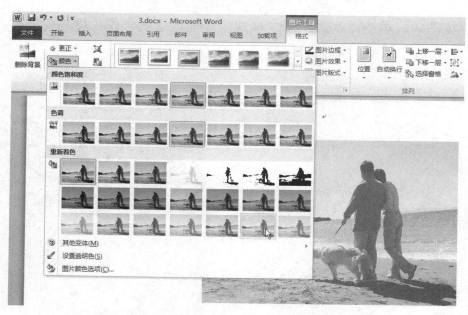

图 5-36　对图片进行颜色设置

图 5-37   对图片进行艺术效果设置

② "图片样式"组：主要对图片的内置样式、形状、边框和效果进行设置，使图片更加突出、美观、有个性，如图 5-38 所示。

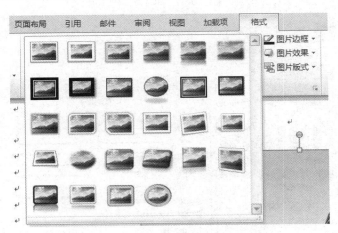

图 5-38   "图片样式"组

● 更改图片的版式。

选中图片，单击"图片样式"组中的"图片版式"按钮，弹出"图片版式"下拉菜单，如图 5-39 所示，从中单击不同的 SmartArt 形状，可改变图片的版式，如图 5-40 所示。

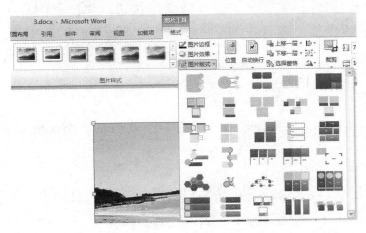

图 5-39   "图片版式"下拉菜单

图 5-40　改变了图片版式的效果

● 设置图片的边框。

选中图片，单击"图片样式"→"图片边框"按钮，弹出"图片边框"下拉菜单，可选择设置图片边框的颜色、粗细及虚线样式，如图 5-41 所示。

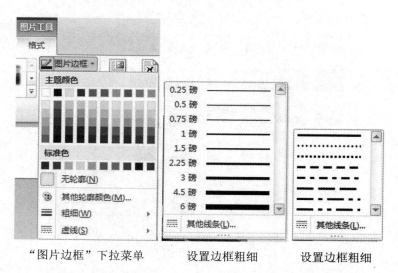

　　"图片边框"下拉菜单　　　　设置边框粗细　　　　设置边框粗细

图 5-41　设置图片边框的颜色、粗细及虚线样式

● 设置图片的特殊效果。

选中图片，单击"图片样式"→"图片效果"按钮，弹出"图片效果"下拉菜单，可设置图片的各种特殊效果，如图 5-42 所示，是"图片效果"下拉菜单、"棱台"效果列表和"三维旋转"效果列表。

> 📖 提示
>
> 　设置图片效果时，可以对同一张图片使用多个效果，从而使图片更具有创意。

●"设置图片格式"对话框。

单击"图片样式"组右下角的"对话框启动器"按钮，会弹出"设置图片格式"对话框，在该对话框中，可以设置在功能区各组中的各种效果。

"图片效果"下拉菜单

"棱台"子菜单

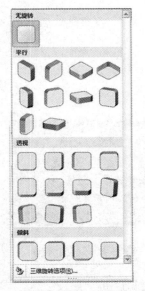
"三维旋转"子菜单

图 5-42　设置图片的特殊效果

③ "排列"组：主要对图片的位置、环绕方式及多张图片的对齐、组合和排列顺序进行设置，如图 5-43 和图 5-44 所示，是对图片的位置及环绕方式进行的设置命令。

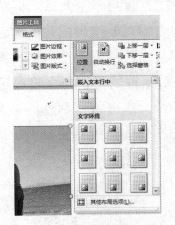

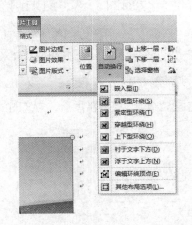

图 5-43　"位置"下拉菜单　　　图 5-44　"自动换行"下拉菜单

④ "大小"组：主要用来设置图片的大小，并对图片进行裁切，删去不需要的部分。选中图片，单击"大小"→"裁剪"按钮，在图片周围出现"裁剪"定界框，如图 5-45 所示，拖动其定界框，可对图片进行裁剪。

在"大小"组的"宽度""高度"数值框中输入数值，可对图片大小进行精确的设置。单击"大小"组右下角的"对话框启动器"按钮，可打开"大小"选项卡，如图 5-46 所示，可对图片进行其他精确的设置。

改变图片的大小

📖 **提示**

选中图片，在图片的四周出现 8 个小黑框，称为句柄。将光标移至任一个句柄上，待鼠标指针变为双箭头时，拖动鼠标，可改变图片的大小。

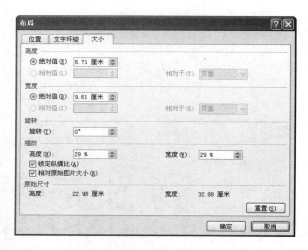

图 5-45　裁剪图片　　　　　　　　　　图 5-46　"大小"选项卡

2. 插入剪贴画

（1）通过输入主题关键字查找并插入剪贴画。在 Office 2010 安装完成后，系统自动安装了一个剪辑库（收藏集），在剪辑库中有许多 Office 2010 自带的剪贴画。在编辑 Word 文档时，可以非常方便地调用这些剪贴画并将其插入文档中。

单击"插入"→"插图"→"剪贴画"按钮，在界面的右侧弹出"剪贴画"对话框，如图 5-47 所示。在该对话框的"搜索文字"文本框中输入要搜索图片的关键字，如人、动物、植物等，在"搜索文字"文本框中输入"老虎"，在"结果类型"文本框中选择"所有媒体文件类型"选项，单击"搜索"按钮，此时在对话框的主窗口中将显示出与主题关键字相匹配的剪贴画，如图 5-48 所示。这时单击剪贴画，就可将剪贴画插入文档中。

图 5-47　"剪贴画"对话框　　　　　　　图 5-48　搜索图片

（2）在 Office 2010 的收藏集中查找并插入剪贴画。单击"剪贴画"→"管理剪辑"按钮，弹出"Office 剪辑管理器"对话框，如图 5-49 所示。

在这个对话框中，单击所选择剪贴画右边的下拉箭头，在弹出的下拉菜单中选择"复制"选项（将剪贴画复制到剪贴板中），再将光标定位到文档中需要插入剪贴画的位置，右击，在弹出的快捷菜单中选择"粘贴"选项即可。

图 5-49　"Office 剪辑管理器"对话框

（3）通过 Internet 查找并插入剪贴画。如果计算机连接 Internet，在"剪贴画"对话框中选择"Office 网上剪辑"选项，会出现"Office Online"网页，如图 5-50 所示。在网页的搜索输入框中输入关键字，如"人"，单击"搜索"按钮，就会在显示框中出现许多和人有关的剪贴画。用户将选中的剪贴画复制到剪贴板中，粘贴到 Word 文档中。

图 5-50　"Office Online"网页

（4）设置剪贴画的格式。插入（或选中）剪贴画后，在标题栏会出现"图片工具"，其"格式"选项卡中的按钮和操作方法与插入图片的"格式"选项卡完全相同。

3．插入形状

Word 2010 提供了一定的绘图功能，在 Word 文档中添加一个形状图形或者合并多个形状来生成一个更为复杂的形状。可用形状包括线条、矩形、基本形状、箭头总汇、公式形状、流程图、星与旗帜等。

（1）插入简单的形状图形。单击"插入"→"插图"→"形状"按钮，弹出 Word 2010 提供的形状图形下拉菜单，其中包括线条、矩形、基本形状、箭头总汇、公式形状、流程图、星与旗帜等，与设置图片形状的下拉菜单相同，如图 5-51 所示。

单击其中一个形状，当光标变成＋形状时，拖动鼠标，即可画出所需形状的图形。如图 5-52 所示。

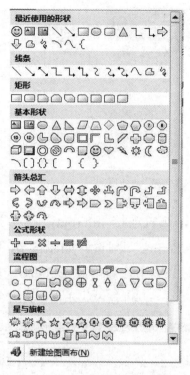

图 5-51　形状图形下拉菜单

图 5-52　各种形状图形

（2）编辑形状图形。编辑形状图形包括选择、移动、复制、改变大小、改变形态、旋转及填充形状和设置形状轮廓等操作。

① 选择图形：单击形状图形，即可将其选中。若要同时选中多个图形，则可以按住【Ctrl】键，然后再单击所需的各个图形，也可单击"开始"→"编辑"→"选择"→"选择对象"按钮，拖动鼠标，当出现的虚线框围住选中的图形后，松开鼠标即可。

② 移动图形：要移动图形，将鼠标指针移到要移动的图形上，光标变为形状，然后用鼠标拖动图形即可。若按住【Shift】键拖动鼠标，则可限制图形只在水平或垂直方向移动。

③ 复制图形：要复制图形，可右击图形，在弹出的快捷菜单中选择"复制"选项，然后右击目标处，在弹出的快捷菜单中选择"粘贴"选项。也可以按住【Ctrl】键拖动要复制的图形到目标处后，松开鼠标左键，这样也可在目标处复制一个图形。

④ 改变图形大小：选中图形，在图形四周出现八个控制点，将鼠标指针移到某个控制点上拖动，可改变图形大小。若按住【Shift】键拖动鼠标，则可等比例地放大或缩小图形。

⑤ 改变图形形状：选中图形，拖动黄色菱形句柄，可改变图形形状。

⑥ 旋转图形：选中图形，拖动绿色圆形句柄，可使图形旋转。

⑦ 填充图形和设置图形轮廓：选中图形，单击"格式"→"形状填充"按钮，可为形

状图形填充颜色、渐变色、纹理及图案；单击"格式"→"形状轮廓"按钮，可为形状图形设置轮廓线的样式和粗细。

（3）图形的组合、对齐、分布和叠放次序。图形的组合、对齐、分布和叠放次序都是对多个图形进行操作的，因此在操作前首先要选中多个图形。

图形的组合：选中多个图形，单击"格式"→"排列"→"组合"按钮，在弹出的下拉菜单中选择"组合"选项。若要取消组合，选中组合图形，然后单击"格式"→"排列"→"组合"按钮，在弹出的下拉菜单中选择"取消组合"选项。

图形的对齐和分布：选中要对齐和设置分布的多个图形，单击"格式"→"排列"→"对齐"按钮，在弹出的下拉菜单中选择对齐或分布的方式（右对齐、左对齐、横向分布、纵向分布等）。

设定图形的叠放次序：如果两个以上的图形有重叠，就存在图形的重叠次序。选中要移动叠放次序的图形，单击"格式"→"排列"→"置于顶层"按钮，从中单击向上移动的方式。若单击"置于底层"按钮，则可从中单击向下移动的方式。

4．插入文本框

在输入、编辑 Word 文档时，如果需要插入一些相对独立的文字，并希望将其放在文本的任何地方，就要用到文本框。

（1）插入文本框。单击"插入"→"文本"→"文本框"→"绘制文本框"按钮，这时光标变成十形状，拖动鼠标画出一个矩形框，可在其中输入文字。

（2）设置文本框的格式。选中文本框，工作界面上出现绘图工具的"格式"选项卡，如图 5-53 所示，包括"插入形状""形状样式""艺术字样式""文本""排列""大小"等 6 个组，其中，按钮的使用方法与图片的"格式"选项卡中的按钮类似，可为文本框添加各种精彩的效果。

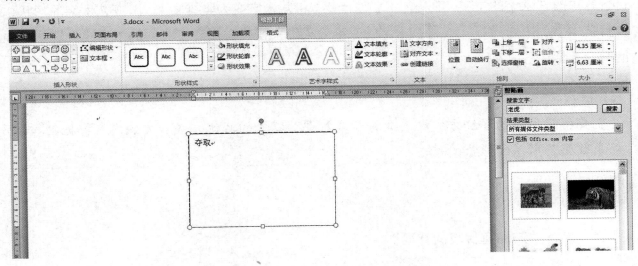

图 5-53　文本框的"格式"选项卡

5. 插入艺术字

艺术字是指插入到文档中的装饰文字，使用 Word 2010 插入和编辑艺术字功能，可创建带阴影的、扭曲的、旋转的和拉伸的艺术字效果，还可按照预定义的形状创建文字。

（1）插入艺术字。单击"插入"→"文本"→"艺术字"按钮，弹出"艺术字"下拉菜单，如图 5-54 所示，在所选的艺术字样式上单击，弹出"编辑艺术字文字"对话框，在输入框中输入文字，设置字体字号，单击"确定"按钮，如图 5-55 所示，即在文本中插入所选样式的艺术字。

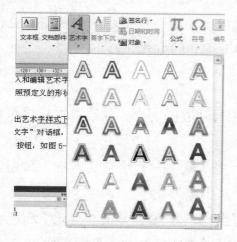
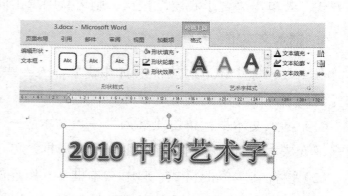

图 5-54　"艺术字"下拉菜单	图 5-55　在文本中插入艺术字

（2）设置艺术字的格式。插入艺术字后，工作界面上出现绘图工具的"格式"选项卡，可进行更改艺术字的文字、改变艺术字的间距、将艺术字变为竖排文字、改变艺术字的形状、设置艺术字的阴影效果、设置艺术字的三维效果等，操作与图片工具中的"格式"选项卡中的操作类似。

 举一反三

1. 制作"产品宣传页的背面"

成都兴和家政有限责任公司制作的产品宣传页的背面重点突出服务范围和跟踪服务流程，要体现家政服务的细致、认真和专业，要求在 Word 2010 中制作，命名为"产品宣传页的背面"，保存在 D 盘的"工作文件"文件夹中，如图 5-56 所示。

> 📖 **提示**
>
> 　"服务范围""跟踪服务流程"为"黑体三号"、背景图形为"形状"中的"圆角矩形"。
> "家庭餐制作""钟点工"等标题为"宋体（正文）小四号"、背景图形为"形状"中的"前凸带形"。主体部分文字为"宋体（正文）五号"。样张左下方效果可通过 SmartArtt 图形中的"连续循环"模板制作，也可在"形状"中利用各个相近图形拼制。其他效果看样张设置。

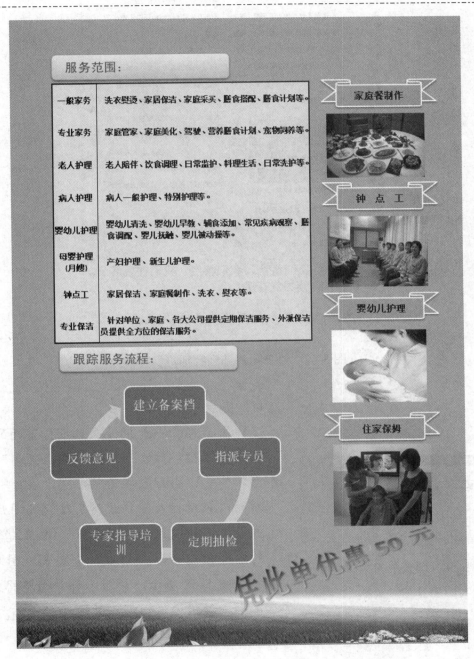

图 5-56　"产品宣传页的背面"

2. 制作"公司内部刊物插页"

　　公司内部刊物都由公司自己来制作，其中有一页上需显示公司最近 3 个月销售情况的图表，还有一些企业管理方面的知识。现在需要制作一张插页，插页布局合理，清晰明了，制作完成后命名为"公司内部刊物插页"，保存在 D 盘"工作文件"文件夹中，样张如图 5-57 所示。图表中的数据如图 5-58 所示。

图 5-57 "公司内部刊物插页"样张

图 5-58 图表中的数据

> 📖 **提示**
>
> 页眉部分添加期号及日期，下面的两个小标题文本框，改变形状为"缺角矩形"并应用形状样式，小标题字为艺术字，在第一个小标题的内容后插入图片素材，改变其图片形状，并设置图片效果如样张所示。把第二个小标题的内容分两栏，并插入一个图表，图表中的数据如图 5-58 所示。最后一部分为竖排文字的文本框，形状为折角形，并填充颜色添加阴影，中间插入的装饰线为剪贴画。

 知识拓展及训练

1. 脚注、尾注和题注

脚注和尾注用于对打印文档中的文本提供解释、批注及相关的参考资料。一个文档中可同时包含脚注和尾注，用脚注对文档内容进行注释说明，用尾注说明引用的文献。脚注一般出现在文档页的底端，尾注一般位于整个文档或节的结尾。

Word 2010 会自动对脚注和尾注进行编号。可在整个文档中使用一种编号方案，也可在文档的每一节中使用不同的编号方案。在添加、删除或移动自动编号的注释时，Word 将对脚注和尾注引用标记进行重新编号。

题注是添加表格、图表或图片等对象中的标题名称和编号，可更好地对表格、图表或图片进行说明，也可方便用户查找和阅读。使用题注功能可保证文档中的表格、图表或图片等能按顺序自动编号。如果移动、插入或删除带题注的对象，则 Word 2010 会自动更新题注编号。

插入脚注或尾注。

① 在页面视图中，单击要插入注释引用标记的位置。

② 单击"引用"→"脚注"→"插入脚注"或"插入尾注"按钮，Word 2010 自动插入一个注释编号，并将插入点移动到注释编号的旁边。

③ 输入注释的内容。

④ 要更改脚注或尾注的格式，单击"脚注"组右下角的"对话框启动器"按钮，会弹出"脚注和尾注"对话框，可设置"编号格式""起始编号"，也可用自定义标记替代传统的编号格式。

⑤ 要删除脚注或尾注时，应删除文档窗口中的脚注或尾注引用标记。在文档中选定要删除的引用标记，然后按【Delete】键。如果删除了一个自动编号的引用标记，则 Word 2010 会自动对注释进行重新编号。

2. 邮件合并

创建一组具有相对固定内容的文档，如相同落款的信封、相同内容的信函等，可以使用邮件合并。每个信封、信函中的称呼、客户姓名等不相同，这些不同的信息来自数据源，如 Word、Excel、Access 或 Outlook 等文件中的条目。"邮件合并"除了可以批量处理信函、信封，还可以批量制作标签、工资条、成绩单、准考证等。

单击"邮件"选项卡中的按钮来执行邮件合并。

① 创建主文档。主文档就是文档的底稿，包含文档中不变的内容，如信函中的主体内容部分和信封上的落款等。

② 准备数据源。数据源指的是数据记录，就是要合并到主文档中的信息。例如，信函收件人的姓名和地址等是主文档中变化的那些内容，数据源可以是已有的 Word、Excel 或 Access 等，也可以在邮件合并时创建。

③ 调整收件人列表或项列表。

④ 将主文档连接到数据源。在主文档中插入合并域，合并域就是合并后要被数据源中的数据替换的变量，执行邮件合并时，来自数据源中的信息会填充到邮件合并域中。

⑤ 将邮件合并到新文档中并预览。

邮件合并时，除可合并数据源中的全部数据外，也可只合并当前记录或符合条件的记录。合并完成后每个记录生成一个新的文档。

> 📖 **提示**
> 单击"邮件"→"开始邮件合并"→"邮件合并分步向导"按钮，可使用"邮件合并"任务窗格执行邮件合并，该任务窗格将分步引导完成。

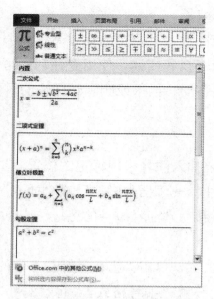

图 5-59　插入内置的公式

3．公式

Word 2010 内置了一些公式，包括二次公式、二项式定理、勾股定理等，这些公式可以直接插入使用。

（1）单击"插入"→"公式"按钮下的下拉三角按钮，弹出下拉列表，插入内置的公式，如图 5-59 所示。

（2）单击一个需要的公式，该公式就被插入到文档插入点处。单击插入的公式右下角的下拉按钮，在快捷菜单中可以设置公式的对齐方式和形状。

（3）选中公式后，出现"公式工具"的"设计"选项卡，如图 5-60 所示，在该选项卡中可对插入的公式进行修改和编辑。

（4）如果 Word 中没有需要的公式，可在如图 5-59 所示的列表中单击"插入新公式"按钮，在如图 5-60 所示选项卡中插入新的公式。

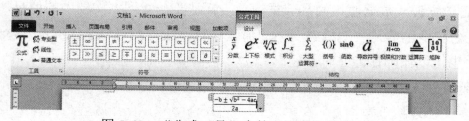

图 5-60　"公式工具"中的"设计"选项卡

4．SmartArt 图形

Word 2010 中增加了"SmartArt 图形"工具，SmartArt 图形包括列表、流程、循环、层次结构、关系、矩阵及棱锥图等多种图形，使用 SmartArt 图形可更直观地表达信息，更方便地制作流程图或组织结构图等。

创建 SmartArt 图形时，系统将提示用户选择一种类型，如"流程""层次结构""循环"或"关系"，每种类型包含几个不同的布局，"选择 SmartArt 图形"对话框如图 5-61 所示。

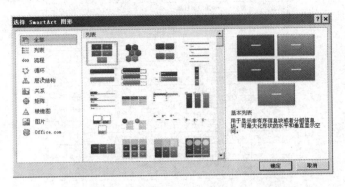

图 5-61　"选择 SmartArt 图形"对话框

插入一个 SmartArt 图形后，在界面上会出现"SmartArt 工具"的"设计"选项卡和"格式"选项卡。

单击"设计"选项卡中的"创建图形"组中的按钮可在图中添加形状及快速输入文本，"布局"组可选择 SmartArt 图形的布局结构，"SmartArt 样式"组可设置或改变 SmartArt 图形的样式及颜色，"重设"组可取消所有的设置，恢复原始状态。

单击"格式"选项卡中的"形状"组中的按钮可更改 SmartArt 图形的形状，"形状样式"组可更改 SmartArt 图形中每一个形状的样式，"艺术字样式"组可更改 SmartArt 图形中文字的样式和颜色，"排列"组可设置 SmartArt 图形的位置，"大小"组用来设置 SmartArt 图形的大小。

5. 拓展训练——制作"培训结业证书"

公司最近招聘 19 名新员工，在为期 7 天的新员工培训中，共有 15 人成为公司的一员，为此公司要为这 15 位新员工发培训结业证书，即需要批量制作一批培训结业证书，选择邮件合并来完成这些培训结业证书的制作。培训结业证书中的客户信息从一张 Word 表格文件中获得，每个客户生成一个文件，便于打印发放。

"培训结业证书"主文档的样张如图 5-62 所示，"培训结业证书"邮件合并后的样张如图 5-63 所示。

图 5-62　"培训结业证书"主文档的样张

图 5-63　"培训结业证书"邮件合并后的样张

提示

样张中的标题为插入的艺术字，数据源可在进行邮件合并时创建，也可使用素材中提供的"员工资料表.docx"，员工资料表如图 5-64 所示。

姓名	性别	参加培训日期	部门
张一	男	2011-5-5 至 2011-5-12	市场部
张二	女	2011-5-5 至 2011-5-12	网络部
张三	男	2011-5-5 至 2011-5-12	市场部
张四	男	2011-5-5 至 2011-5-12	市场部
张五	女	2011-5-5 至 2011-5-12	网络部
刘一	男	2011-5-5 至 2011-5-12	图书部
刘二	男	2011-5-5 至 2011-5-12	市场部
刘三	女	2011-5-5 至 2011-5-12	图书部
刘四	男	2011-5-5 至 2011-5-12	网络部
刘五	女	2011-5-5 至 2011-5-12	图书部
李一	女	2011-5-5 至 2011-5-12	市场部
李二	男	2011-5-5 至 2011-5-12	办公室
李三	男	2011-5-5 至 2011-5-12	研发部
李四	女	2011-5-5 至 2011-5-12	市场部
李五	男	2011-5-5 至 2011-5-12	研发部

图 5-64 员工资料表

6. 拓展训练——制作"公司组织结构图"

最近公司因扩大规模，进行公司内部结构调整，作为办公室秘书，需要按照新的公司部门情况制作组织结构图。要求美观大方，醒目清晰，结构合理。

"公司组织结构图"参考样张如图 5-65 所示。

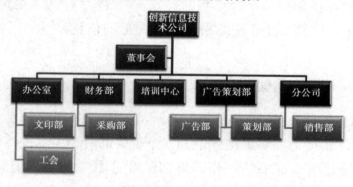

图 5-65 "公司组织结构图"参考样张

提示

组织结构图通过插入 SmartArt 图形中的"层次结构图"来制作，文字设置为黑体，制作完成后，进行样式的更改和调整，使其接近样张。

总结与思考

Word 2010 是用来制作和处理各种文档、功能强大的文字处理软件，掌握 Word 的使用方法，已成为各行、各业及各类从业人员必备的技能。本章主要学习了 Word 2010 文字处理软件的基本功能和应用。通过本章 5 个任务的学习和训练，应达到以下要求。

● 熟练创建、编辑、保存、打印文档，学会使用不同的视图方式浏览文档。

● 熟练设置文档的格式（字体、段落、边框和底纹、项目符号和编号、分栏、首字下沉及文字方向等）。

● 熟练在编辑文档中插入分隔符、页码及符号等；熟练设置文档的页面格式、页眉和页脚。

● 掌握在文档中插入并编辑图片、艺术字、剪贴画和图表等；掌握对文档中的图、文、表混合排版；学会合并文档。

● 掌握在文档中插入和编辑表格，掌握设置表格格式。

对 Word 编辑排版有兴趣的用户可在掌握以上知识的基础上，选学"知识拓展与训练"中的内容，包括以下几项。

● 对文档进行权限管理。

● 设置超链接。

● 使用样式，保持文档格式的统一和快捷设置。

● 使用文字处理软件提供的工具，如"字数统计""修订"等。

● 掌握文本与表格相互转换操作。

● 掌握在文档中插入脚注和尾注、题注、目录等。

● 掌握使用邮件合并功能。

● 掌握在文档中插入公式、组织结构图等对象。

通过本章学习掌握基本操作后，还应该举一反三、灵活运用，如果公司需要写出工作总结、调查报告、制作销售统计表、工资表、名片、合同、产品海报等常用的文体格式，应能在 Word 2010 中顺利完成。Word 2010 的功能非常强大，只要通过不断思考、不断挖掘，一定会成为工作中不可缺少的好帮手。

习　题

一、填空题

1. Word 2010 中 Word 文档的扩展名是＿＿＿＿。

2. Word 2010 中建立新文档的快捷键是＿＿＿＿，能够实现文档快速保存的快捷键是＿＿＿＿。

3. 在 Word 2010 文档编辑中，"剪切""复制""粘贴"的快捷键分别是＿＿＿＿、＿＿＿＿和＿＿＿＿。

4. 字号有两种表示方式，一种是阿拉伯数字，另一种是中文数字，阿拉伯数字越大表示所设定的字符越＿＿＿＿，中文数字越大表示所设定的字符越＿＿＿＿。

5. Word 2010 可以拖动水平标尺上的滑块来设置页边距，要进行精确的设置可以在按住＿＿＿＿键的同时，左右拖动滑块。

6. 在 Word 2010 中，打开"打印"对话框的快捷键是＿＿＿＿。

二、选择题

1．在 Word 2010 中的查找替换操作中，在"查找内容"列表中指定了内容，但在"替换为"列表中未输入任何内容，此时按"全部替换"按钮，则执行的操作是（　　）。

　　A．不进行任何操作

　　B．只做查找操作，不进行任何替换

　　C．每查到一处，停下来，让用户指定是否进行替换

　　D．将所有查找到的内容全部删除

2．在 Word 2010 编辑状态下，若鼠标在某行行首的左边，下列可以选择该行所在的段的操作是（　　）。

　　A．单击鼠标右键　　　　　　　　B．双击鼠标左键

　　C．三击鼠标左键　　　　　　　　D．单击鼠标左键

3．在 Word 2010 中，在"插入""改写"两种状态下进行切换的快捷键是（　　）。

　　A．Insert　　　B．Delete　　　C．Shift　　　D．Enter

4．下面的符号中，可以直接通过键盘输入的是（　　）。

　　A．≠　　　　　B．+　　　　　C．÷　　　　　D．×

5．在 Word 2010 中，关于"格式刷"按钮说法错误的是（　　）。

　　A．"格式刷"按钮可用来快速设置段落格式

　　B．"格式刷"按钮可用来快速设置文字格式

　　C．"格式刷"按钮可用来快速复制文本

　　D．双击"格式刷"按钮可多次复制同一格式

6．在 Word 2010 中，若在文字下面出现红色波浪线，则表示（　　）。

　　A．语法错误　　　　　　　　　　B．格式错误

　　C．拼写错误　　　　　　　　　　D．以上都不是

7．在文本框内，能够调整的文字与边框的距离是（　　）。

　　A．文字与左右边框的距离　　　　B．文字与上下边框的距离

　　C．文字与底边的距离　　　　　　D．文字与上下左右四个边框的距离

8．（　　）操作不能删除图形对象。

　　A．选中图形对象，单击"剪贴板"组中的"剪切"按钮

　　B．选中图形对象，按【Delete】键

　　C．选中图形对象，右击，在快捷菜单中选择"剪切"选项

　　D．选中图形对象，按【D】键

9．在 Word 2010 中，选择整个表格，按【Delete】键，则（　　）。

　　A．表格中的内容会被删除　　　B．表格的格式会被删除

　　C．整个表格会被删除　　　　　D．表格中的边框会被删除

10．如果将一个单元格拆分为两个，原有单元格中的内容将（　　）。

　　A．一分为二　　B．不会拆分　　C．部分拆分　　D．有条件的拆分

三、判断题

1．Office 按钮中的"关闭""退出 Word"选项的功能相同。　　　　　（　　）

2．按【Delete】键能删除插入点左边的字符。　　　　　　　　　（　　）

3．在 Word 2010 中，利用插入功能可以输入键盘上没有的符号。　　（　　）

4．项目符号只能使用系统内置的符号，不能自己定义。　　　　　（　　）

5．页眉中只能输入文字，不能插入图片。　　　　　　　　　　　（　　）

6．在普通视图中不能显示出首字下沉效果。　　　　　　　　　　（　　）

7．对图片设置阴影等效果后，会引起图片本身的改变。　　　　　（　　）

8．当插入的图像是嵌入状态时，仍能够对图像进行位置的微移和自由旋转操作。

　　　　　　　　　　　　　　　　　　　　　　　　　　　　（　　）

9．在表格操作中，合并单元格后去掉了单元格之间的框线，但会保留单元格中的数据。

　　　　　　　　　　　　　　　　　　　　　　　　　　　　（　　）

10．在"打印预览"状态下，不能对文档进行编辑和修改。　　　　（　　）

四、简答题

1．打开文档的方法有哪几种？

2．复制文本的方法有哪几种？

3．Word 2010 中的视图有哪几种，各有什么特点？

4．Word 2010 中的分隔符有哪几种，简述其主要作用。

第 6 章

Word 2010 综合实训
——制作"公司内部期刊"

 任务描述

  某公司为了扩大影响力，提升公司内涵和文化品味，同时也为全体员工打造一个文化园地，特决定每月出一期公司内部的电子期刊，将公司的大事要事、学习知识、优秀个人及推荐文章进行整理，需要设计部人员设计出图文并茂的期刊样稿，全部期刊参考素材——法瑞世界第 20 期。"法瑞世界"样张如图 6-1、图 6-2 和图 6-3 所示。

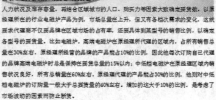

图 6-1 "法瑞世界"样张 1

图 6-2　"法瑞世界"样张 2

图 6-3　"法瑞世界"样张 3

 操作步骤

本任务作为一个综合训练，包含较多的操作内容，主要操作步骤如下。

（1）进行页面设置。设置纸张大小为"A4 纵向"，自定义边距为"上下 2.4 厘米、左右 2.6 厘米"，设置页面颜色为主题颜色第一列中的第二种颜色"白色，背景 1，深色 25%"。

（2）封面使用系统内置的封面样式，更改标题文字为"艺术字"，内容为"法瑞世界"。

（3）正文页面背景采用水印图片方式，单击"页面布局"→"页面背景"→"水印"按钮，可设置图片为水印背景，设置缩放比例可将图片放大或缩小显示。

（4）标题下的文字为"黑体""二号"，颜色为"标准色"中的"紫色"，行距为"1.15磅"。正文中的图片根据样张设置其环绕方式、大小和图片样式等。

（5）样张中采用竖排文本框及其他多种不同的图文环绕方式。

（6）首页无页眉、页脚及页码，其他页为相同页眉和页脚，页码插入为"页底部中间"，页码从 1 开始。

（7）其他设置对照样张进行设置。

（8）样张仅做参考，在操作熟练的基础上，可以根据自己的需要设置艺术字、文本框、图片、页眉、页脚和页码等效果。

Excel 2010 篇

Excel 2010 是优秀的表格处理软件之一，作为 Office 2010 办公应用软件中的一个重要组件，Excel 2010 专门用来进行数据处理和分析，从而帮助用户创建和共享专业的数据处理结果。

Excel 2010 能轻松地创建工作簿（电子表格集合）并设置工作簿的格式，以便分析数据和做出更明智的业务决策。特别是，可以使用 Excel 跟踪数据，生成数据分析模型，编写公式以对数据进行计算，以多种方式透视数据，并以各种具有专业外观的图表来显示数据。Excel 的一般用途包括会计专用、预算、账单和销售、报表、计划跟踪、使用日历等。本篇通过完成具体的案例，使用户基本掌握 Excel 2010 中的基本操作、表格格式的设置、数据的处理与分析，以及打印输出等功能，初步具备现代办公的应用能力。

第 **7** 章

Excel 2010 窗口组成及基本操作
——制作"客户资料表"

 本章重点掌握知识

1. 启动与关闭 Excel
2. Excel 界面的认识与使用
3. 认识工作表、工作簿和单元格
4. 单元格和单元格区域的表示方法

 任务描述

谷风韵文化科技有限公司是一家从事图书销售与研发的公司，因工作需要，将各省市所有编号、省份、法人姓名、性别、书店（公司）名称、联系电话、地址、销售额、信誉等级、客户生日、采购人姓名和备注等用 Excel 来制作一个表格，分派给不同的业务人员用于市场维护。公司将这项工作交给了小刘，小刘将学习怎样启动和退出 Excel 2010；怎样使用 Excel 2010 的工作界面来制作出公司客户资料表。公司客户资料表如图 7-1 所示。

编号	省份	法人姓名	性别	书店(公司)名称	联系电话	地址	销售额	信誉等级	客户生日	采购人姓名	备注
\multicolumn{12}{c}{谷风韵文化科技有限公司客户资料表}
A3001	安徽省	张如	男	百花书店	130****8932	合肥市江岸区青年路19号	15	A-2	12.4	孙老师	
A3002	河南省	宋新汉	男	春风书店	150****3299	铁牛路黄浦科技园特18号	12	B-1	11.5	徐老师	
A3003	河北省	郝旭东	男	博考书店	138****7854	舒畅图书交易中心C栋215	32	A-1	7.8	杨国飞	
A3004	河北省	王宁	男	师院书店	138****3271	丁丁图书交易中心	43	A-1	6.2	徐老师	
A3005	河南省	范晓春	男	书山书店	130****8307	郑州市文慧图书	12	A-1	3.9	祝老师	
A3006	河南省	岳蒙蒙	男	华淮图书文化公司	150****2143	鑫宇图书	4	C-2	5.6	李老师	
A3007	河南省	赵民	女	南博书城	135****9828	欣欣图书城	12	A-1	7.3	曹洪新	
A3008	湖北省	陈纪生	男	博世龙文化公司	132****0537	北京大道468号图书城12号	22	B-2	10.7	曹老师	
A3009	湖北省	吴峰	男	众望考试书店	136****1655	华韵出版文化城	12	A-1	11.9	虹老师	
A3010	湖南省	夏雨洁	男	一品书店	135****3048	梧桐北苑市场	43	A-1	3.1	陈广富	
A3011	湖南省	李珍	男	大学书店	139****1186	永康超市二楼	17	A-1	6.7	李铁军	
A3012	江苏省	施东玲	女	横渡书店	131****6513	镇江市开来路306号	21	A-1	8.12	陈珍珍	
A3013	江苏省	陈强	女	英才考试书店	131****4887	学苑路283号	44	A-1	9.14	张浑	
A3014	江西省	严超	女	华英海涛书店	139****6965	兴华街西段106号	33	A-1	10.16	黄辉	
A3015	江西省	李恒伟	男	文赢教育书店	130****1092	黄河路216号	22	B-1	11.18	张盼盼	
A3016	山东省	毛华楠	男	泽然书店	139****5673	石油学院东200米	34	A-1	12.2	郑莉霞	
A3017	山西省	郝文强	男	四季文化有限公司		滨河路69号	35	B-1	8.8	刘刚	

谷风韵文化科技有限公司客户资料表 Sheet2 Sheet3

图 7-1 公司客户资料表

通过完成本案例，使读者掌握 Excel 2010 的启动和退出；能理解单元格、工作表和工作簿等基本概念；能对工作表中的数据进行熟练录入、编辑和修改；会熟练创建、编辑和保存电子表格；熟悉 Excel 2010 中 Office 按钮、快速访问工具栏、功能区、文档编辑区及状态栏等基本界面元素及其作用。

 操作步骤

1. 启动 Excel 2010 并认识工作界面

（1）选择"开始"→"程序"→"Microsoft Office"→"Microsoft Excel 2010"选项，即可启动 Excel 2010。

（2）Excel 2010 启动后，自动建立名为"工作簿"的空白表格打开 Excel 2010 的工作窗口，如图 7-2 所示。

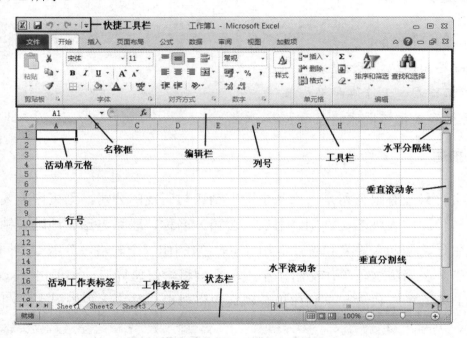

图 7-2　Excel 2010 的工作窗口

2. 保存、关闭 Excel 2010

因不可预知的原因而造成计算机断电或死机的现象经常发生，造成了数据丢失，只能重新录入。因此，在编辑数据时，要养成每隔一段时间就保存一次的好习惯。

（1）选择"文件"→"保存"选项。

（2）在弹出的"另存为"对话框中输入"谷风韵文化科技有限公司客户资料表"，保存类型默认为".xlsx"。单击"保存"按钮，保存文件。

（3）选择"文件"→"退出 Excel"选项或单击"关闭"按钮 ，即可退出 Excel。

> 📖 **提示**
> 只有第一次保存文件时，单击快捷工具栏上的"保存"按钮 才会出现"另存为"对话框，若是保存过的文件则会以原有的文件名保存文件内容。

3. 制作 "谷风韵文化科技有限公司客户资料表"

（1）启动 Excel 2010，按【Ctrl+N】组合键直接新建一个空白工作簿。

> 📖 **提示**
>
> 单击 "文件" → "新建" 按钮新建文档，打开 "新建工作簿" 窗口，如图 7-3 所示。单击 "空白工作簿" → "创建" 按钮，创建一个空白工作簿。
>
>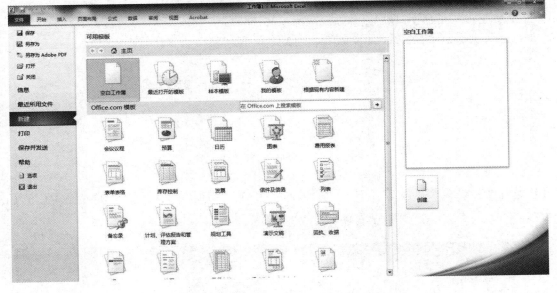
>
> 图 7-3　"新建工作簿" 窗口

（2）将鼠标指针移至工作表区下方的 "工作表标签"，右击 "Sheet1" 标签，在弹出的快捷菜单中选择 "重命名" 选项，输入 "谷风韵文化科技有限公司客户资料表"，单击工作表中的任意位置，即可将工作表重命名，如图 7-4 所示。

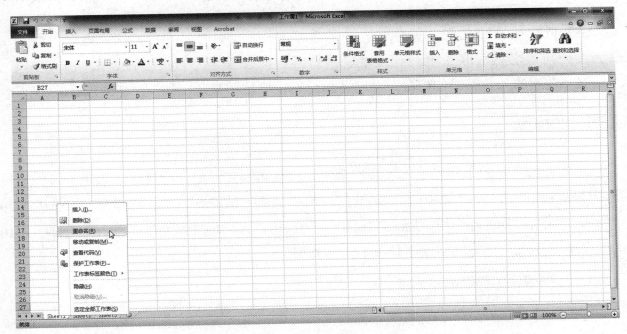

图 7-4　重命名工作表

（3）选中 A1:L1 单元格（表示 A1 至 L1），单击"开始"→"合并后居中"按钮，如图 7-5 所示，让 A1:L1 单元格合并为一个单元格，输入"谷风韵文化科技有限公司客户资料表"。

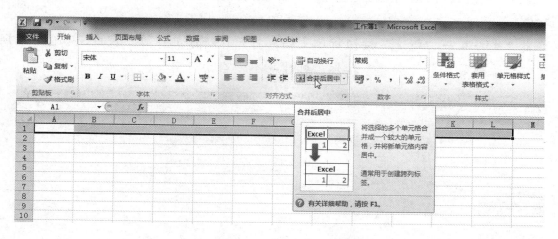

图 7-5　"合并后居中"按钮

（4）选中输入的文字，单击"开始"→"字体"按钮，设置文字的字体为"方正超粗黑简体"，字号为"20"，如图 7-6 所示。

图 7-6　设置字体及字号

（5）依次在 A2:L2 单元格内输入各列数据的标题：编号、省份、法人姓名、性别、书店（公司）名称、联系电话、地址、销售额、信誉等级、客户生日、采购人姓名等。

（6）依次输入各客户的信息，并将各单元格内容居中显示，如图 7-7 所示。

　知识解析

在 Excel 2010 的工作界面中，文件菜单、快速访问工具栏、功能区、选项卡、组、按钮和显示比例等与 Word 2010 相应部分的作用和操作方法完全相同，这里只对 Excel 2010 中特有的组成部分进行介绍。Excel 2010 是专门的电子表格制作软件，因此在 Excel 2010 的操作中，还有一些与表格操作相关的术语和概念。

1. 工作簿、工作表和单元格

工作簿是 Excel 2010 中计算和存储数据的文件，用来保存表格中的所有数据，通常所说的 Excel 文件就是指工作簿。

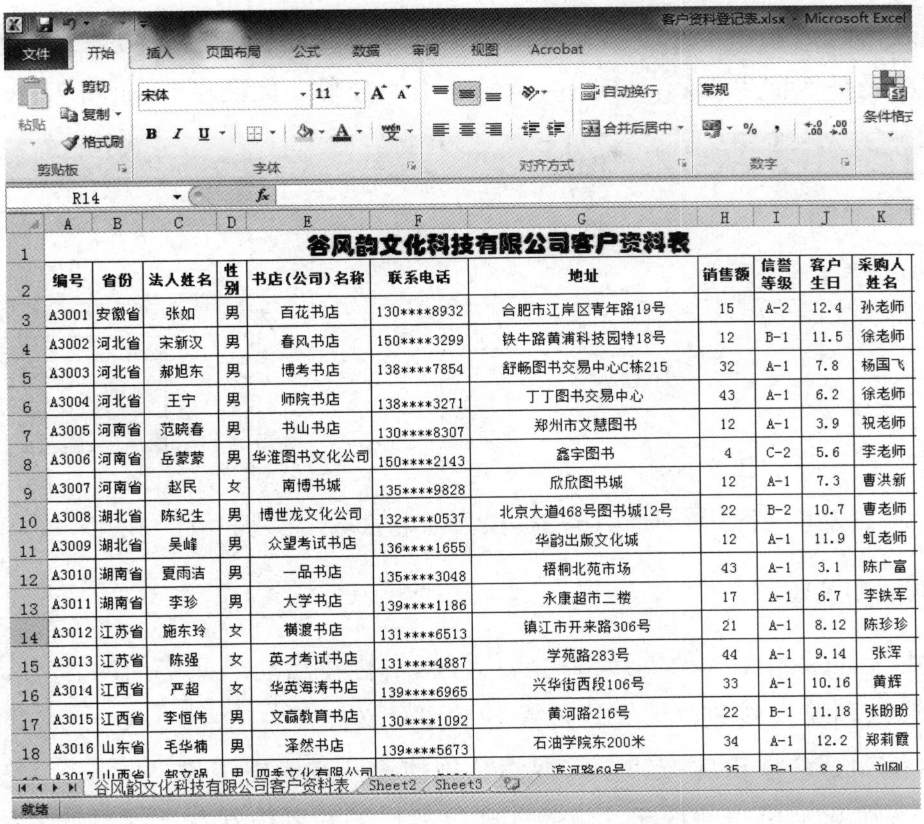

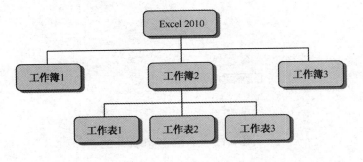

图 7-7　谷风韵文化科技有限公司客户资料表

工作簿由若干张工作表组成，默认情况下包含 3 张工作表，需要时可添加或删除工作表。启动 Excel 2010 后所看到的 Excel 2010 界面就是一张工作表，对表格的所有计算和处理都是在工作表中进行的。工作簿与工作表的关系如图 7-8 所示。

图 7-8　工作簿与工作表的关系

单元格是工作表中行和列交汇所构成的方格，是 Excel 2010 的基本存储单元。单击任一单元格，该单元格周围会出现粗黑色框，此单元格即为活动单元格，只有在活动单元格中才可输入或编辑数据。

2. 单元格和单元格区域的表示方法

在 Excel 2010 的工作表中，最上面的"A，B，C …"等都表示列号，而最左边的"1，2，3 …"等都表示行号，每个单元格的位置由它所在的行号和列号表示。如 A2 表示第 1（A）列第 2 行的单元格，也称该单元格的名称为"A2"，当单击此单元格时，该单元格即成为活动单元格，其名称会出现在 Excel 2010 界面左上角的名称框中，如图 7-9 所示。

在制作表格时需要选择一个单元格区域，表示单元格区域的方法是：用该区域左上角和右下角的单元格地址来表示，中间用冒号（：）分隔，如图7-10和图7-11所示。

图7-9　活动单元格　　　　图7-10　B3:B8单元格区域　　　图7-11　B2:D8单元格区域

3．名称框和编辑栏

名称框用于显示当前活动单元格的名称，编辑栏将活动单元格的内容显示出来，并允许在此进行输入和编辑修改。编辑栏前面各按钮含义如下。

"取消"按钮 ✖：单击此按钮，将取消数据的输入或编辑工作。

"输入"按钮 ✔：单击此按钮，将输入或修改后的数据保存在当前活动单元格中，并结束数据的输入或编辑工作。

"插入函数"按钮 *fx*：单击此按钮，将引导用户输入一个函数，具体使用方法将在后面介绍。

名称框和编辑栏，如图7-12所示。

图7-12　名称框和编辑栏

4．工作表标签

Excel 2010界面中的工作表标签用来显示工作表的名称，单击某一工作表标签可进行工作表之间的切换；双击工作表标签可对工作表的名称进行修改，正在使用的工作表称为活动（或当前）工作表，当前工作表为Sheet2，如图7-13所示。

5．水平（或垂直）分割线

水平（或垂直）分割线可把工作簿窗口从水平（或垂直）方向划分为两个窗口，如图7-14所示。

图 7-13　当前工作表为 Sheet2

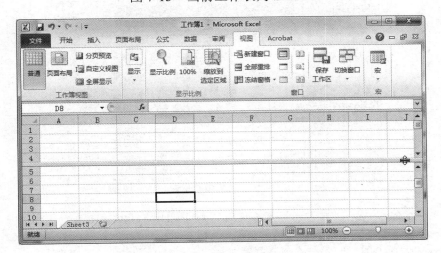

图 7-14　工作簿窗口被划分为两个窗口

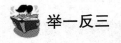 举一反三

创建"客户资料统计表"

制作"河南省部分图书销售客户资料表",样张如图 7-15 所示。

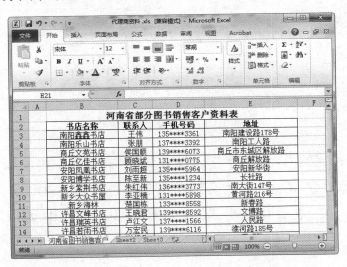

图 7-15　"河南省部分图书销售客户资料表"样张

知识拓展及训练

1. 将外部数据导入工作表中

前面创建客户资料表的过程中，基本掌握了在工作表中输入数据的方法。如果以前的资料表不是 Excel 文档，而是其他格式，如 Access、FoxPro、txt 等，就需要将这样的数据导入 Excel 中进行处理。

下面以导入文本文件"员工通讯录.txt"为例，介绍将外部数据导入 Excel 的操作步骤。

（1）选择"开始"→"程序"→"附件"→"记事本"选项，创建文本文件"员工通讯录.txt"，如图 7-16 所示，保存文件并关闭记事本。

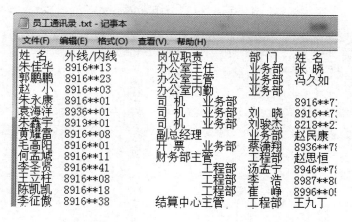

图 7-16　文本文件"员工通讯录.txt"

（2）在 Excel 2010 中新建一个工作簿文档。单击"数据"→"获取外部数据"→"自文本"按钮，如图 7-17 所示。在弹出的对话框中选择文本文件"员工通讯录.txt"。

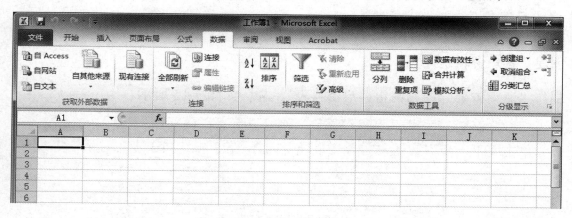

图 7-17　"数据"选项卡

（3）单击"导入"按钮，弹出"文本导入向导-第 1 步，共 3 步"对话框，在"请选择最合适的文本类型"区域中选中"分隔符号"单选按钮；在"导入起始行"中保持默认的数值"1"不变；在"文件原始格式"中选择"936：简体中文（GB2312）"，如图 7-18 所示。

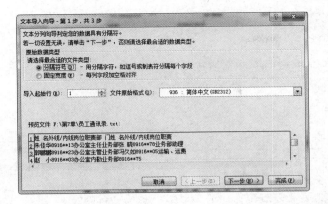

图 7-18　"文本导入向导-第 1 步，共 3 步"对话框

> 📖 **提示**
>
> 很多文字处理文件和数据库文件都能导出为文本文件，导出的文本文件中的列是用【Tab】键或空格键来分隔的，所以这里选择"分隔符号"。

（4）单击"下一步"按钮，在"文本导入向导-第 2 步，共 3 步"对话框中，勾选"Tab键""分号""连续分隔符号视为单个处理"复选框，如图 7-19 所示。

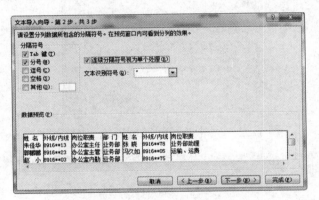

图 7-19　"文件导入向导-第 2 步，共 3 步"对话框

> 📖 **提示**
>
> 因为在文本中的数据长短不一，所以数据间的分隔符号也有多有少。如果不选此项，那么表格中就会出现许多空单元格。

（5）单击"下一步"按钮，在"文本导入向导-第 3 步，共 3 步"对话框中，对每一列的数据格式进行定义。例如，在"数据预览"区域选择"姓名"，在"列数据格式"区域中选中"文本"单选按钮，即可将该列设置为"文本"数据格式，如图 7-20 所示。

（6）单击"完成"按钮，弹出"导入数据"对话框，如图 7-21 所示。

在"数据的放置位置"区域中选中"现有工作表"单选按钮，单击工作表区域下方的任意工作表标签，即可将外部数据插入到指定工作表中。单击"属性"按钮，弹出"外部数据区域属性"对话框，勾选"打开文件时刷新数据"复选框，如图 7-22 所示。

（7）单击"确定"按钮，弹出"导入数据"对话框，单击"确定"按钮，此时，文本文件中的数据会完整地出现在工作表中，调整格式的效果如图 7-23 所示。

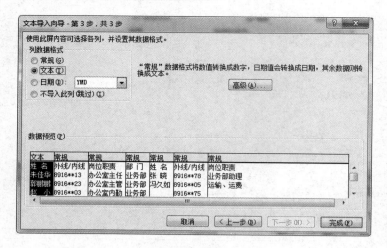

图 7-20 "文本导入向导-第 3 步，共 3 步"对话框

图 7-21 "导入数据"对话框

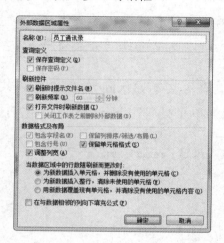

图 7-22 "外部数据区域属性"对话框

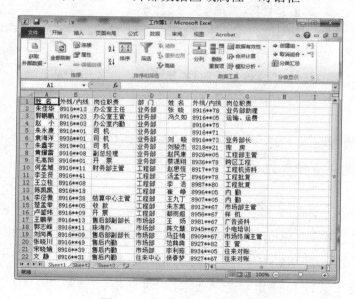

图 7-23 调整格式的效果

2．模板的作用和使用方法

为了方便用户制作各种电子表格，Excel 2010 已将许多常用的电子表格格式制作成模板，需要某种电子表格格式时，打开该模板，填充所需要的数据和信息即可。Excel 2010 提供的模板分为 3 类：Excel 2010 的内置模板、自己创建的模板和 Microsoft Office 网站提

供的可供下载的模板。

使用 Excel 2010 内置的模板创建电子表格的步骤如下。

（1）单击"文件"→"新建"按钮，打开"新建工作簿"对话框。

（2）单击"已安装的模板"按钮，在对话框中选择"贷款分期付款"模板，单击"创建"按钮，如图 7-24 所示。

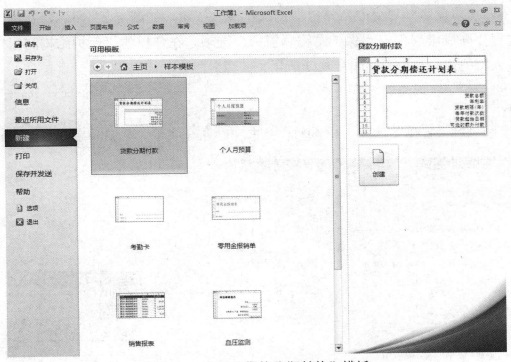

图 7-24　选择"贷款分期付款"模板

（3）根据需要填入数据，另存为一个新文件即可，如图 7-25 所示。

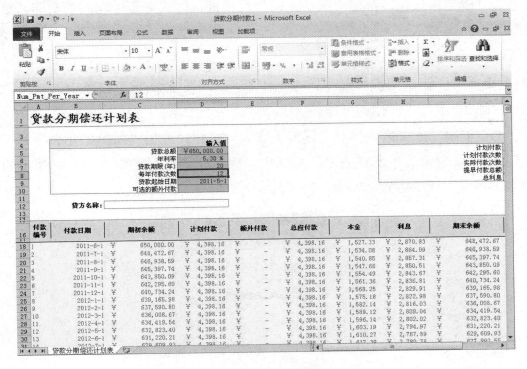

图 7-25　填入数据

3. 数据保护的作用和使用方法

数据的存储过程往往是开放的，如果不希望别人查看、修改或防止别人有意或无意的破坏等，就需要对数据进行加密和保护。数据保护也是 Excel 2010 的主要功能之一。

（1）保护工作簿。

① 打开要保护的工作簿。

② 单击"审阅"→"更改"→"保护工作簿"按钮，如图 7-26 所示，在弹出的下拉菜单中选择"限制编辑"→"保护结构和窗口"选项。在弹出的"保护结构和窗口"对话框中，输入密码"123456"，如图 7-27 所示。

📖 **提示**

设置密码时，密码是区分大小写的，其中可以包含字母、数字和字母与数字的组合。

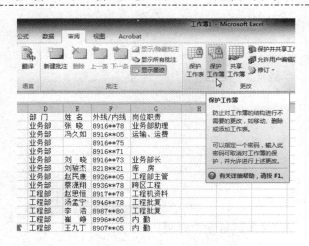

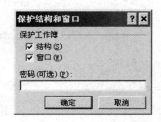

图 7-26　"保护工作簿"按钮　　　　图 7-27　"保护结构和窗口"对话框

③ 单击"确定"按钮，弹出"确认密码"对话框，输入上步中相同的密码，单击"确定"按钮即可。

（2）保护工作表。

保护工作表可以防止他人修改或删除工作表，但并不能保护工作表中的数据。要保护工作表中内容的安全，可进行如下操作。

① 单击"审阅"→"更改"→"保护工作表"按钮，弹出"保护工作表"对话框，勾选"保护工作表及锁定的单元格内容"复选框，然后在"取消工作表保护时使用的密码"文本框中输入密码"123456"，如图 7-28 所示。

图 7-28　"保护工作表"对话框

② 单击"确定"按钮，弹出"确认密码"对话框，在其中再次输入相同的密码即可。

4．拓展训练——为"采购表"工作簿设置保护

（1）某县采购处需要为部分单位采购一批设备，采购表中的原始数据已经输入到记事本中（用【Tab】键分隔相邻数据），命名为"某县采购清单.txt"，如图 7-29 所示。请将该文件导入 Excel 2010，如图 7-30 所示。

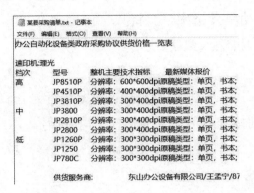

图 7-29　"某县采购清单.txt"文本文件

（2）采购表是公司的保密数据，为了防止该信息被他人查看、修改、删除等，应对"采购表"工作簿设置保护。

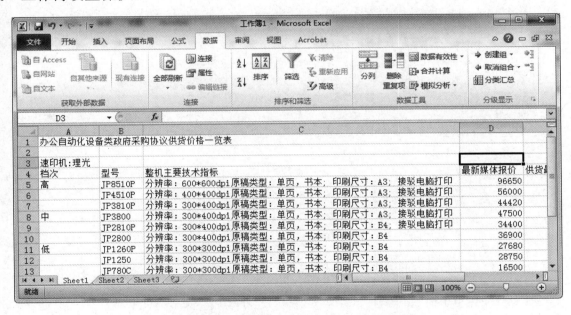

图 7-30　导入 Excel 2010 中的"采购表"

习　　题

一、填空题

1．Excel 2010 中工作簿的扩展名为_____。

2．打开 Excel 2010，如要将 Sheet1 重命名为"我的第一个工作表"，如何操作_____。

3．首次启动 Excel 2010 时，标题栏上会显示该工作簿的名称_____，如果要改变名称，则只需_____该工作薄。

二、选择题

1．在 Excel 2010 操作中，选定单元格时，可选定连续区域或不连续区域单元格，其中有一个活动单元格，活动单元格是以（　　）标识的。

　　A．黑底色　　　B．黑线框　　　　C．高亮度条　　　D．白色

2．在 Excel 2010 的活动单元格中，要将数字作为文字来输入，最简便的方法是先输入一个西文符号（　　）后，再输入数字。

　　A．#　　　　　　B．'　　　　　　　C．"　　　　　　　D．，

3．Excel 2010 的单元格引用是基于工作表的列标和行号，有绝对引用和相对引用两种，在进行绝对引用时，需在列标和行号前各加（　　）符号。

　　A．?　　　　　　B．%　　　　　　　C．#　　　　　　　D．$

三、简答题

1．简述在 Excel 2010 中建立一个新工作簿的几种方式。

2．Excel 2010 中可以在单元格中输入的数据有哪几类？

第 **8** 章

Excel 2010 电子表格的格式设置
——制作"销售业绩统计表"

 本章重点掌握知识

1. 设置单元格数字格式
2. 表格边框与底纹的设置
3. 快速输入单元格数据
4. 单元格格式的设置

 任务描述

某团购公司在今年融资后，推广旗下团购网站，在开展业务中针对销售人员进行相关考评。为鼓励员工努力工作，将每月的销售业绩与年终考评和奖励挂钩，每季度末需要制作销售人员业绩统计表，包括 ID 号、商家名、销售额、营销人员、合同价、上线价、后台销量、差价和毛利额。要求：表格清晰、规范，字体和字号设置合理，并标明标题。"5 月份销售业绩统计表"的效果如图 8-1 所示。

ID号	商家名	销售额	营销人员	合同价	上线价	后台销量	差价	毛利额
\multicolumn{9}{c}{5月份销售业绩统计表}
7462	馍菜汤A	¥6,148.00	卯艳艳	¥58.00	¥64.00	96	¥6.00	¥576.00
7463	元创摄影	¥22,126.00	白鹤	¥256.00	¥299.00	74	¥43.00	¥3,182.00
7492	爵士牛排	¥8,700.00	邢蕊丽	¥56.50	¥58.00	150	¥1.50	¥225.00
7790	小白兔摄影	¥10,465.00	赵宇	¥280.00	¥299.00	35	¥19.00	¥665.00
7800	川之味	¥44,718.00	白鹤	¥56.00	¥58.00	771	¥2.00	¥1,542.00
7862	顶点造型	¥25,944.00	李浩鹏	¥183.00	¥188.00	138	¥5.00	¥690.00
7870	堡陵酒窖	¥6,512.00	白玉苹	¥83.00	¥88.00	74	¥5.00	¥370.00
7865	金九福宝宝金镶玉	¥17,664.00	杨戈	¥355.00	¥368.00	48	¥13.00	¥624.00
7867	保罗皮带	¥2,552.00	邢蕊丽	¥83.00	¥88.00	29	¥5.00	¥145.00
8217	爱诺卡影部	¥14,472.00	刘瑞华	¥100.00	¥108.00	134	¥8.00	¥1,072.00
8025	奥斯卡影都	¥22,530.00	邢蕊丽	¥15.00	¥15.00	1502	¥0.00	¥0.00
8098	耳温检	¥1,536.00	师焕旭	¥93.00	¥96.00	16	¥3.00	¥48.00
8459	逸钻项链	¥1,365.00	张巧玲	¥33.00	¥39.00	35	¥6.00	¥210.00
8484	四叶草酒店	¥29,988.00	梁晓龙	¥95.00	¥98.00	306	¥3.00	¥918.00
8309	高卢酒店	¥5,100.00	白鹤	¥67.00	¥68.00	75	¥1.00	¥75.00
8426	蔓根果	¥5,327.00	吕瑞芬	¥31.00	¥31.90	167	¥0.90	¥150.30
8663	博雅口腔	¥792.00	马晓鸽	¥26.00	¥33.00	24	¥7.00	¥168.00
8423	商都知产	¥893.00	卯艳艳	¥15.00	¥19.00	47	¥4.00	¥188.00
8715	贵金坊探钻	¥0.00	师焕旭	¥3,900.00	¥3,999.00	0	¥99.00	¥0.00
8633	洛阳面馆	¥19,500.00	张巧玲	¥36.00	¥39.00	500	¥3.00	¥1,500.00
8586	平壤烤肉	¥5,206.00	杨戈	¥36.00	¥38.00	137	¥2.00	¥274.00
8597	花都水疗	¥344.00	马晓鸽	¥40.00	¥43.00	8	¥3.00	¥24.00
8839	翡翠手链	¥2,208.00	杨戈	¥130.00	¥138.00	16	¥8.00	¥128.00
8385	进源美食汇粽子+鸭头	¥16,562.00	黄其诚	¥95.00	¥98.00	169	¥3.00	¥507.00
					制表日期：		2011/5/31	

图 8-1 "5 月份销售业绩统计表"的效果

通过本任务的完成，熟练掌握 Excel 2010 工作表的格式设置方法，熟练插入单元格、行、列、工作表、图表、分页符和符号等，熟练设置工作表的页面格式等。

操作步骤

1. 输入表格内容

（1）打开 Excel 2010 的工作界面。

（2）单击 A1 单元格，输入"5 月份销售业绩统计表"。

（3）在 A2 到 I2 的单元格区域中依次输入表头内容（ID 号，…，毛利额）。

（4）在 A3 到 H26 的单元格区域中输入表格内容，如图 8-2 所示。

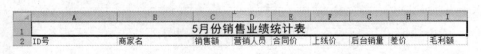

	A	B	C	D	E	F	G	H	I
1	5月份销售业绩统计表								
2	ID号	商家名	销售额	营销人员	合同价	上线价	后台销量	差价	毛利额
3	7462	馍菜汤A	6148	师艳艳	58	64	96	6	
4	7463	元创摄影	22126	白鸽	256	299	74	43	
5	7492	爵士牛排	8700	邢蕊丽	56.5	58	150	1.5	
6	7790	小白兔摄影	10465	赵宇	280	299	35	19	
7	7800	川之味	44718	白鸽	56	58	771	2	
8	7862	顶点造型	25944	李浩鹏	183	188	138	5	
9	7870	堡隆酒窖	6512	白玉苹	83	88	74	5	
10	7865	金九福宝宝金镶王	17664	杨戈	355	368	48	13	
11	7867	保罗皮带	2552	邢蕊丽	83	88	29	5	
12	8217	爱诺摄影	14472	刘瑞华	100	108	134	8	
13	8025	奥斯卡影都	22530	邢蕊丽	15	15	1502	0	
14	8098	耳温枪	1536	师焕旭	93	96	16	3	
15	8459	逸钻项链	1365	张巧玲	33	39	35	6	
16	8484	四叶草酒店	29988	梁晓龙	95	98	306	3	
17	8309	高卢酒店	5100	白鸽	67	68	75	1	
18	8426	碧根果	5327	吕瑞芬	31	31.9	167	0.9	
19	8663	博雅口腔	792	马晓鸽	26	33	24	7	
20	8423	商都妇产	893	师艳艳	15	19	47	4	
21	8715	贵金坊裸钻	0	师焕旭	3900	3999	0	99	
22	8633	洛阳面馆	19500	张巧玲	36	39	500	3	
23	8586	平壤烤肉	5206	杨戈	36	38	137	2	
24	8597	花都水疗	344	马晓鸽	40	43	8	3	
25	8839	翡翠手链	2208	杨戈	130	138	16	8	
26	8385	进源美食汇粽子+鸭う	16562	黄晨诚	95	98	169	3	
27									

图 8-2　输入表格内容

2. 设置单元格格式

（1）单击 A1 单元格并拖动鼠标到 I1 单元格（称为选中 A1:I1 单元格区域），此时 A1:I1 单元格区域反色显示。

（2）单击"开始"→"对齐方式"→"合并后居中"按钮，可将 A1:I1 单元格区域合并为一个单元格，并使其中的内容居中显示。再将字体格式设置为"黑体""16 号"，设置表名格式，如图 8-3 所示。

图 8-3　设置表名格式

（3）选中 A2:I2 单元格区域，将表头的字体设置为"黑体""12 号"，设置表头格式，如图 8-4 所示。

图 8-4　设置表头格式

（4）选中 A3:I26 单元格区域，将工作表内容的字体设置为"华文楷体"，将鼠标放在第 2 行和第 3 行的行号之间，当光标变成十形状时，向下拖动鼠标，使表头和表的内容之间空开一定的距离，设置表的字体和行高，如图 8-5 所示。

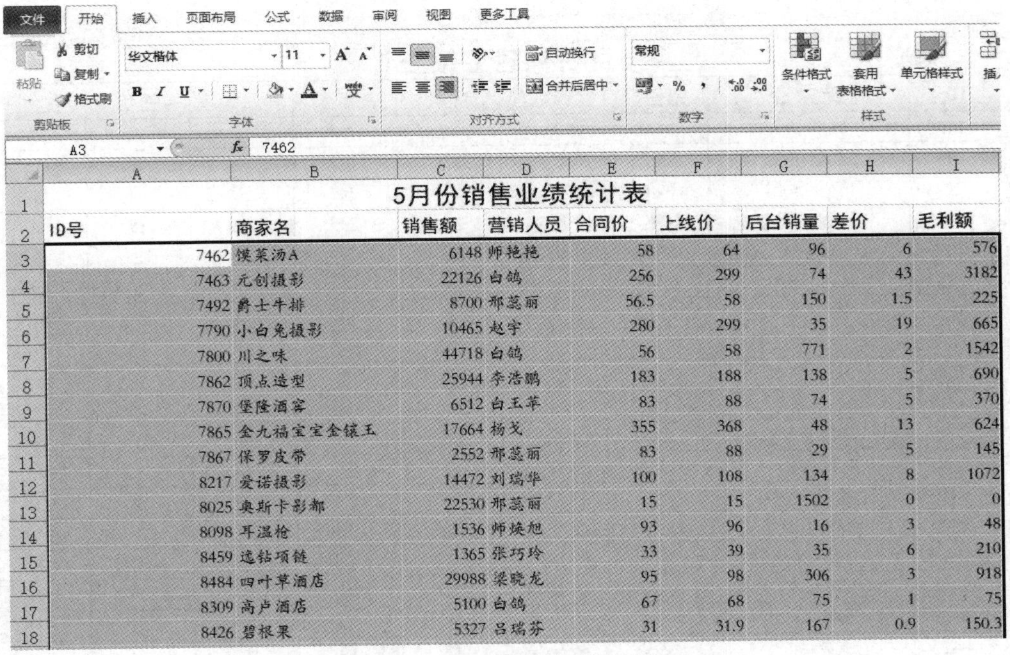

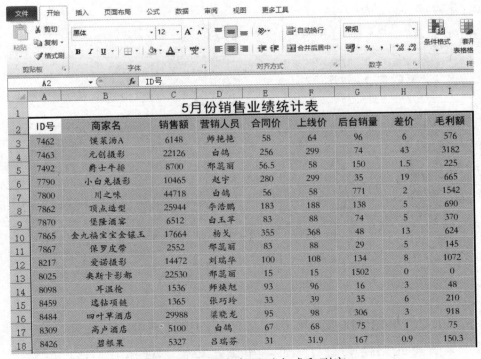

图 8-5　设置表的字体和行高

（5）选中 A2:I26 单元格区域，单击"开始"→"对齐方式"→"居中"按钮，将表格中的内容居中显示；然后将光标放在列号之间，当光标变成十形状时，向左或向右拖动鼠标，使各列的宽度变得更合适一些，调整内容显示方式和列宽，如图 8-6 所示。

图 8-6　调整内容显示方式和列宽

3. 设置表格边框

（1）选中 A2:I26 单元格区域，单击"开始"→"字体"→"所有框线"按钮田。给表格加上框线，如图 8-7 所示。

	A	B	C	D	E	F	G	H	I
1	\multicolumn5月份销售业绩统计表								
2	ID号	商家名	销售额	营销人员	合同价	上线价	后台销量	差价	毛利额
3	7462	馋菜汤A	6148	师艳艳	58	64	96	6	576
4	7463	元创摄影	22126	白鸽	256	299	74	43	3182
5	7492	爵士牛排	8700	邢蕊丽	56.5	58	150	1.5	225
6	7790	小白兔摄影	10465	赵宇	280	299	35	19	665
7	7800	川之味	44718	白鸽	56	58	771	2	1542
8	7862	顶点造型	25944	李浩鹏	183	188	138	5	690
9	7870	堡隆酒客	6512	白玉苹	83	88	74	5	370
10	7865	金九福宝宝金镶玉	17664	杨戈	355	368	48	13	624
11	7867	保罗皮带	2552	邢蕊丽	83	88	29	5	145
12	8217	爱诺摄影	14472	刘瑞华	100	108	134	8	1072
13	8025	奥斯卡影都	22530	邢蕊丽	15	15	1502	0	0
14	8098	耳温枪	1536	师焕旭	93	96	16	3	48
15	8459	逸钻项链	1365	张巧玲	33	39	35	6	210
16	8484	四叶草酒店	29988	梁晓龙	95	98	306	3	918
17	8309	高卢酒店	5100	白鸽	67	68	75	1	75
18	8426	碧根果	5327	吕瑞芬	31	31.9	167	0.9	150.3
19	8663	博雅口腔	792	马晓鸽	26	33	24	7	168
20	8423	商都妇产	893	师艳艳	15	19	47	4	188
21	8715	贵金坊裸钻	0	师焕旭	3900	3999	0	99	0
22	8633	洛阳面馆	19500	张巧玲	36	39	500	3	1500

图 8-7 给表格加上框线

（2）选中 F27 单元格并输入"制表日期："；将 G27:H27 单元格区域"合并后居中"，并在该单元格内输入"2011/5/31"。输入制表日期，如图 8-8 所示。

G27			fx	2011/5/31				
	B	C	D	E	F	G	H	I
15	逸钻项链	1365	张巧玲	33	39	35	6	210
16	四叶草酒店	29988	梁晓龙	95	98	306	3	918
17	高卢酒店	5100	白鸽	67	68	75	1	75
18	碧根果	5327	吕瑞芬	31	31.9	167	0.9	150.3
19	博雅口腔	792	马晓鸽	26	33	24	7	168
20	商都妇产	893	师艳艳	15	19	47	4	188
21	贵金坊裸钻	0	师焕旭	3900	3999	0	99	0
22	洛阳面馆	19500	张巧玲	36	39	500	3	1500
23	平壤烤肉	5206	杨戈	36	38	137	2	274
24	花都水疗	344	马晓鸽	40	43	8	3	24
25	翡翠手链	2208	杨戈	130	138	16	8	128
26	进源美食汇粽子+鸭头	16562	黄晨诚	95	98	169	3	507
27					制表日期：	2011/5/31		
28								

图 8-8 输入制表日期

（3）选中 A1:I26 单元格区域，右击，在弹出的快捷菜单中，选择"设置单元格格式"选项，弹出"设置单元格格式"对话框，单击"边框"选项卡。在"线条"→"样式"选区中，双击"双线"样式，单击"确定"按钮，完成"边框"的线条设置，如图 8-9所示。

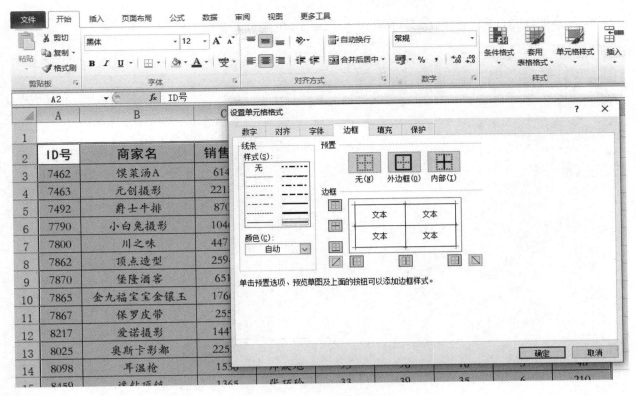

图 8-9　"边框"选项卡

4．设置数据格式

按住【Ctrl】键，将"销售额""合同价""上线价""差价""毛利额"各列选中，右击，在弹出的快捷菜单中选择"设置单元格格式"选项，弹出"设置单元格格式"对话框。单击"数字"选项卡，选择"货币"选项并调整小数位数，如图 8-10 所示。完成"5 月份销售业绩统计表"的制作。

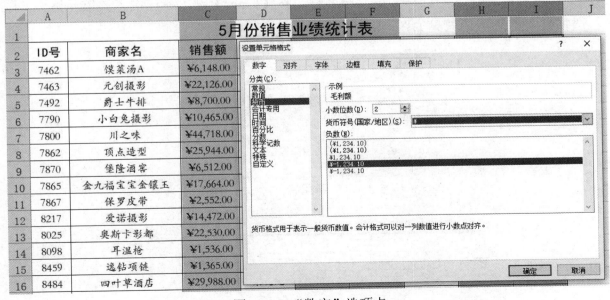

图 8-10　"数字"选项卡

5．预览与打印

单击"文件"按钮，在弹出的菜单中选择"打印"选项，设置纸张方向为纵向，打印及预览设置如图 8-11 所示。在打印机中放入纸张并进行打印。

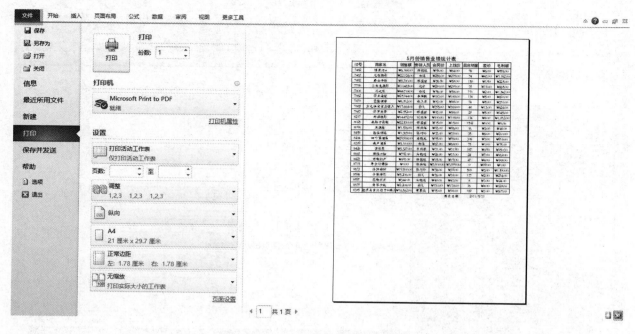

图 8-11　打印及预览设置

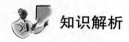 知识解析

1．单元格的选中

（1）选中独立的单元格。

选中独立的单元格有两种方法。

① 单击要选择的单元格，即选择了该单元格，并使其成为活动单元格。

② 在名称框中输入要选择的单元格名称，按【Enter】键，就选中了该单元格。

选择独立单元格的效果如图 8-12 所示。

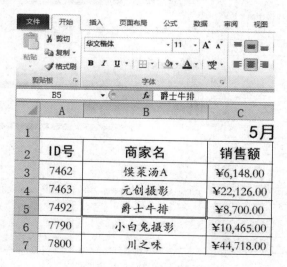

图 8-12　选择独立的单元格

（2）选择整行和整列。

① 在工作表的行号上单击要选择行的行号，就可选定该行。

② 在工作表的列号上单击要选择列的列号，就可选定该列。

选择整行单元格，如图 8-13 所示。选择整列单元格，如图 8-14 所示。

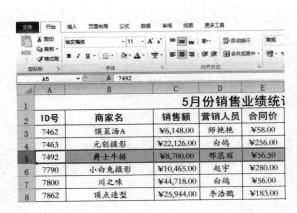

图 8-13　选择整行单元格

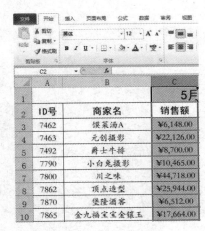

图 8-14　选择整列单元格

（3）选中单元格区域。

① 选中连续的单元格区域：将光标指向该区域的第一个单元格，按下鼠标左键拖动至最后一个单元格，松开鼠标左键即完成选择。选择连续单元格区域，如图 8-15 所示。

② 选中不连续的单元格区域：按住【Ctrl】键后，选中每个单元格，松开鼠标左键即完成选中。选中不连续单元格区域，如图 8-16 所示。

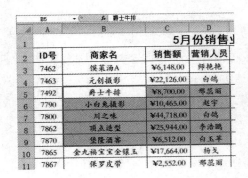

图 8-15　选中连续单元格区域

图 8-16　选中不连续单元格区域

（4）选择整个工作表。

若要选择整个工作表，只需单击工作表左上角的"选择整个工作表"按钮 ，如图 8-17 所示，选择后的单元格区域反白显示。如果要取消选择，单击工作表中的任一个单元格即可。

2.　向工作表中输入数据

Excel 工作表中的数据包括文本、数字、日期和时间等。向工作表中输入数据，实际上是要把数据输入到工作表的单元格中。

（1）输入文本。

① 文本型数据包括汉字、英文字母、数字、空格及其他键盘能输入的符号。

ID号	商家名	销售额	营销人员	合同价	上线价	后台销量	差价	毛利额
			5月份销售业绩统计表					
7462	馋莱汤A	￥6,148.00	师艳艳	￥58.00	￥64.00	96	￥6.00	￥576.00
7463	元创摄影	￥22,126.00	白鸽	￥256.00	￥299.00	74	￥43.00	￥3,182.00
7492	爵士牛排	￥8,700.00	邢蕊丽	￥56.50	￥58.00	150	￥1.50	￥225.00
7790	小白兔摄影	￥10,465.00	赵宇	￥280.00	￥299.00	35	￥19.00	￥665.00
7800	川之味	￥44,718.00	白鸽	￥56.00	￥58.00	771	￥2.00	￥1,542.00
7862	顶点造型	￥25,944.00	李浩鹏	￥183.00	￥188.00	138	￥5.00	￥690.00
7870	堡隆酒窖	￥6,512.00	白玉苹	￥83.00	￥88.00	74	￥5.00	￥370.00
7865	金九福宝宝金镶玉	￥17,664.00	杨戈	￥355.00	￥368.00	48	￥13.00	￥624.00
7867	保罗皮带	￥2,552.00	邢蕊丽	￥83.00	￥88.00	29	￥5.00	￥145.00
8217	爱诺摄影	￥14,472.00	刘瑞华	￥100.00	￥108.00	134	￥8.00	￥1,072.00
8025	奥斯卡影都	￥22,530.00	邢蕊丽	￥15.00	￥15.00	1502	￥0.00	￥0.00
8098	耳温枪	￥1,536.00	师焕旭	￥93.00	￥96.00	16	￥3.00	￥48.00
8459	遥钻项链	￥1,365.00	张巧玲	￥33.00	￥39.00	35	￥6.00	￥210.00

图 8-17　选择整个工作表

② 输入文本时，首先单击要输入文本的单元格（使其成为活动单元格），然后由键盘输入文本。

③ 输入由数字组成的字符串（如邮政编码、电话号码、订单编号）时，应先输入英文状态下的单引号，再输入数字符号。例如，要在某单元格中输入订单编号 108，则应输入"'108'"。否则，Excel 2010 会把数字字符串理解成数字型数据。

④ 文本型数据在单元格里左对齐。

（2）输入数字。

数字是可用于计算的数据，输入数字时有以下规则。

① 数字中可以包括半角逗号，如"1,450,500"。

② 负数既可用在数字的前面加一个减号"–"表示，也可用圆括号"（）"将数字括起来。如"–28"和"（28）"都表示同一个数"–28"。

③ 当数值的长度超过单元格的宽度时，Excel 2010 将采用科学计数法来表示输入的数字。例如，输入"1234567890000"时，Excel 2010 会在单元格中用"1.23457E+12"显示该数字，但在编辑栏中可以显示全部数据。

④ 默认情况下输入的数字靠右对齐。

（3）输入日期。

在 Excel 2010 中，如果输入的数据格式符合 Excel 2010 规定的日期格式，则认为输入的数据是一个日期。例如，输入"2008-9-12""2008 年 9 月 12 日""二〇〇八年九月十二日"等都表示同一个日期。

（4）输入时间。

Excel 2010 中时间可以采用 12 小时制式和 24 小时制式进行表示，小时与分钟或秒之间用冒号（:）分开。若按 12 小时制式输入时间，Excel 2010 将插入的时间当作上午时间。例如，输入"3:50:30"，会被视为"3:50:30 AM"。如果要特别表示上午或下午，只需在时间后留一个空格，并输入"AM（表示上午）"和"PM（表示下午）"。例如，输入"3:50:30 PM""15:50:30""下午 3 点 50 分 30 秒"等都表示同一个时间。

> 📖 **提示**
>
> 如果要在单元格中插入当前日期，可以按【Ctrl+;】组合键；如果要在单元格中插入当前时间，可以按【Ctrl+Shift+;】组合键。

（5）快速输入数据。

在使用 Excel 2010 制作表格时，有时会遇到要输入大量相同数据或有规律数据的情况，这时利用 Excel 2010 提供的快速方法进行输入，既可以提高输入速度，又可以降低出错概率。快速输入数据有以下几种情况。

① 同时在多个单元格中输入相同的数据。

在工作表中有时一些单元格的内容是相同的，可同时在这些单元格中输入数据以提高输入效率。例如，要建立一个课程表，其中有一些课程名是相同的，同时输入相同课程名的步骤如下。

● 选定要输入相同内容的单元格区域，在活动单元格中输入内容，如图 8-18 所示。

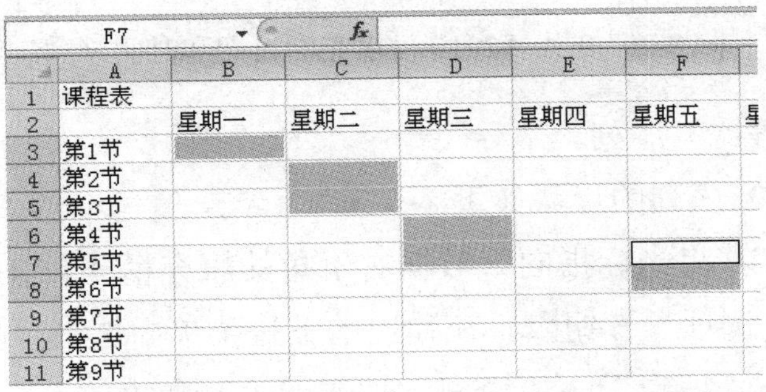

图 8-18　选定要输入相同内容的单元格区域

● 按下【Ctrl+Enter】组合键，则在多个单元格中输入了相同的内容，如图 8-19 所示。

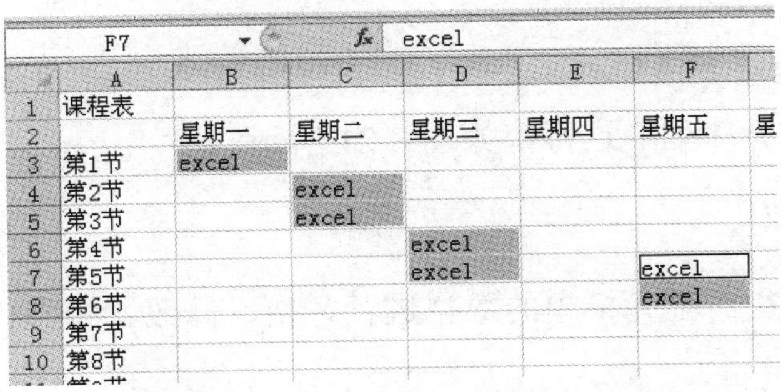

图 8-19　在多个单元格中输入了相同的内容

② 输入日期和时间序列。

日期和时间序列包括一月、二月、…、十二月，星期一、星期二、…、星期日，第

1 季度、第 2 季度、第 3 季度、第 4 季度，以及日期增量等。

输入日期和时间序列的方法是：先输入第一个日期或时间数据（如星期一），将光标指向该数据右下角的填充柄✚，按住鼠标左键，向需要的方向拖动鼠标，松开鼠标左键后，会在其右下角出现"自动填充选项"按钮，单击该按钮，在弹出的下拉菜单选择"以工作日填充"选项，即可填充所需的数据。

除了星期序列，Excel 2010 还可以填充日期和时间序列，如图 8-20 所示。

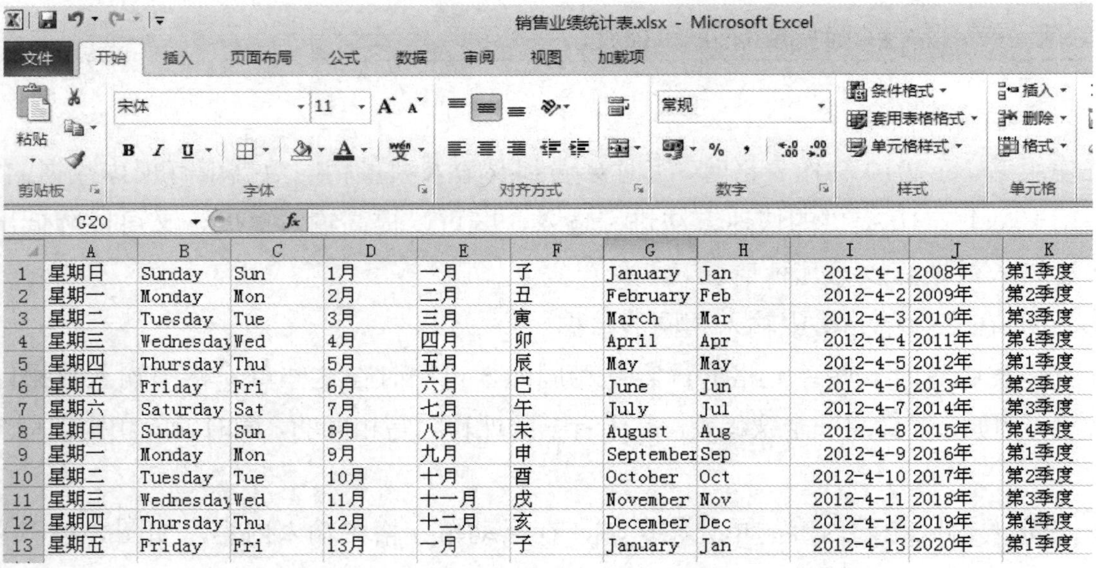

图 8-20　Excel 2010 可填充的日期和时间序列

③ 输入等差（或等比）序列。

输入等差（或等比）序列的步骤如下。

● 先输入数字"1"，将光标指向该数据右下角的填充柄✚，向需要的方向拖动鼠标。

● 单击"自动填充选项"按钮，在弹出的下拉菜单中选择"填充序列"选项。

● 单击"开始"→"编辑"→"填充"按钮，在弹出的菜单中选择"系列"选项，打开"序列"对话框。

● 在"序列"对话框中，选中"等比序列"（或"等差序列"）单选按钮并输入步长"2"后，单击"确定"按钮。

● 此时的序列为所需要的序列。

输入等差（或等比）序列的过程，如图 8-21 所示。

3. 数据的编辑修改

数据的编辑修改是指对单元格中的数据进行替换、修改、删除、复制和移动等操作。

（1）替换数据。

单击要替换数据的单元格（使之成为活动单元格），在单元格中直接输入新数据。这样原单元格中的内容就消失了，替换为新输入的内容。

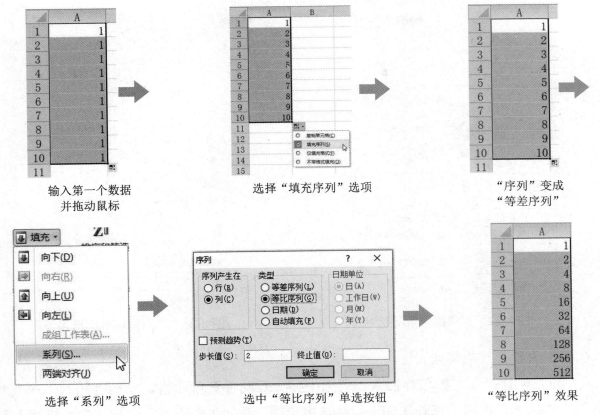

图 8-21　输入等差（或等比）序列的过程

（2）修改数据。

如果单元格中的数据大部分不需要修改，就不需要用替换的方法，而只需要做一点小的调整即可。常用的操作步骤如下。

①　单击需要修改数据的单元格（使之成为活动单元格）。

②　单击编辑栏，此时光标变成一条竖线，可以使用方向键移动它，进行常规的编辑操作，如删除和添加字符等。

③　修改完毕，单击编辑栏中的 "确认" 按钮 ✔，将修改后的数据保存在活动单元格（按【Enter】键也有同样的功能）。如果单击 "取消" 按钮 ✖，则取消所做的修改，维持原来的数据（按【Esc】键也有同样的功能）。

（3）删除数据。

要删除单元格（或单元格区域）中的数据，只需选中该单元格（或单元格区域），按【Delete】键即可。但此时的删除，只能删除该单元格中的数据，而不能删除其格式、批注等属性。例如，选中了一个日期型数据的单元格，按【Delete】键删除了其中的日期数据，然后在此单元格中输入一个数字，当从该单元格中移出光标时，数字会自动地变为日期格式的数据。

若要删除单元格中的全部内容也可在选中单元格后，右击，在弹出的快捷菜单中选择 "清除内容" 选项，如图 8-22 所示。单击 "开始" → "编辑" → "清除" 按钮 ，也可将某些特定格式和属性清除，如图 8-23 所示。

图8-22 "清除内容"选项1　　　　　　　　图8-23 "清除内容"选项2

（4）插入整行（或整列）。

① 插入整行：要在哪一行插入，就选中哪一行的任意单元格，单击"开始"→"单元格"→"插入"按钮，在弹出的下拉菜单中选择"插入工作表行"选项，即完成插入整行，如图8-24所示。

	A	B	C	D	E	F	G	H	I
1				5月份销售业绩统计表					
2	ID号	商家名	销售额	营销人员	合同价	上线价	后台销量	差价	毛利额
3	7462	馍菜汤A	¥6,148.00	师艳艳	¥58.00	¥64.00	96	¥6.00	¥576.00
4	7463	元创摄影	¥22,126.00	白鸽	¥256.00	¥299.00	74	¥43.00	¥3,182.00
5	7492	爵士牛排	¥8,700.00	邢蕊丽	¥56.50	¥58.00	150	¥1.50	¥225.00
6	7790	小白兔摄影	¥10,465.00	赵宇	¥280.00	¥299.00	35	¥19.00	¥665.00
7	7800	川之味	¥44,718.00	白鸽	¥56.00	¥58.00	771	¥2.00	¥1,542.00
8	7862	顶点造型	¥25,944.00	李浩鹏	¥183.00	¥188.00	138	¥5.00	¥690.00

图8-24 插入整行

② 插入整列：要在哪一列插入，就选中哪一列的任意单元格，单击"开始"→"单元格"→"插入"按钮，在弹出的下拉菜单中选择"插入工作表列"选项，即完成插入整列的操作。

> 📖 **提示**
>
> 　　在插入整行（整列）时，若选中多行（多列）单元格后，单击"插入工作表行（插入工作表列）"按钮，则会插入多行（列）单元格，选中几行（列），就插入几行（列）。

（5）删除整行（整列）。

选中要删除的行（或列）上的任意单元格，单击"开始"→"单元格"→"删除"按钮，在弹出的下拉菜单中选择"删除工作表行"（或"删除工作表列"）选项，即完成删除整行（列）的操作。

若选中多行（多列）单元格，选择"删除工作表行"（"删除工作表列"）选项，则会删除多行（列），选中几行（列），就删除几行（列）。

> 📖 **提示**
>
> 删除整行（整列）是将该行（列）的数据及其单元格全部删除，而选中整行（整列）后按【Delete】键，仅清除其中的数据，而不能删除单元格。

（6）复制数据。

如果要向工作表的不同单元格中输入相同的数据，则可进行复制操作。复制数据的方法如下。

① 选中要复制的单元格或单元格区域（称源数据区）。

② 单击"开始"→"剪贴板"→"复制"按钮，或者右击，在弹出的快捷菜单中选择"复制"选项，此时源数据区用虚线括起来。

③ 光标放在目标单元格中，单击"开始"→"剪贴板"→"粘贴"按钮，或者右击单元格，在弹出的快捷菜单中选择"粘贴"选项，复制数据，如图 8-25 所示。

	A	B	C	D	E
19	8663	博雅口腔	¥792.00	马晓鸽	¥26.
20	8423	商都妇产	¥893.00	师艳艳	¥15.
21	8715	贵金坊裸钻	¥0.00	师焕旭	¥3,90
22	8633	洛阳面馆	¥19,500.00	张巧玲	¥36.
23	8586	平壤烤肉	¥5,206.00	杨戈	¥36.
24	8597	花都水疗	¥344.00	马晓鸽	¥40.
25	8839	翡翠手链	¥2,208.00	杨戈	¥130
26	8385	进源美食汇粽子+鸭头	¥16,562.00	黄晨诚	¥95.
27				源数据区	
28					
29	8586	平壤烤肉	¥5,206.00		
30	8597	花都水疗	¥344.00	◄── 目的数据区	
31	8839	翡翠手链	¥2,208.00		

图 8-25　复制数据

（7）移动数据。

移动数据的方法与复制数据的方法类似，只不过将"复制"按钮改为"粘贴"按钮。移动数据操作完成后，源数据区的数据移到目的数据区。

4．设置表格的字体、字号、边框和对齐方式

表格中的数据确定后，下一步的操作就是设置表格的字体、字号、边框和对齐方式，从而使表格更加美观。这些设置是在 Excel 2010 的"开始"选项卡的"字体""对齐方式"

组中完成的。

（1）设置表格的字体、字号、字的颜色和填充背景。

这部分操作与 Word 2010 类似，此处不再赘述。

（2）设置单元格的对齐方式。

在制作表格时，需要不同的对齐方式。例如，表格的标题需要在整个工作表居中显示，而表中数据，又希望相对于单元格居中显示。这就要设置单元格的对齐方式。

① 合并后居中：选中需要进行"合并后居中"操作的所有单元格，单击"开始"→"对齐方式"→"合并后居中"按钮，即完成此操作。

② 对齐方式分为 6 种情况。

顶端对齐：沿单元格顶端对齐数据。

垂直居中：使数据在单元格中上下居中。

底端对齐：沿单元格底端对齐数据。

左对齐：使单元格中的数据左对齐。

居中对齐：使单元格中的数据居中对齐。

右对齐：使单元格中的数据右对齐。

③ 方向：单击"方向"按钮，弹出"方向"下拉菜单，如图 8-26 所示，从中可选择旋转数据的方式，通常用于标记较窄的列。

④ 减少缩进量或增加缩进量：用于减少或增加边框与单元格中数据之间的距离。

（3）设置表格的边框

选中要设置表格边框的单元格区域，单击"开始"→"字体"→"边框"按钮田，弹出"边框"下拉菜单，如图 8-27 所示。设置表格的边框，如图 8-28 所示。从中可选择所需要的边框，也可根据需要自己绘制边框。

图 8-26 "方向"下拉菜单

图 8-27 "边框"下拉菜单

不加任何框线的表格如图 8-29 所示，加外侧框线的表格如图 8-30 所示，加所有框线的表格如图 8-31 所示，加上框线和粗下框线的表格如图 8-32 所示，自由绘制的竖线边框如图 8-33 所示，自由绘制的横线边框如图 8-34 所示。

	A	B	C	D	E	F
1			5月份销售业绩统计表			
2	ID号	商家名	销售额	营销人员	合同价	上线价
3	7462	馍菜汤A	¥6,148.00	师艳艳	¥58.00	¥64.00
4	7463	元创摄影	¥22,126.00	白鸽	¥256.00	¥299.00
5	7492	爵士牛排	¥8,700.00	邢蕊丽	¥56.50	¥58.00
6	7790	小白兔摄影	¥10,465.00	赵宇	¥280.00	¥299.00
7	7800	川之味	¥44,718.00	白鸽	¥56.00	¥58.00
8	7862	顶点造型	¥25,944.00	李浩鹏	¥183.00	¥188.00
9	7870	堡隆酒窖	¥6,512.00	白玉苹	¥83.00	¥88.00
10	7865	金九福宝宝金镶玉	¥17,664.00	杨戈	¥355.00	¥368.00
11	7867	保罗皮带	¥2,552.00	邢蕊丽	¥83.00	¥88.00
12	8217	爱诺摄影	¥14,472.00	刘瑞华	¥100.00	¥108.00
13	8025	奥斯卡影都	¥22,530.00	邢蕊丽	¥15.00	¥15.00

图 8-28　设置表格的边框

	A	B	C	D	E	F	G
1			5月份销售业绩统计表				
2	ID号	商家名	销售额	营销人员	合同价	上线价	后台销量
3	7462	馍菜汤A	¥6,148.00	师艳艳	¥58.00	¥64.00	96
4	7463	元创摄影	¥22,126.00	白鸽	¥256.00	¥299.00	74
5	7492	爵士牛排	¥8,700.00	邢蕊丽	¥56.50	¥58.00	150
6	7790	小白兔摄影	¥10,465.00	赵宇	¥280.00	¥299.00	35
7	7800	川之味	¥44,718.00	白鸽	¥56.00	¥58.00	771
8	7862	顶点造型	¥25,944.00	李浩鹏	¥183.00	¥188.00	138
9	7870	堡隆酒窖	¥6,512.00	白玉苹	¥83.00	¥88.00	74

图 8-29　不加任何框线的表格

	A	B	C	D	E	F	G	H	I
1			5月份销售业绩统计表						
2	ID号	商家名	销售额	营销人员	合同价	上线价	后台销量	差价	毛利额
3	7462	馍菜汤A	¥6,148.00	师艳艳	¥58.00	¥64.00	96	¥6.00	¥576.00
4	7463	元创摄影	¥22,126.00	白鸽	¥256.00	¥299.00	74	¥43.00	¥3,182.00
5	7492	爵士牛排	¥8,700.00	邢蕊丽	¥56.50	¥58.00	150	¥1.50	¥225.00
6	7790	小白兔摄影	¥10,465.00	赵宇	¥280.00	¥299.00	35	¥19.00	¥665.00
7	7800	川之味	¥44,718.00	白鸽	¥56.00	¥58.00	771	¥2.00	¥1,542.00
8	7862	顶点造型	¥25,944.00	李浩鹏	¥183.00	¥188.00	138	¥5.00	¥690.00

图 8-30　加外侧框线的表格

	A	B	C	D	E	F	G	H	I
1			5月份销售业绩统计表						
2	ID号	商家名	销售额	营销人员	合同价	上线价	后台销量	差价	毛利额
3	7462	馍菜汤A	¥6,148.00	师艳艳	¥58.00	¥64.00	96	¥6.00	¥576.00
4	7463	元创摄影	¥22,126.00	白鸽	¥256.00	¥299.00	74	¥43.00	¥3,182.00
5	7492	爵士牛排	¥8,700.00	邢蕊丽	¥56.50	¥58.00	150	¥1.50	¥225.00
6	7790	小白兔摄影	¥10,465.00	赵宇	¥280.00	¥299.00	35	¥19.00	¥665.00
7	7800	川之味	¥44,718.00	白鸽	¥56.00	¥58.00	771	¥2.00	¥1,542.00
8	7862	顶点造型	¥25,944.00	李浩鹏	¥183.00	¥188.00	138	¥5.00	¥690.00

图 8-31　加所有框线的表格

	A	B	C	D	E	F	G	H	I
1			5月份销售业绩统计表						
2	ID号	商家名	销售额	营销人员	合同价	上线价	后台销量	差价	毛利额
3	7462	馍菜汤A	¥6,148.00	师艳艳	¥58.00	¥64.00	96	¥6.00	¥576.00
4	7463	元创摄影	¥22,126.00	白鸽	¥256.00	¥299.00	74	¥43.00	¥3,182.00
5	7492	爵士牛排	¥8,700.00	邢蕊丽	¥56.50	¥58.00	150	¥1.50	¥225.00
6	7790	小白兔摄影	¥10,465.00	赵宇	¥280.00	¥299.00	35	¥19.00	¥665.00
7	7800	川之味	¥44,718.00	白鸽	¥56.00	¥58.00	771	¥2.00	¥1,542.00
8	7862	顶点造型	¥25,944.00	李浩鹏	¥183.00	¥188.00	138	¥5.00	¥690.00

图 8-32　加上框线和粗下框线的表格

5月份销售业绩统计表								
ID号	商家名	销售额	营销人员	合同价	上线价	后台销量	差价	毛利额
7462	馋菜汤A	¥6,148.00	师艳艳	¥58.00	¥64.00	96	¥6.00	¥576.00
7463	元创摄影	¥22,126.00	白鸽	¥256.00	¥299.00	74	¥43.00	¥3,182.00
7492	爵士牛排	¥8,700.00	邢蕊丽	¥56.50	¥58.00	150	¥1.50	¥225.00
7790	小白兔摄影	¥10,465.00	赵宇	¥280.00	¥299.00	35	¥19.00	¥665.00
7800	川之味	¥44,718.00	白鸽	¥56.00	¥58.00	771	¥2.00	¥1,542.00
7862	顶点造型	¥25,944.00	李浩鹏	¥183.00	¥188.00	138	¥5.00	¥690.00

图 8-33　自由绘制的竖线边框

5月份销售业绩统计表								
ID号	商家名	销售额	营销人员	合同价	上线价	后台销量	差价	毛利额
7462	馋菜汤A	¥6,148.00	师艳艳	¥58.00	¥64.00	96	¥6.00	¥576.00
7463	元创摄影	¥22,126.00	白鸽	¥256.00	¥299.00	74	¥43.00	¥3,182.00
7492	爵士牛排	¥8,700.00	邢蕊丽	¥56.50	¥58.00	150	¥1.50	¥225.00
7790	小白兔摄影	¥10,465.00	赵宇	¥280.00	¥299.00	35	¥19.00	¥665.00
7800	川之味	¥44,718.00	白鸽	¥56.00	¥58.00	771	¥2.00	¥1,542.00
7862	顶点造型	¥25,944.00	李浩鹏	¥183.00	¥188.00	138	¥5.00	¥690.00

图 8-34　自由绘制的横线边框

5. 设置数字和日期的格式

Excel 2010 所处理的数据以数字居多，因此在工作表中设置数字的格式很重要。例如，在表示金额的数据中常常用"货币"格式或"会计"格式；表示"日期"的格式又有"长日期""短日期"之分。

（1）设置数字的格式。

设置数字格式的操作步骤如下。

① 选定单元格区域。

② 选择"开始"→"数字"→"货币"选项，如图 8-35 所示，则所选单元格区域的数字格式改为"货币"（前面都添加了一个货币符号，且小数点后增加了两位小数），如图 8-36 所示。

图 8-35　选择"货币"选项　　　　图 8-36　"货币"格式

（2）设置日期的格式。

设置日期格式的操作步骤如下。

① 选定要设置日期格式的单元格区域。

② 单击"开始"→"数字"→"常规"按钮，在弹出的下拉菜单中，选择"长日期"

选项，将所选单元格区域的数字格式改为长日期，效果如图8-37所示。

图8-37 将数字格式改为长日期

6. 设置表格的列宽和行高

在 Excel 2010 中，默认的单元格宽度是"8.38"字符宽，如果输入的文字超过了默认的宽度，则单元格中的内容就会溢出到右边的单元格内。或者由于单元格的宽度太小，无法以规定的格式将数字显示出来。这时就需要改变单元格的宽度，行高一般会随着输入数据的格式发生变化，但有时也需要调整单元格的行高，以得到更好的表格效果。

改变选定区域的行高和列宽有两种方法。

（1）"格式"按钮。

操作步骤如下。

① 选定要改变行高（或列宽）的单元格区域。

② 单击"开始"→"单元格"→"格式"按钮，在弹出的下拉菜单中，选择"行高"（或"列宽"）选项，弹出"行高"（或"列宽"）对话框，输入所需的数值。

③ 单击"确定"按钮。

> 📖 **提示**
>
> 若单击"开始"→"单元格"→"格式"按钮，在下拉菜单中选择"自动调整列宽"（或"自动调整行高"）选项，则可根据表格中的内容自动调整列宽（或行高），从而使表格可以完全显示其内容。

（2）使用鼠标改变行高和列宽。

使用鼠标拖曳可直接改变单元格的行高和列宽，操作步骤如下。

① 将光标指向要改变行高（或列宽）的工作表的行（或列）编号之间的格线上。

② 当光标变成 ✛ 形状时，按住鼠标左键拖动，将行高（或列宽）拖到合适的高（或宽）度。

举一反三

制作"某市政府采购十月份计划汇总表"，样张如图 8-38 所示。

单位编码	采购目录代码	采购项目名称	规格、型号及技术指标	数量	支出列报科目（款）	项目预算金额			交货或开工、竣工时间	政府集中采购方式	
						合计	预算内	财政专户	自筹资金		采购中心采购	部门集中采购
3	某市医院	不锈钢厨具设备			2100505	43.17	43.17				询价采购	
3	某市医院	办公桌椅			2100505	16.83	16.83				询价采购	
3	某市技工学校	1）学校行政、后勤保障物业管理			技校教育	222.00		222.00		2010.11	公开招标	
3	某市技工学校	2）学校食堂物业管理			技校教育	104.00		26.00	78.00	2010.11	公开招标	
3	某市技工学校	3）学校下属天工公司物业管理			技校教育	26.00			26.00	2010.11	公开招标	
3	某市医疗中心李惠利医院	六通道微量注射泵	国产	2	医疗服务	5.00			5.00			
3	某市医疗中心李惠利医院	四通道微量注射泵	国产	9	医疗服务	10.00			10.00			
4	某市水文站	水文网站信息管理系统项目	见附件	1	地方水利基金	52.00	52.00				公开招标	
4	某市水文站	水质监测信息管理系统项目	见附件	1	地方水利基金	15.00	15.00				公开招标	
4	某市渔船救助信息服务中心	其他移动通信设备	见附件	1	21301	788.30	788.30					

图 8-38　"某市政府采购十月份计划汇总表"样张

知识拓展及训练

1. 使用表样式快速设置表格式

Excel 2010 提供了许多预定义的表样式，使用这些样式，可快速套用表格式。

（1）创建表时选择表样式

① 在工作表上，选择要快速设置为表格式的单元格范围。

② 单击"开始"→"样式"→"套用表格格式"按钮，在下拉菜单中选择"表样式浅色 12"样式，弹出"套用表格式"对话框，如图 8-39 所示。

③ 单击"确定"按钮，套用表格式后的效果如图 8-40 所示，输入数据即可。

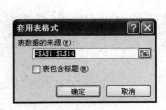

图 8-39　"套用表格式"对话框

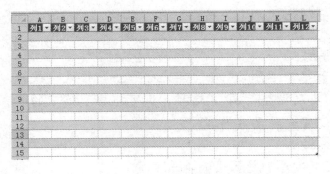

图 8-40　套用表格式后的效果

（2）为现有表应用表样式。

① 打开"学生成绩表"，选择 A2:M20。

② 单击"开始"→"样式"→"套用表格格式"按钮，在下拉菜单中选择"表样式浅色 20"样式，弹出"套用表格式"对话框，单击"确定"按钮，应用表格式的效果如图 8-41

所示。

期未考试成绩表											
学号	姓名	籍贯	性别	语文	数学	外语	政治	计算材	总分	平均分	评语
001	王鹏	河南	男	100	87	82	88.5	66	423.5	84.7	优秀
002	任高阳	山东	女	89	77	68	79	81	394	78.8	良好
003	杨春玲	江苏	男	66	79	81	83	80	389	77.8	良好
004	王国文	黑龙江	男	85	87	61	77	73	383	76.6	良好
005	刘燕燕	江西	女	94	95	41	71	66	367	73.4	及格
006	汤卫平	河南	男	71	88	72	62	90	383	76.6	良好
007	连鹏举	甘肃	女	80	82	69	93	97	421	84.2	优秀
008	沈洋	湖南	男	88	74	75	79	90	406	81.2	优秀
009	文静	湖南	男	71	75	79	86	98	409	81.8	优秀
010	韩小明	河北	男	81	82	86	70	79	398	79.6	良好
011	金佳怡	山东	男	59	44	62	61	65	291	58.2	不及格
012	高欣欣	河北	女	77	69	80	67	80	373	74.6	及格
013	朱端京	河南	男	73	62	54	58	70	317	63.4	及格
014	李朔	四川	男	58	90	77	76	89	390	78	良好

图 8-41　应用表格式的效果

2. 拓展训练——应用表样式

对 "5 月份销售业绩统计表" 应用表样式，如图 8-42 所示。

5月份销售业绩统计表								
ID号	商家名	销售额	营销人员	合同价	上线价	后台销量	差价	毛利额
7462	馇菜汤A	¥6,148.00	师艳艳	¥58.00	¥64.00	96	¥6.00	¥576.00
7463	元创摄影	¥22,126.00	白鸽	¥256.00	¥299.00	74	¥43.00	¥3,182.00
7492	爵士牛排	¥8,700.00	邢蕊丽	¥56.50	¥58.00	150	¥1.50	¥225.00
7790	小白兔摄影	¥10,465.00	赵宇	¥280.00	¥299.00	35	¥19.00	¥665.00
7800	川之味	¥44,718.00	白鸽	¥56.00	¥58.00	771	¥2.00	¥1,542.00
7862	顶点造型	¥25,944.00	李浩鹏	¥183.00	¥188.00	138	¥5.00	¥690.00
7870	堡隆酒窖	¥6,512.00	白玉苹	¥83.00	¥88.00	74	¥5.00	¥370.00
7865	金九福宝宝金镶玉	¥17,664.00	杨戈	¥355.00	¥368.00	48	¥13.00	¥624.00
7867	保罗皮带	¥2,552.00	邢蕊丽	¥83.00	¥88.00	29	¥5.00	¥145.00
8217	爱诺摄影	¥14,472.00	刘瑞华	¥100.00	¥108.00	134	¥8.00	¥1,072.00
8025	奥斯卡影都	¥22,530.00	邢蕊丽	¥15.00	¥15.00	1502	¥0.00	¥0.00
8098	耳温枪	¥1,536.00	师焕旭	¥93.00	¥96.00	16	¥3.00	¥48.00
8459	逸钻项链	¥1,365.00	张巧玲	¥33.00	¥39.00	35	¥6.00	¥210.00

图 8-42　对 "5 月份销售业绩统计表" 应用表样式

习　　题

一、填空题

1. 在 Excel 表格中，如果要用键盘选择 A1 到 C5 单元格区域，将光标定位在_____内，按住键盘上的_____键，然后单击 C5 单元格即可。

2. 在执行操作前，应选取要进行操作的对象，如果要选取多个不连续单元格，可按住键盘上的_____键。

3. 在单元格内输入邮政编码 "100046"，正确的输入方法是_____。

4. 在默认情况下，输入到单元格内的数字会自动_____对齐，而文本自动_____对齐。

二、选择题

1. 在 Excel 表格中要复制选定的工作表，方法是在工作表名称上右击，弹出快捷菜单，选择"移动或复制"选项，在弹出的"移动或复制工作表"对话框中选择插入或移动工作表的位置。如果没有勾选"建立副本"复选框，则表示文件的（　　）。

    A．复制　　　　B．移动　　　　　C．删除　　　　　D．操作无效

2. 在 Excel 表格中，单元格的数据填充（　　）。

    A．与单元格的数据复制是一样的

    B．与单元格的数据移动是一样的

    C．必须在相邻单元格中进行

    D．不一定在相邻单元格中进行

3. 在 Excel 表格的单元格中出现一连串的"#######"符号，则表示（　　）。

    A．需重新输入数据

    B．需调整单元格的宽度

    C．需删去该单元格

    D．需删去这些符号

三、判断题

1. 打开一个 Excel 文件就是打开一张工作表。　　　　　　　　　　　　（　　）

2. 在 Excel 中，打开一个文件默认包含 4 张工作表。　　　　　　　　　（　　）

3. 复制单元格内数据的格式可用"复制+选择性粘贴"的方法。　　　　　（　　）

4. 在 Excel 中，对单元格内数据进行格式设置，必须要选定该单元格。　（　　）

第 **9** 章

Excel 2010 电子表格的数据处理
——制作"员工工资表"

 本章重点掌握知识

1. 工作表常规操作
2. 公式的输入
3. 数据的排序与筛选
4. 分类汇总
5. 单元格的地址引用

 任务描述

随着计算机应用的普及，智新中维科技有限公司要将员工工资使用计算机进行管理。将一年的工资表放在一个工作簿里，这个文件有 12 个工作表，每张工作表放一个月的工资表。现要求建立 2011 年度"智新中维科技有限公司员工工资表"，包括应发工资和扣除部分，应发工资包括：员工编号、姓名、基本工资、职务工资、效益工资和地方补贴；扣除总计包括水电费、天然气和个人所得税（=（应发工资-2000）×0.05）；实发工资=应发工资-扣除总计。除了对每一个人的工资进行计算和统计，还要计算出每个月所有职工的工资总和，工资表制作完成后，要求对各月份的实发工资按由高到低的顺序排序，如图 9-1 所示。筛选出实发工资大于 3000 元的员工，如图 9-2 所示。分类汇总出不同职务人员的实发工资平均数，如图 9-3 所示。

	A	B	C	D	E	F	G	H	I	J	K	L	M
1							智新中维科技有限公司员工工资表						
2	员工编号	姓名	职务	基本工资	职务工资	效益工资	地方补贴	应发工资	水电费	天然气	个人所得税	扣除总计	实发工资
3	2001005	刘义睿	工程师	1800.0	1000.0	800.0	600.0	¥4,200.00	120.0	57.0	110.0	287.0	¥3,913.00
4	2001001	张怡羚	营销经理	1200.0	800.0	1500.0	600.0	¥4,100.00	59.0	34.0	105.0	198.0	¥3,902.00
5	2001009	张伟波	营销经理	1200.0	800.0	1500.0	600.0	¥4,100.00	74.0	39.0	105.0	218.0	¥3,882.00
6	2001007	甄一凡	工程师	1600.0	1000.0	800.0	600.0	¥4,000.00	115.0	69.0	100.0	284.0	¥3,716.00
7	2001006	沈飞	技术主管	1500.0	800.0	800.0	600.0	¥3,700.00	54.0	65.0	85.0	204.0	¥3,496.00
8	2001004	吕琪美	高级技工	1500.0	700.0	800.0	600.0	¥3,600.00	76.0	48.0	80.0	204.0	¥3,396.00
9	2001014	杨佳华	营销顾问	900.0	600.0	1000.0	600.0	¥3,100.00	27.0	51.0	55.0	133.0	¥2,967.00
10	2001008	邹晓川	营销顾问	900.0	600.0	1000.0	600.0	¥3,100.00	34.0	72.0	55.0	161.0	¥2,939.00
11	2001010	邹尚宇	营销顾问	900.0	600.0	1000.0	600.0	¥3,100.00	78.0	33.0	55.0	166.0	¥2,934.00
12	2001013	马晓	营销顾问	900.0	600.0	1000.0	600.0	¥3,100.00	45.0	66.0	55.0	166.0	¥2,934.00
13	2001011	吕民康	营销顾问	900.0	600.0	1000.0	600.0	¥3,100.00	67.0	61.0	55.0	183.0	¥2,917.00
14	2001013	安志浩	营销顾问	900.0	600.0	1000.0	600.0	¥3,100.00	76.0	62.0	55.0	193.0	¥2,907.00
15	2001012	卢斌斌	营销顾问	900.0	600.0	1000.0	600.0	¥3,100.00	110.0	72.0	55.0	237.0	¥2,863.00
16	2001002	宁九丁	营销助理	1000.0	600.0	500.0	600.0	¥2,700.00	56.0	42.0	35.0	133.0	¥2,567.00
17	应发工资合计:			¥48,100.00		扣除合计:		2,767.00			实发工资合计:		¥45,333.00

图 9-1 实发工资由高到低排序

员工编号	姓名	职务	基本工资	职务工资	效益工资	地方补贴	应发工资	水电费	天然气	个人所得税	扣除总计	实发工资
						智新中维科技有限公司员工工资表						
2001005	刘义睿	工程师	1800.0	1000.0	800.0	600.0	¥4,200.00	120.0	57.0	110.0	287.0	¥3,913.00
2001001	张怡玲	营销经理	1200.0	800.0	1500.0	600.0	¥4,100.00	59.0	34.0	105.0	198.0	¥3,902.00
2001009	张伟波	营销经理	1200.0	800.0	1500.0	600.0	¥4,100.00	74.0	39.0	105.0	218.0	¥3,882.00
2001007	甄一凡	工程师	1600.0	1000.0	800.0	600.0	¥4,000.00	115.0	69.0	100.0	284.0	¥3,716.00
2001006	沈飞	技术主管	1500.0	800.0	800.0	600.0	¥3,700.00	54.0	65.0	85.0	204.0	¥3,496.00
2001004	吕琪美	高级技工	1500.0	700.0	800.0	600.0	¥3,600.00	76.0	48.0	80.0	204.0	¥3,396.00
应发工资合计：			¥48,100.00			扣除合计：			2,767.00		实发工资合计：	¥45,333.00

图 9-2 实发工资大于 3000 元的员工

	员工编号	姓名	职务	基本工资	职务工资	效益工资	地方补贴	应发工资	水电费	天然气	个人所得税	扣除总计	实发工资
5	2001005	刘义睿	工程师	1800.0	1000.0	800.0	600.0	¥4,200.00	120.0	57.0	110.0	287.0	¥3,913.00
6	2001007	甄一凡	工程师	1600.0	1000.0	800.0	600.0	¥4,000.00	115.0	69.0	100.0	284.0	¥3,716.00
7			工程师 平均值										¥3,814.50
8	2001006	沈飞	技术主管	1500.0	800.0	800.0	600.0	¥3,700.00	54.0	65.0	85.0	204.0	¥3,496.00
9			技术主管 平均值										¥3,496.00
10	2001014	杨佳华	营销顾问	900.0	600.0	1000.0	600.0	¥3,100.00	27.0	51.0	55.0	133.0	¥2,967.00
11	2001008	邹晓川	营销顾问	900.0	600.0	1000.0	600.0	¥3,100.00	34.0	72.0	55.0	161.0	¥2,939.00
12	2001010	邹尚宇	营销顾问	900.0	600.0	1000.0	600.0	¥3,100.00	78.0	33.0	55.0	166.0	¥2,934.00
13	2001013	马晓	营销顾问	900.0	600.0	1000.0	600.0	¥3,100.00	45.0	66.0	55.0	166.0	¥2,934.00
14	2001011	吕民康	营销顾问	900.0	600.0	1000.0	600.0	¥3,100.00	67.0	61.0	55.0	183.0	¥2,917.00
15	2001013	安志浩	营销顾问	900.0	600.0	1000.0	600.0	¥3,100.00	76.0	62.0	55.0	193.0	¥2,907.00
16	2001012	卢斌斌	营销顾问	900.0	600.0	1000.0	600.0	¥3,100.00	110.0	72.0	55.0	237.0	¥2,863.00
17			营销顾问 平均值										¥2,923.00
18	2001001	张怡玲	营销经理	1200.0	800.0	1500.0	600.0	¥4,100.00	59.0	34.0	105.0	198.0	¥3,902.00
19	2001009	张伟波	营销经理	1200.0	800.0	1500.0	600.0	¥4,100.00	74.0	39.0	105.0	218.0	¥3,882.00
20			营销经理 平均值										¥3,892.00
21	2001002	宁九丁	营销助理	1000.0	600.0	500.0	600.0	¥2,700.00	56.0	42.0	35.0	133.0	¥2,567.00
22			营销助理 平均值										¥2,567.00
23			总计平均值										¥3,238.07

图 9-3 不同职务人员实发工资平均数

通过本任务的完成，要理解单元格地址的引用，会使用常用函数；会对工作表中的数据进行排序、筛选、分类汇总等操作。

操作步骤

1. 插入、重命名工作表

（1）选择"开始"→"所有程序"→"Microsoft Office"→"Microsoft Excel 2010"选项，打开 Excel 2010 的工作界面。

（2）此时工作簿文件有 3 张工作表，工作表名分别为 Sheet1、Sheet2、Sheet3，单击最后一个标签，即插入一张新的工作表（Sheet4），如图 9-4 和图 9-5 所示。

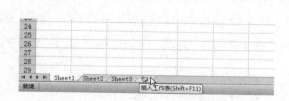

图 9-4 单击插入工作表标签

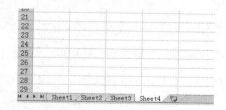

图 9-5 插入一张新的工作表

（3）用同样的方法，插入 Sheet5 至 Sheet12 工作表，如图 9-6 所示。

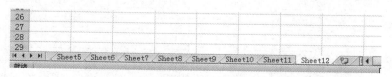

图 9-6 插入多张新的工作表

（4）双击"Sheet1"，然后输入新的表名"一月"，双击"Sheet2"，输入新的表名"二

月",用同样的方法,将"Sheet3"~"Sheet12"改为"三月"~"十二月",如图 9-7
所示。

图 9-7 将表名改为"一月"~"十二月"

2. 输入数据并调整格式

选择"一月"工作表,输入原始数据,并适当调整格式,如图 9-8 所示。

员工编号	姓名	职务	基本工资	职务工资	效益工资	地方补贴	应发工资	水电费	天然气	个人所得税	扣除总计	实发工资
						智新中维科技有限公司员工工资表						
2001001	张怡玲	营销经理	1200.0	800.0	1500.0	600.0		59.0	34.0			
2001002	宁九丁	营销助理	1000.0	600.0	500.0	600.0		56.0	42.0			
2001004	吕琪美	高级技工	1500.0	700.0	800.0	600.0		76.0	48.0			
2001005	刘义睿	工程师	1800.0	1000.0	800.0	600.0		120.0	57.0			
2001006	沈飞	技术主管	1500.0	800.0	800.0	600.0		54.0	65.0			
2001007	甄一凡	工程师	1600.0	1000.0	800.0	600.0		115.0	69.0			
2001008	邹晓川	营销顾问	900.0	600.0	1000.0	600.0		34.0	72.0			
2001009	张伟波	营销经理	1200.0	800.0	1500.0	600.0		74.0	39.0			
2001010	邹尚宇	营销顾问	900.0	600.0	1000.0	600.0		78.0	33.0			
2001011	吕民康	营销顾问	900.0	600.0	1000.0	600.0		67.0	61.0			
2001012	卢斌斌	营销顾问	900.0	600.0	1000.0	600.0		110.0	72.0			
2001013	马晓	营销顾问	900.0	600.0	1000.0	600.0		45.0	66.0			
2001013	安志浩	营销顾问	900.0	600.0	1000.0	600.0		76.0	62.0			
2001014	杨佳华	营销顾问	900.0	600.0	1000.0	600.0		27.0	51.0			

图 9-8 在"一月"工作表中输入原始数据

📖 **提示**

由于每个月的工资表中有许多数据(如员工编号、姓名、职务、基本工资、职务工资、地方补贴等)都是相同的,所以可向多个工作表中同时输入相同的数据,操作方法是:按住【Ctrl】键,单击要输入相同数据的工作表标签(选中要输入相同数据的工作表),然后输入数据,这样所有被选中的工作表中都输入了相同的数据。

当各工作表中的相同数据输入完毕后,一定要单击任一个工作表标签,既是确认输入,又是解除同时输入,以后再进行的操作,仅对当前工作表有效。

3. 使用公式计算

(1)计算每个职工的应发工资=(基本工资+职务工资+效益工资+地方补贴):单击 H3
单元格,在编辑栏中输入"=D3+E3+F3+G3",如图 9-9 所示。

图 9-9 在编辑栏中输入"=D3+E3+F3+G3"

（2）单击"确认"按钮 ✔（或按【Enter】键），可计算出第 1 位职工的应发工资（在 H3 单元格中显示 4100 元）。再选中 H3 单元格，拖动其右下角的填充柄 ✚，向下方拖动鼠标至最后一个记录，这样使每一个记录的"应发工资"都计算出来，如图 9-10 所示。

员工编号	姓名	职务	基本工资	职务工资	效益工资	地方补贴	应发工资	水电费	天然气	个人所得税	扣除总计	实发工资
\multicolumn{13}{c}{智新中维科技有限公司员工工资表}
2001001	张怡玲	营销经理	1200.0	800.0	1500.0	600.0	¥4,100.00	59.0	34.0			
2001002	宁九丁	营销助理	1000.0	600.0	500.0	600.0	¥2,700.00	56.0	42.0			
2001004	吕琪美	高级技工	1500.0	700.0	800.0	600.0	¥3,600.00	76.0	48.0			
2001005	刘义睿	工程师	1800.0	1000.0	800.0	600.0	¥4,200.00	120.0	57.0			
2001006	沈飞	技术主管	1500.0	800.0	800.0	600.0	¥3,700.00	54.0	65.0			
2001007	甄一凡	工程师	1600.0	1000.0	800.0	600.0	¥4,000.00	115.0	69.0			
2001008	邹晓川	营销顾问	900.0	600.0	1000.0	600.0	¥3,100.00	34.0	72.0			
2001009	张伟波	营销经理	1200.0	800.0	1500.0	600.0	¥4,100.00	74.0	39.0			
2001010	邹尚宇	营销顾问	900.0	600.0	1000.0	600.0	¥3,100.00	78.0	33.0			
2001011	吕民康	营销顾问	900.0	600.0	1000.0	600.0	¥3,100.00	67.0	61.0			
2001012	卢斌斌	营销顾问	900.0	600.0	1000.0	600.0	¥3,100.00	110.0	72.0			
2001013	马峻	营销顾问	900.0	600.0	1000.0	600.0	¥4,100.00	45.0	66.0			
2001013	安志浩	营销顾问	900.0	600.0	1000.0	600.0	¥3,100.00	76.0	62.0			
2001014	杨佳华	营销顾问	900.0	600.0	1000.0	600.0	¥3,100.00	27.0	51.0			

图 9-10　计算出每个职工的"应发工资"

（3）计算每个职工的个人所得税=（应发工资-2000）×0.05：单击 K3 单元格，在编辑栏中输入"=（H3-2000）×0.05"，单击"确认"按钮 ✔（或按【Enter】键）后，再选中 K3 单元格，拖动其右下角的填充柄 ✚，向下方拖动鼠标至最后一个记录，这样每一个记录的"个人所得税"都计算出来了，如图 9-11 和图 9-12 所示。

员工编号	姓名	职务	基本工资	职务工资	效益工资	地方补贴	应发工资	水电费	天然气	个人所得税	扣除总计	实发工资
\multicolumn{13}{c}{智新中维科技有限公司员工工资表}
2001001	张怡玲	营销经理	1200.0	800.0	1500.0	600.0	¥4,100.00	59.0	34.0	=(H3-2000)*0.05		
2001002	宁九丁	营销助理	1000.0	600.0	500.0	600.0	¥2,700.00	56.0	42.0			
2001004	吕琪美	高级技工	1500.0	700.0	800.0	600.0	¥3,600.00	76.0	48.0			

图 9-11　输入"个人所得税"公式

员工编号	姓名	职务	基本工资	职务工资	效益工资	地方补贴	应发工资	水电费	天然气	个人所得税	扣除总计	实发工资
\multicolumn{13}{c}{智新中维科技有限公司员工工资表}
2001001	张怡玲	营销经理	1200.0	800.0	1500.0	600.0	¥4,100.00	59.0	34.0	105.0		
2001002	宁九丁	营销助理	1000.0	600.0	500.0	600.0	¥2,700.00	56.0	42.0	35.0		
2001004	吕琪美	高级技工	1500.0	700.0	800.0	600.0	¥3,600.00	76.0	48.0	80.0		
2001005	刘义睿	工程师	1800.0	1000.0	800.0	600.0	¥4,200.00	120.0	57.0	110.0		
2001006	沈飞	技术主管	1500.0	800.0	800.0	600.0	¥3,700.00	54.0	65.0	85.0		
2001007	甄一凡	工程师	1600.0	1000.0	800.0	600.0	¥4,000.00	115.0	69.0	100.0		
2001008	邹晓川	营销顾问	900.0	600.0	1000.0	600.0	¥3,100.00	34.0	72.0	55.0		
2001009	张伟波	营销经理	1200.0	800.0	1500.0	600.0	¥4,100.00	74.0	39.0	105.0		
2001010	邹尚宇	营销顾问	900.0	600.0	1000.0	600.0	¥3,100.00	78.0	33.0	55.0		
2001011	吕民康	营销顾问	900.0	600.0	1000.0	600.0	¥3,100.00	67.0	61.0	55.0		
2001012	卢斌斌	营销顾问	900.0	600.0	1000.0	600.0	¥3,100.00	110.0	72.0	55.0		
2001013	马峻	营销顾问	900.0	600.0	1000.0	600.0	¥4,100.00	45.0	66.0	55.0		
2001013	安志浩	营销顾问	900.0	600.0	1000.0	600.0	¥3,100.00	76.0	62.0	55.0		
2001014	杨佳华	营销顾问	900.0	600.0	1000.0	600.0	¥3,100.00	27.0	51.0	55.0		

图 9-12　"个人所得税"结果

（4）单击"开始"→"数字"→"数字格式"下拉按钮，弹出下拉菜单，选择"货币"选项，则所选单元格的数字格式改为"货币"。

（5）用同样的方法，计算每一个人的"扣除总计""实发工资"。

扣除总计（L3）=水电费（I3）+天然气（J3）+个人所得税（K3）

实发工资（M3）=应发工资（H3）-扣除总计（L3）

计算并填入了"扣除总计""实发工资"的工资表，如图 9-13 所示。

员工编号	姓名	职务	基本工资	职务工资	效益工资	地方补贴	应发工资	水电费	天然气	个人所得税	扣除总计	实发工资
						智新中维科技有限公司员工工资表						
2001001	张怡玲	营销经理	1200.0	800.0	1500.0	600.0	￥4,100.00	59.0	34.0	105.0	198.0	￥3,902.00
2001002	宁九丁	营销助理	1000.0	600.0	500.0	600.0	￥2,700.00	56.0	42.0	35.0	133.0	￥2,567.00
2001004	吕琪美	高级技工	1500.0	700.0	800.0	600.0	￥3,600.00	76.0	48.0	80.0	204.0	￥3,396.00
2001005	刘义睿	工程师	1800.0	1000.0	800.0	600.0	￥4,200.00	120.0	57.0	110.0	287.0	￥3,913.00
2001006	沈飞	技术主管	1500.0	800.0	800.0	600.0	￥3,700.00	54.0	65.0	85.0	204.0	￥3,496.00
2001007	甄一凡	工程师	1600.0	1000.0	800.0	600.0	￥4,000.00	115.0	69.0	100.0	284.0	￥3,716.00
2001008	邹晓川	营销顾问	900.0	600.0	1000.0	600.0	￥3,100.00	34.0	72.0	55.0	161.0	￥2,939.00
2001009	张伟波	营销经理	1200.0	800.0	1500.0	600.0	￥4,100.00	74.0	39.0	105.0	218.0	￥3,882.00
2001010	邹尚宇	营销顾问	900.0	600.0	1000.0	600.0	￥3,100.00	78.0	33.0	55.0	166.0	￥2,934.00
2001011	吕民康	营销顾问	900.0	600.0	1000.0	600.0	￥3,100.00	67.0	61.0	55.0	183.0	￥2,917.00
2001012	卢斌斌	营销顾问	900.0	600.0	1000.0	600.0	￥3,100.00	110.0	72.0	55.0	237.0	￥2,863.00
2001013	马峻	营销顾问	900.0	600.0	1000.0	600.0	￥3,100.00	45.0	66.0	55.0	166.0	￥2,934.00
2001013	安志浩	营销顾问	900.0	600.0	1000.0	600.0	￥3,100.00	76.0	62.0	55.0	193.0	￥2,907.00
2001014	杨佳华	营销顾问	900.0	600.0	1000.0	600.0	￥3,100.00	27.0	51.0	55.0	133.0	￥2,967.00

图 9-13　计算并填入了"扣除总计""实发工资"的工资表

（6）选中所有的数字型数据，单击"开始"→"数字""增加小数位数"按钮，可以使所有的数据都保留一位小数。再选中除标题以外的所有数据，"居中"显示。

（7）按照案例给出的要求和上一节介绍的方法，调整列宽和行高，并加上边框线（注意表头和数据之间的边框线是粗线），如图 9-14 所示。

员工编号	姓名	职务	基本工资	职务工资	效益工资	地方补贴	应发工资	水电费	天然气	个人所得税	扣除总计	实发工资
						智新中维科技有限公司员工工资表						
2001001	张怡玲	营销经理	1200.0	800.0	1500.0	600.0	￥4,100.00	59.0	34.0	105.0	198.0	￥3,902.00
2001002	宁九丁	营销助理	1000.0	600.0	500.0	600.0	￥2,700.00	56.0	42.0	35.0	133.0	￥2,567.00
2001004	吕琪美	高级技工	1500.0	700.0	800.0	600.0	￥3,600.00	76.0	48.0	80.0	204.0	￥3,396.00
2001005	刘义睿	工程师	1800.0	1000.0	800.0	600.0	￥4,200.00	120.0	57.0	110.0	287.0	￥3,913.00
2001006	沈飞	技术主管	1500.0	800.0	800.0	600.0	￥3,700.00	54.0	65.0	85.0	204.0	￥3,496.00
2001007	甄一凡	工程师	1600.0	1000.0	800.0	600.0	￥4,000.00	115.0	69.0	100.0	284.0	￥3,716.00
2001008	邹晓川	营销顾问	900.0	600.0	1000.0	600.0	￥3,100.00	34.0	72.0	55.0	161.0	￥2,939.00
2001009	张伟波	营销经理	1200.0	800.0	1500.0	600.0	￥4,100.00	74.0	39.0	105.0	218.0	￥3,882.00
2001010	邹尚宇	营销顾问	900.0	600.0	1000.0	600.0	￥3,100.00	78.0	33.0	55.0	166.0	￥2,934.00
2001011	吕民康	营销顾问	900.0	600.0	1000.0	600.0	￥3,100.00	67.0	61.0	55.0	183.0	￥2,917.00
2001012	卢斌斌	营销顾问	900.0	600.0	1000.0	600.0	￥3,100.00	110.0	72.0	55.0	237.0	￥2,863.00
2001013	马峻	营销顾问	900.0	600.0	1000.0	600.0	￥3,100.00	45.0	66.0	55.0	166.0	￥2,934.00
2001013	安志浩	营销顾问	900.0	600.0	1000.0	600.0	￥3,100.00	76.0	62.0	55.0	193.0	￥2,907.00
2001014	杨佳华	营销顾问	900.0	600.0	1000.0	600.0	￥3,100.00	27.0	51.0	55.0	133.0	￥2,967.00

图 9-14　给工资表加上边框线

（8）计算"应发工资合计"：单击 D17 单元格（使之成为活动单元格，该单元格用来放应发工资合计），单击"开始"→"编辑"→"自动求和"按钮"Σ"。

（9）在命令菜单中单击"求和"命令按钮，将光标放在"应发工资"（H3:H16）列上拖动，此时在编辑栏中自动出现"=SUM（H3:H16）"，当然也可以直接在编辑栏中输入"=SUM（H3:H16）"，如图 9-15 所示。

（10）再一次单击"自动求和"按钮"Σ"，或按下【Enter】键，则在 D17 单元格中就存放了"应发工资合计"的结果。用同样的方法，将"扣除合计""实发工资合计"分别计算并放入 H17 和 M17 单元格，并在每一个求和数据的前面加上该表示数据意义的文字，如图 9-16 所示。

	A	B	C	D	E	F	G	H	I	J
1	智新中维科技有限公司员工工资表									
2	员工编号	姓名	职务	基本工资	职务工资	效益工资	地方补贴	应发工资	水电费	天然气
3	2001001	张怡玲	营销经理	1200.0	800.0	1500.0	600.0	¥4,100.00	59.0	34.0
4	2001002	宁九丁	营销助理	1000.0	600.0	500.0	600.0	¥2,700.00	56.0	42.0
5	2001004	吕琪美	高级技工	1500.0	700.0	800.0	600.0	¥3,600.00	76.0	48.0
6	2001005	刘义睿	工程师	1800.0	1000.0	800.0	600.0	¥4,200.00	120.0	57.0
7	2001006	沈飞	技术主管	1500.0	800.0	800.0	600.0	¥3,700.00	54.0	65.0
8	2001007	甄一凡	工程师	1600.0	1000.0	800.0	600.0	¥4,000.00	115.0	69.0
9	2001008	邹晓川	营销顾问	900.0	600.0	1000.0	600.0	¥3,100.00	34.0	72.0
10	2001009	张伟波	营销经理	1200.0	800.0	1500.0	600.0	¥4,100.00	74.0	39.0
11	2001010	邹尚宇	营销顾问	900.0	600.0	1000.0	600.0	¥3,100.00	78.0	33.0
12	2001011	吕民康	营销顾问	900.0	600.0	1000.0	600.0	¥3,100.00	67.0	61.0
13	2001012	卢斌斌	营销顾问	900.0	600.0	1000.0	600.0	¥3,100.00	110.0	72.0
14	2001013	马晓	营销顾问	900.0	600.0	1000.0	600.0	¥3,100.00	45.0	66.0
15	2001013	安志洁	营销顾问	900.0	600.0	1000.0	600.0	¥3,100.00	76.0	62.0
16	2001014	杨佳华	营销顾问	900.0	600.0	1000.0	600.0	¥3,100.00	27.0	51.0
17	应发工资合计：			=SUM(H3:H16)			扣除合计：			

图 9-15　用鼠标拖动求和

9	2001008	邹晓川	营销顾问	900.0	600.0	1000.0	600.0	¥3,100.00	34.0	72.0	55.0	161.0	¥2,939.00
10	2001009	张伟波	营销经理	1200.0	800.0	1500.0	600.0	¥4,100.00	74.0	39.0	105.0	218.0	¥3,882.00
11	2001010	邹尚宇	营销顾问	900.0	600.0	1000.0	600.0	¥3,100.00	78.0	33.0	55.0	166.0	¥2,934.00
12	2001011	吕民康	营销顾问	900.0	600.0	1000.0	600.0	¥3,100.00	67.0	61.0	55.0	183.0	¥2,917.00
13	2001012	卢斌斌	营销顾问	900.0	600.0	1000.0	600.0	¥3,100.00	110.0	72.0	55.0	237.0	¥2,863.00
14	2001013	马晓	营销顾问	900.0	600.0	1000.0	600.0	¥3,100.00	45.0	66.0	55.0	166.0	¥2,934.00
15	2001013	安志洁	营销顾问	900.0	600.0	1000.0	600.0	¥3,100.00	76.0	62.0	55.0	193.0	¥2,907.00
16	2001014	杨佳华	营销顾问	900.0	600.0	1000.0	600.0	¥3,100.00	27.0	51.0	55.0	133.0	¥2,967.00
17	应发工资合计：			¥48,100.00		扣除合计：			2,767.00		实发工资合计：		=SUM(M3:M16)	
18													SUM(number1, [number2], ...)	

图 9-16　计算出的工资统计结果

（11）到此一月份的工资表制作完成，单击二月～十二月份的工资表标签，进行同样的操作，可将二月至十二月份的工作表制作完成。

（12）十二个月的工资表都制作完成后，可将其保存为一个工作簿文件"晨曦科技有限公司员工 2011 年工资表"。

4．排序和筛选

（1）对实发工资按由高到低进行排序。单击"开始"→"编辑"→"排序和筛选"按钮，在弹出的下拉菜单中选择"自定义排序"选项，如图 9-17 所示，弹出"排序"对话框，如图 9-18 所示。从"主要关键字"下拉菜单中选择"实发工资"选项，从"排序依据"下拉菜单中选择"数值"选项，从"次序"下拉菜单中选择"降序"选项。

图 9-17　"排序和筛选"按钮

图 9-18　"排序"对话框

（2）单击"确定"按钮，排序后的工资表如图 9-19 所示。

智新中维科技有限公司员工工资表												
员工编号	姓名	职务	基本工资	职务工资	效益工资	地方补贴	应发工资	水电费	天然气	个人所得税	扣除总计	实发工资
2001005	刘义睿	工程师	1800.0	1000.0	800.0	600.0	¥4,200.00	120.0	57.0	110.0	287.0	¥3,913.00
2001001	张怡玲	营销经理	1200.0	800.0	1500.0	600.0	¥4,100.00	59.0	34.0	105.0	198.0	¥3,902.00
2001009	张伟波	营销经理	1200.0	800.0	1500.0	600.0	¥4,100.00	74.0	39.0	105.0	218.0	¥3,882.00
2001007	甄一凡	工程师	1600.0	1000.0	800.0	600.0	¥4,000.00	115.0	69.0	100.0	284.0	¥3,716.00
2001006	沈飞	技术主管	1500.0	800.0	800.0	600.0	¥3,700.00	54.0	65.0	85.0	204.0	¥3,496.00
2001004	吕琪美	高级技工	1500.0	700.0	800.0	600.0	¥3,600.00	76.0	48.0	80.0	204.0	¥3,396.00
2001014	杨佳华	营销顾问	900.0	600.0	1000.0	600.0	¥3,100.00	27.0	51.0	55.0	133.0	¥2,967.00
2001008	邹晓川	营销顾问	900.0	600.0	1000.0	600.0	¥3,100.00	34.0	72.0	55.0	161.0	¥2,939.00
2001010	邹尚宇	营销顾问	900.0	600.0	1000.0	600.0	¥3,100.00	78.0	33.0	55.0	166.0	¥2,934.00
2001013	马骏	营销顾问	900.0	600.0	1000.0	600.0	¥3,100.00	45.0	66.0	55.0	166.0	¥2,934.00
2001011	吕民康	营销顾问	900.0	600.0	1000.0	600.0	¥3,100.00	67.0	61.0	55.0	183.0	¥2,917.00
2001013	安志浩	营销顾问	900.0	600.0	1000.0	600.0	¥3,100.00	76.0	62.0	55.0	193.0	¥2,907.00
2001012	卢斌斌	营销顾问	900.0	600.0	1000.0	600.0	¥3,100.00	110.0	72.0	55.0	237.0	¥2,863.00
2001002	宁九丁	营销助理	1000.0	600.0	500.0	600.0	¥2,700.00	56.0	42.0	35.0	133.0	¥2,567.00
应发工资合计：			¥48,100.00			扣除合计：			2,767.00		实发工资合计：	¥45,333.00

图 9-19　排序后的工资表

（3）筛选出"实发工资"大于或等于 3000 元的员工。单击"开始"→"编辑"→"排序和筛选"按钮，弹出下拉菜单，选择"筛选"选项，如图 9-20 所示。工资表中的"实发工资"表头如图 9-21 所示。

图 9-20　"筛选"选项

图 9-21　"实发工资"表头

（4）单击"实发工资"表头的按钮▼，在弹出的下拉菜单中选择"数字筛选"→"大于或等于"选项，如图 9-22 所示。

（5）弹出"自定义自动筛选方式"对话框，如图 9-23 所示。

图 9-22　"大于或等于"选项

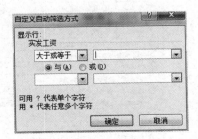

图 9-23　"自定义自动筛选方式"对话框

（6）在对话框中的"大于或等于"后输入"3000"，单击"确定"按钮，筛选出实发工资大于或等于3000元的员工，如图9-24所示。

员工编号	姓名	职务	基本工资	职务工资	效益工资	地方补贴	应发工资	水电费	天然气	个人所得税	扣除总计	实发工资
2001005	刘义睿	工程师	1800.0	1000.0	800.0	600.0	￥4,200.00	120.0	57.0	110.0	287.0	￥3,913.00
2001001	张怡玲	营销经理	1200.0	800.0	1500.0	600.0	￥4,100.00	59.0	34.0	105.0	198.0	￥3,902.00
2001009	张伟波	营销经理	1200.0	800.0	1500.0	600.0	￥4,100.00	74.0	39.0	105.0	218.0	￥3,882.00
2001007	甄一凡	工程师	1600.0	1000.0	800.0	600.0	￥4,000.00	115.0	69.0	100.0	284.0	￥3,716.00
2001006	沈飞	技术主管	1500.0	800.0	800.0	600.0	￥3,700.00	54.0	65.0	85.0	204.0	￥3,496.00
2001004	吕琪美	高级技工	1500.0	700.0	800.0	600.0	￥3,600.00	76.0	48.0	80.0	204.0	￥3,396.00
应发工资合计：			￥48,100.00		扣除合计：			2,767.00		实发工资合计：		￥45,333.00

图9-24 实发工资大于或等于3000元的员工

> 📖 **提示**
>
> 若在筛选后打印，那么只会打印出筛选后的结果，并不会打印出被隐藏的数据。若要取消筛选，只要再次单击"开始"→"编辑"→"排序和筛选"按钮，在弹出的下拉菜单中选择"筛选"选项即可。

5. 分类汇总

（1）分类汇总不同职务员工的实发工资平均工资。选中 A2∶M16 区域，单击"开始"→"编辑"→"排序和筛选"按钮，在弹出的下拉菜单中选择"自定义排序"选项。"主要关键字"选择"职务"，"排序依据"选择"数值"，"次序"选择"升序"。单击"确定"按钮，排序效果如图9-25所示。

员工编号	姓名	职务	基本工资	职务工资	效益工资	地方补贴	应发工资	水电费	天然气	个人所得税	扣除总计	实发工资
2001004	吕琪美	高级技工	1500.0	700.0	800.0	600.0	￥3,600.00	76.0	48.0	80.0	204.0	￥3,396.00
2001005	刘义睿	工程师	1800.0	1000.0	800.0	600.0	￥4,200.00	120.0	57.0	110.0	287.0	￥3,913.00
2001007	甄一凡	工程师	1600.0	1000.0	800.0	600.0	￥4,000.00	115.0	69.0	100.0	284.0	￥3,716.00
2001006	沈飞	技术主管	1500.0	800.0	800.0	600.0	￥3,700.00	54.0	65.0	85.0	204.0	￥3,496.00
2001014	杨佳华	营销顾问	900.0	600.0	1000.0	600.0	￥3,100.00	27.0	51.0	55.0	133.0	￥2,967.00
2001008	邹晓川	营销顾问	900.0	600.0	1000.0	600.0	￥3,100.00	34.0	72.0	55.0	161.0	￥2,939.00
2001010	邹尚宇	营销顾问	900.0	600.0	1000.0	600.0	￥3,100.00	78.0	33.0	55.0	166.0	￥2,934.00
2001013	马晓	营销顾问	900.0	600.0	1000.0	600.0	￥3,100.00	45.0	66.0	55.0	166.0	￥2,934.00
2001011	吕民康	营销顾问	900.0	600.0	1000.0	600.0	￥3,100.00	67.0	61.0	55.0	183.0	￥2,917.00
2001013	安志浩	营销顾问	900.0	600.0	1000.0	600.0	￥3,100.00	76.0	62.0	55.0	193.0	￥2,907.00
2001012	卢斌斌	营销顾问	900.0	600.0	1000.0	600.0	￥3,100.00	110.0	72.0	55.0	237.0	￥2,883.00
2001001	张怡玲	营销经理	1200.0	800.0	1500.0	600.0	￥4,100.00	59.0	34.0	105.0	198.0	￥3,902.00
2001009	张伟波	营销经理	1200.0	800.0	1500.0	600.0	￥4,100.00	74.0	39.0	105.0	218.0	￥3,882.00
2001002	宁九丁	营销助理	1000.0	600.0	500.0	600.0	￥2,700.00	56.0	42.0	35.0	133.0	￥2,567.00
应发工资合计：			￥48,100.00		扣除合计：			2767.0		实发工资合计：		￥45,333.00

图9-25 排序效果

（2）选择 C2"职务"单元格，单击"数据"→"分级显示"→"分类汇总"按钮。"分类字段"选择"职务"，"汇总方式"选择"平均值"，"选定汇总项"选择"实发工资"，勾选"替换当前分类汇总""汇总结果显示在数据下方"复选框，如图 9-26 所示。

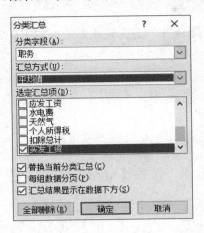

图 9-26　"分类汇总"对话框

（3）单击"确定"按钮，汇总结果如图 9-27 所示。预览后如样张所示，至此本任务全部完成。

5	2001005	刘义睿	工程师	1800.0	1000.0	800.0	600.0	¥4,200.00	120.0	57.0	110.0	287.0	¥3,913.00
6	2001007	甄一凡	工程师	1600.0	1000.0	800.0	600.0	¥4,000.00	115.0	69.0	100.0	284.0	¥3,716.00
7			工程师 平均值										¥3,814.50
8	2001006	沈飞	技术主管	1500.0	800.0	800.0	600.0	¥3,700.00	54.0	65.0	85.0	204.0	¥3,496.00
9			技术主管 平均值										¥3,496.00
10	2001014	杨佳华	营销顾问	900.0	600.0	1000.0	600.0	¥3,100.00	27.0	51.0	55.0	133.0	¥2,967.00
11	2001008	邹晓川	营销顾问	900.0	600.0	1000.0	600.0	¥3,100.00	34.0	72.0	55.0	161.0	¥2,939.00
12	2001010	邹尚宇	营销顾问	900.0	600.0	1000.0	600.0	¥3,100.00	78.0	33.0	55.0	166.0	¥2,934.00
13	2001013	马晓	营销顾问	900.0	600.0	1000.0	600.0	¥3,100.00	45.0	66.0	55.0	166.0	¥2,934.00
14	2001011	吕民康	营销顾问	900.0	600.0	1000.0	600.0	¥3,100.00	67.0	61.0	55.0	183.0	¥2,917.00
15	2001013	安志浩	营销顾问	900.0	600.0	1000.0	600.0	¥3,100.00	76.0	62.0	55.0	193.0	¥2,907.00
16	2001012	卢斌斌	营销顾问	900.0	600.0	1000.0	600.0	¥3,100.00	110.0	72.0	55.0	237.0	¥2,863.00
17			营销顾问 平均值										¥2,923.00
18	2001001	张怡玲	营销经理	1200.0	800.0	1500.0	600.0	¥4,100.00	59.0	34.0	105.0	198.0	¥3,902.00
19	2001009	张伟波	营销经理	1200.0	800.0	1500.0	600.0	¥4,100.00	74.0	39.0	105.0	218.0	¥3,882.00
20			营销经理 平均值										¥3,892.00
21	2001002	宁九丁	营销助理	1000.0	600.0	500.0	600.0	¥2,700.00	56.0	42.0	35.0	133.0	¥2,567.00
22			营销助理 平均值										¥2,567.00
23			总计平均值										¥3,238.07

图 9-27　分类汇总后的结果

 知识解析

1．工作表的基本操作

（1）切换工作表。

虽然一个工作簿由多个工作表组成，但在同一个工作簿窗口中只能显示一个工作表。用户可以通过切换方式来使用其他工作表。切换的基本操作方法如下。

① 单击某个工作表标签，则该工作表被激活，成为当前工作表。

② 如果所需的工作表标签没有显示在工作表上，可单击底部的标签方向键，如图 9-28 所示。

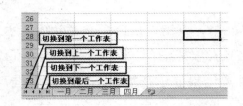

图 9-28　工作表底部的标签方向键

（2）选中工作表。

在对工作表操作前，需要先选中工作表。在 Excel 2010 中选中工作表的方法有以下几种。

① 单击某个工作表标签可选中单张工作表。

② 先单击第一张工作表标签，按住【Shift】键单击另一张工作表的标签，可选中这两张工作表之间的所有工作表。

③ 先单击第一张工作表标签，按住【Ctrl】键单击其他工作表的标签，可选中所单击的所有工作表。

④ 右击任意工作表标签，在弹出的快捷菜单中选择"选定全部工作表"选项，可选中工作簿中的所有工作表。

选中后的工作表标签将呈白色显示。

（3）移动或复制工作表。

在 Excel 2010 中，既可以将工作表移动或复制到同一个工作簿中，也可以到不同的工作簿中。

操作方法如下。

① 如果工作表的移动或复制是在同一个工作簿中进行，打开该工作簿即可，如果移动或复制是在不同的工作簿中进行，则需打开源工作簿和目标工作簿。

② 在源工作簿中选中需要移动的工作表标签，右键单击工作表标签，在弹出的快捷菜单中选择"移动或复制"选项，弹出"移动或复制工作表"对话框。

③ 在"移动或复制工作表"对话框中，选择要复制或移动的目标工作簿和要将工作表插到目标工作簿的那个工作表之前，如果选中"建立副本"前面的复选框进行的是复制操作，清除该复选框进行的是移动操作。

④ 各种设置完成后，单击"确定"按钮，完成"移动或复制工作表"的操作。

（4）添加工作表。

在通常情况下，工作簿有 3 张工作表，用户可根据需要添加工作表，有以下两种方法。

① 选中一张或多张工作表，在任一个工作表标签上右击，在弹出的快捷菜单中选择"插入"选项，弹出"插入"对话框，选择"常用"→"工作表"选项，单击"确定"按钮。插入的工作表与选中的工作表的数量相同。

② 在 Excel 2010 的工作表标签处单击"插入工作表"按钮，可在当前工作簿中插入一张工作表。

（5）对工作表重命名。

默认情况下，Excel 会自动给每一个工作表取名为"Sheet1""Sheet2""Sheet3"……，如果需要，可以对工作表重新命名，有两种操作方法。

① 双击要重命名的工作表标签，然后输入新的名称。

② 在需要重命名的工作表标签上右击，在弹出的快捷菜单中选择"重命名"选项，然后输入新的名称。

（6）删除工作表。

删除工作表有两种方法。

① 在需要删除工作表的标签上右击，在弹出的快捷菜单中选择"删除"选项。

② 选中需要删除的工作表，选择"开始"→"单元格"→"删除"→"删除工作表"选项。

（7）隐藏工作表。

如果当前工作簿中有许多工作表，可将暂时不用的工作表隐藏起来，操作方法是：在需要隐藏的工作表标签上右击，在弹出的快捷菜单中选择"隐藏"选项，如图 9-29 所示。工作表隐藏后，其对应的工作表标签将消失，因此无法对该工作表进行任何操作。

如果要重新显示被隐藏的工作表，右击工作表标签，在弹出的快捷菜单中选择"取消隐藏"选项，如图 9-30 所示，这时屏幕会弹出如图 9-31 所示的"取消隐藏"对话框，选中要取消隐藏的工作表，单击"确定"按钮。

　　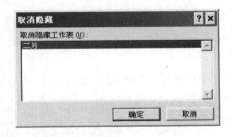

图 9-29　"隐藏"选项　　　图 9-30　"取消隐藏"选项　　　图 9-31　"取消隐藏"对话框

2. 公式和函数

用 Excel 制作的表格往往需要有数据的计算和统计，如求工资的总和、求平均工资、求学生考试成绩的最高分和最低分等。Excel 2010 具有非常强的计算和统计功能，从简单的四则运算，到复杂的财务计算、统计分析，都能轻松解决。

（1）公式。

在 Excel 2010 中，所有的计算都可以靠"公式"来完成，Excel 2010 的公式就是对工作表中的数值进行计算的表达式，它以"="开头，并由一些数值和运算符号组成，这里所说的数值，不仅包括普通的常数，还包括单元格名称及 Excel 函数，而运算符号不仅包括算术运算符（加减乘除），还包括比较运算符和文本运算符。

要判断一个单元格的内容是不是公式很简单，只要看到最前面有一个"="，那肯定就是公式，同样，如果要在一个单元格中创建公式，一定不要忘了应以"="开始。

（2）函数。

函数是 Excel 2010 中已经定义好的计算公式，Excel 2010 提供了大量和实用的函数，基本满足了财务、统计及各管理部门日常统计和计算工作的需要。

一个函数由两部分组成，函数名称和函数的参数。函数名称表明函数的功能，函数的参数参与运算的数值及范围和条件。例如，SUM 是求和函数，SUM（10，20，30）的意思是将括号中的 3 个数求和，SUM（A3:D3）是将 A3:D3 单元格区域中的数值求和。

单击 Excel 2010 中的"公式"选项卡，可看到 Excel 2010 的函数库提供的所有函数。单击任意一个函数类型，就打开该类型的所有函数，将鼠标放置在某函数上，可出现该函数的相关说明，单击即选择了该函数，选择求和函数 SUM，如图 9-32 所示。这时会弹出让输入该函数参数的对话框，在对话框中输入相关数据，单击"确定"按钮，就会在单元格中得到该函数的运行结果。求 4 个数（10、20、30、40）的和，如图 9.33 所示。

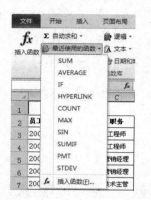

图 9-32　选择求和函数 SUM　　　　　　图 9-33　求 4 个数的和

（3）输入及编辑公式。

输入公式的方法如下。

单击将要在其输入公式的单元格，该单元格将存放公式的计算结果。

① 输入一个"="，然后在其后输入公式。

② 公式输入完后，按【Enter】键，该公式的计算结果会出现在选定的单元格中。

如果要编辑和修改公式，只需在编辑栏中修改即可，要删除公式，也可在编辑栏中进行。

（4）公式的复制。

与数据的复制一样，单元格中的公式也是可以复制的，单击有输入公式的单元格，鼠标指向其右下角的填充柄 ✚，按住左键拖动，可把该公式的格式复制到所选择的单元格里。

3. 常用函数的使用

在日常的统计和计算工作中，用的最多的还是如求和、求平均、求最大最小等计算，Excel2010 为这些常用的计算设置了最方便的操作方法，称之为"常用函数"。

（1）求和（SUM）。

对工作表某些单元格中数据求和的步骤如下。

① 选择准备放求和结果的单元格，如图 9-34 中的 I5 单元格。

② 单击“开始”→“编辑”→“自动求和”按钮Σ，在弹出的快捷菜单中选择“求和”选项Σ。如图 9-35 所示。

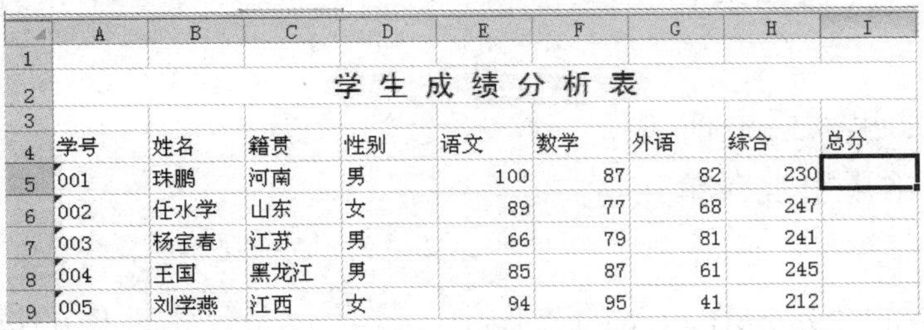

学号	姓名	籍贯	性别	语文	数学	外语	综合	总分
001	珠鹏	河南	男	100	87	82	230	
002	任水学	山东	女	89	77	68	247	
003	杨宝春	江苏	男	66	79	81	241	
004	王国	黑龙江	男	85	87	61	245	
005	刘学燕	江西	女	94	95	41	212	

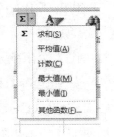

图 9-34　选择存放求和结果的单元格（I5）

图 9-35　“求和”选项

③ 选择预求和的区域，用鼠标在预进行求和计算的单元格上拖动，如图 9-36 所示。单元格外边会有闪动的虚线显示拖过的求和区域。

④ 按【Enter】键，求和结果出现在 I5 单元格中，如图 9-37 所示。

⑤ 光标指向 I5 单元格右下角的填充柄＋，向下拖动，可将公式复制到 I 列的所有单元格中，即求出所有学生的总分，如图 9-38 所示。

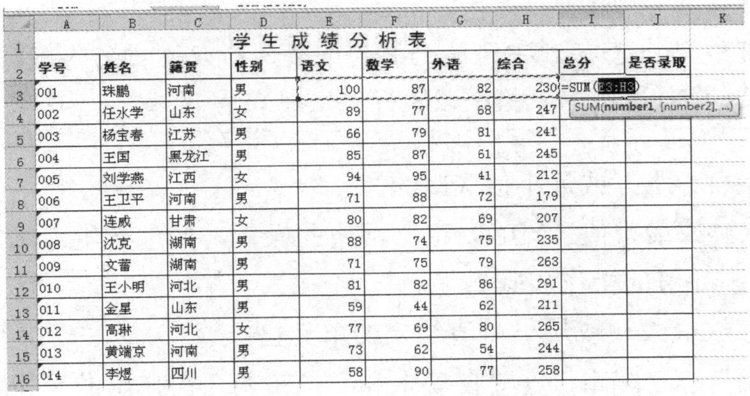

学号	姓名	籍贯	性别	语文	数学	外语	综合	总分	是否录取
001	珠鹏	河南	男	100	87	82	230	=SUM(E3:H3)	
002	任水学	山东	女	89	77	68	247	SUM(number1, [number2], ...)	
003	杨宝春	江苏	男	66	79	81	241		
004	王国	黑龙江	男	85	87	61	245		
005	刘学燕	江西	女	94	95	41	212		
006	王卫平	河南	男	71	88	72	179		
007	连威	甘肃	女	80	82	69	207		
008	沈克	湖南	男	88	74	75	235		
009	文蕾	湖南	男	71	75	79	263		
010	王小明	河北	男	81	82	86	291		
011	金星	山东	男	59	44	62	211		
012	高琳	河北	女	77	69	80	265		
013	黄端京	河南	男	73	62	54	244		
014	李煜	四川	男	58	90	77	258		

图 9-36　在预进行求和的单元格上拖动

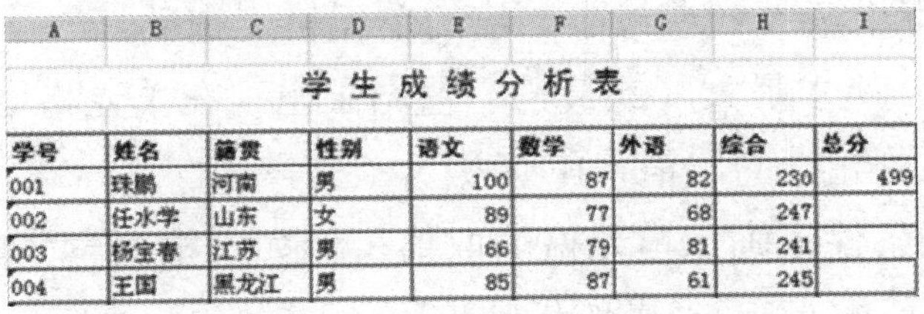

学号	姓名	籍贯	性别	语文	数学	外语	综合	总分
001	珠鹏	河南	男	100	87	82	230	499
002	任水学	山东	女	89	77	68	247	
003	杨宝春	江苏	男	66	79	81	241	
004	王国	黑龙江	男	85	87	61	245	

图 9-37　求和结果出现在 I5 单元格中

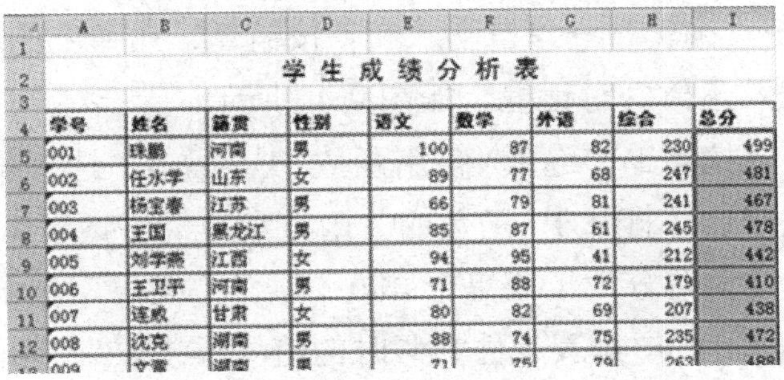

学号	姓名	籍贯	性别	语文	数学	外语	综合	总分
001	珠鹏	河南	男	100	87	82	230	499
002	任水学	山东	女	89	77	68	247	481
003	杨宝春	江苏	男	66	79	81	241	467
004	王国	黑龙江	男	85	87	61	245	478
005	刘学燕	江西	女	94	95	41	212	442
006	王卫平	河南	男	71	88	72	179	410
007	连威	甘肃	女	80	82	69	207	438
008	沈克	湖南	男	88	74	75	235	472

图 9-38　求出所有学生的总分

（2）求平均值（AVERAGE）。

求平均与求和的操作方法类似。

① 选择准备放平均结果的单元格。

② 单击"开始"→"编辑"→"自动求和"按钮 Σ，在弹出的下拉菜单中选择"平均值"选项。

③ 用鼠标在欲进行求平均值的单元格上拖动。

④ 按【Enter】键，所求平均结果出现在单元格中。

（3）计数（COUNT）。

所谓计数，是统计所选单元格的个数。在日常的工作中，计数也是经常要做的操作之一，如统计学生人数，统计课程门数等。计数的操作步骤如下。

① 选择准备放计数结果的单元格。

② 单击"开始"→"编辑"→"自动求和"按钮 Σ，在弹出的下拉菜单中选择"计数"选项。

③ 用鼠标在进行计数统计的单元格上拖动。

④ 按【Enter】键，所求的计数结果出现在单元格中。

> 📖 **提示**
>
> 计数操作只能统计出含有数字的单元格的个数，所以在进行人数统计时，不能选择"姓名"列，而要选择与这些单元格个数相等的其他数字区域。

（4）求最大值（MAX）或最小值（MIN）。

求最大（MAX）或最小值（MIN）也是常用的操作，如求学生考试的最高分、最低分等。求最大（或最小）值的操作步骤如下。

① 选择准备存放最大（或最小）值结果的单元格。

② 单击"开始"→"编辑"→"自动求和"按钮 Σ，在弹出的下拉菜单中选择"最大值"（或"最小值"）选项。

③ 用鼠标在欲进行求最大（或最小）值的单元格上拖动。

④ 按【Enter】键，所求最大（或最小）值结果出现在单元格中。

（5）根据条件确定单元格的取值（IF 函数）。

有时我们需要根据条件来确定单元格的取值。例如，根据学生的高考成绩确定是否录取，这时需要用到条件函数（IF）。操作步骤如下。

① 选择准备存放结果的单元格，如图 9-39 所示的 J3 单元格。

② 单击"开始"→"编辑"→"自动求和"按钮 Σ，在弹出的下拉菜单中选择"其他函数"选项，弹出"插入函数"对话框，如图 9-40 所示。

③ 在"选择类别"下拉菜单中选择"常用函数"选项，在"选择函数"列表中选择"IF"选项，单击"确定"按钮后，打开 IF 函数的"函数参数"对话框。在 Logical_test 中输入判定条件"I3>=480"，意为总分大于或等于 480 分，在 Value_if_true 中输入条件为真时的值"录取"；在 Value_if_false 中输入条件为假时的值"不录取"，如图 9-41 所示。

④ 单击"确定"按钮，此时根据判断在 J3 单元格中填为"录取"，如图 9-42 所示。

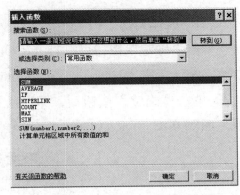

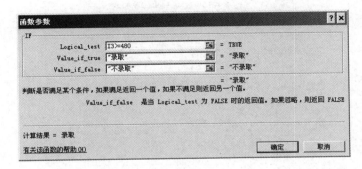

图 9-39　选择准备存放结果的单元格　　　　　图 9-40　"插入函数"对话框

图 9-41　"函数参数"对话框

图 9-42　在"是否录取"单元格中填为"录取"

⑤ 光标指向 J3 单元格右下角的填充柄 **＋**，向下拖动，可将公式复制到 J 列的所记录的"是否录取"列中填入"录取"或"不录取"，如图 9-43 所示。

图 9-43　利用填充柄"+"填充"是否录取"列

（6）统计满足条件的单元格数目（COUNTIF 函数）。

在工作中用户常需要统计出满足条件的单元格数量。例如，统计出本高校录取的人数多少，这就需要用到条件统计函数。操作步骤如下。

① 选择准备存放结果的单元格。

② 单击"开始"→"编辑"→"自动求和"按钮 Σ，在弹出的菜单中选择"其他函数"选项，弹出"插入函数"对话框。

③ 在"选择类别"下拉菜单中选择"统计"选项，在"选择函数"列表中选择"COUNTIF"选项，单击"确定"按钮后，打开 COUNTIF 函数的"函数参数"对话框，在"Range"文本框中输入统计范围"J3:J16"，在"Criteria"文本框中输入条件"录取"，如图 9-44 所示。

④ 单击"确定"按钮后，即可统计出在 J3:J16 单元格区域内值为"录取"的单元格是多少，如图 9-45 所示的 E18 单元格中的数字 6。

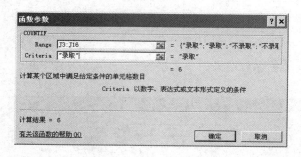

图 9-44　COUNTIF 函数的"函数参数"对话框

	学号	姓名	籍贯	性别	语文	数学	外语	综合	总分	是否录取
				学 生 成 绩 分 析 表						
3	001	珠鹏	河南	男	100	87	82	230	499	录取
4	002	任水学	山东	女	89	77	68	247	481	录取
5	003	杨宝春	江苏	男	66	79	81	241	467	不录取
6	004	王国	黑龙江	男	85	87	61	245	478	不录取
7	005	刘学燕	江西	女	94	95	41	212	442	不录取
8	006	王卫平	河南	男	71	88	72	179	410	不录取
9	007	连威	甘肃	女	80	82	69	207	438	不录取
10	008	沈克	湖南	男	88	74	75	235	472	不录取
11	009	文蕾	湖南	男	71	75	79	263	488	录取
12	010	王小明	河北	男	81	82	86	291	540	录取
13	011	金星	山东	男	59	44	62	211	376	不录取
14	012	高琳	河北	女	77	69	80	265	491	录取
15	013	黄端京	河南	男	73	62	54	244	433	不录取
16	014	李煜	四川	男	58	90	77	258	483	录取
18				录取人数：	6					

图 9-45　统计出"录取人数"

4．排序和筛选

（1）表格中数据的排序。

在工作中经常需要按表格中的数据进行排序，如按学生的考试总分从高到低排序等。对表格进行排序的操作步骤如下。

① 打开需要进行排序操作的工作表（如"学生成绩分析表"）。

② 单击作为排序依据的列中的任意单元格（如"总分"列）。

③ 单击"开始"→"编辑"→"排序和筛选"按钮。

④ 选择菜单中的"降序"选项，按总分降序排序的效果如图 9-46 所示。

	学号	姓名	籍贯	性别	语文	数学	外语	综合	总分	是否录取
				学 生 成 绩 分 析 表						
3	010	王小明	河北	男	81	82	86	291	540	录取
4	001	珠鹏	河南	男	100	87	82	230	499	录取
5	012	高琳	河北	女	77	69	80	265	491	录取
6	009	文蕾	湖南	男	71	75	79	263	488	录取
7	014	李煜	四川	男	58	90	77	258	483	录取
8	002	任水学	山东	女	89	77	68	247	481	录取
9	004	王国	黑龙江	男	85	87	61	245	478	不录取
10	008	沈克	湖南	男	88	74	75	235	472	不录取
11	003	杨宝春	江苏	男	66	79	81	241	467	不录取
12	005	刘学燕	江西	女	94	95	41	212	442	不录取
13	007	连威	甘肃	女	80	82	69	207	438	不录取
14	013	黄端京	河南	男	73	62	54	244	433	不录取
15	006	王卫平	河南	男	71	88	72	179	410	不录取
16	011	金星	山东	男	59	44	62	211	376	不录取

图 9-46　按总分降序排序的效果

（2）表格数据的筛选。

在工作中还需要对表格中的数据进行筛选，如将被录取的学生筛选出来等。对表格进行筛选的操作步骤如下。

① 打开需要进行排序操作的工作表（如"学生成绩分析表"）。

② 单击作为筛选依据的列的任意单元格（如"是否录取"列）。

③ 单击"开始"→"编辑"→"排序和筛选"按钮，在弹出的筛选菜单中选择"筛选"选项，"学生成绩分析表"变为如图 9-47 所示。其中，在表头文字的右边出现了一个下拉箭头。

	学号	姓名	籍贯	性别	语文	数学	外语	综合	总分	是否录取
					学 生 成 绩 分 析 表					
3	010	王小明	河北	男	81	82	86	291	540	录取
4	001	珠鹏	河南	男	100	87	82	230	499	录取
5	012	高琳	河北	女	77	69	80	265	491	录取
6	009	文蕾	湖南	男	71	75	79	263	488	录取
7	014	李煜	四川	男	58	90	77	258	483	录取
8	002	任水学	山东	女	89	77	68	247	481	录取

图 9-47　"筛选"后的表格

④ 单击"是否录取"后的下拉箭头，弹出筛选菜单。

⑤ 仅选择"录取"复选框，单击"确定"按钮，即可将"录取"的记录筛选出来，如图 9-48 所示。

	学号	姓名	籍贯	性别	语文	数学	外语	综合	总分	是否录取
					学 生 成 绩 分 析 表					
3	010	王小明	河北	男	81	82	86	291	540	录取
4	001	珠鹏	河南	男	100	87	82	230	499	录取
5	012	高琳	河北	女	77	69	80	265	491	录取
6	009	文蕾	湖南	男	71	75	79	263	488	录取
7	014	李煜	四川	男	58	90	77	258	483	录取
8	002	任水学	山东	女	89	77	68	247	481	录取
17/18			录取人数:		6					

图 9-48　将"录取"的记录筛选出来

5．单元格地址的引用

在使用 Excel 公式与函数计算表格数据中，都是靠引用单元格获取其中的数据，在 Excel 2010 中，有 A1 和 R1C1 两种引用类型，还包括相对引用、绝对引用和混合引用三种引用方式。

（1）A1 引用类型。

Excel 2010 中默认的状态是 A1 引用类型（R1C1 引用类型须在"Excel 选项"中设置，在此不再讲解），它使用行标和列标的组合方式表示单元格的引用名称。如"B5"表示引用了 B 列 5 行交叉处的单元格，"A1:C7"表示引用了 A1 单元格至 C7 单元格所构成的矩形区域。单元格区域引用可用公式表示为"区域左上角的单元格名称+英文半角冒号（：）+区域右下角单元格名称"（其中"+"不输入）。

（2）相对引用单元格。

相对引用也称为相对地址，它用列标与行标直接表示单元格，如果某个单元格内的公式被复制到另一个单元格，原来单元格内的地址在新单元格中发生相应的变化，就需要用相对引用来实现。如 A1 单元格的公式为"=SUM(B1+B2)"，那么把 A1 单元格中的内容复制到 A2 单元格后将得到公式"=SUM(B2+B3)"。

（3）绝对引用单元格。

如果希望在移动或复制公式后，仍然使用原来单元格或单元格区域中的数据（如给班级中每个同学排名次），就需要使用绝对引用。在使用单元格的绝对引用时须在单元格的列标与行标前加"$"符号。如 A1 单元格的公式为"=SUM($B$1+$B$2)"，那么把 A1 单元格中的内容复制到 A2 单元格后将得到公式"=SUM($B$1+$B$2)"。

> 📖 **提示**
>
> 在使用绝对引用时，如果列标或行标相同，可将相同列标或行标前的"$"符号省略。如："=SUM($B$1+$B$2)"中列标相同，可略写为"=SUM(B$1+B$2)"。

（4）混合引用单元格。

如果将相对引用与绝对引用混合使用，即为混合引用。在混合引用中绝对引用部分保持不变，而相对引用的部分将发生相应的变化。如 A1 单元格的公式为"=SUM(B1+B2+$C$4)"，那么把 A1 单元格中的内容复制到 A2 单元格后将得到公式"=SUM(B2+B3+$C$4)"。

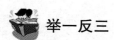 **举一反三**

学生进行了期末考试，学校为进一步调整教学计划，了解学生掌握知识的情况，要求制作期末考试成绩表，内容包括语文、数学、外语、政治、计算机分数，要求计算出总分和平均分；对学生按总分由高到低排序，平均分大于等于 80 分的为"优秀"，80～70 分（含80）为"良好"，70～60 分（不含 70 分）为"及格"，小于 60 分的为"不及格"；期末考试成绩表如图 9-49 所示；统计男生和女生的平均值及总计平均值，如图 9-50 所示。

学号	姓名	籍贯	性别	语文	数学	外语	政治	计算机	总分	平均分	评语
						期末考试成绩表					
001	王鹏	河南	男	100	87	82	88.5	66	423.5	84.7	优秀
007	连鹏举	甘肃	女	80	82	69	93	97	421	84.2	优秀
009	文静	湖南	男	71	75	79	86	98	409	81.8	优秀
008	沈洋	湖南	男	88	74	75	79	90	406	81.2	优秀
010	韩小明	河北	男	81	82	86	70	79	398	79.6	良好
002	任高阳	山东	女	89	77	68	79	81	394	78.8	良好
014	李朔	四川	男	58	90	77	76	89	390	78	良好
003	杨春玲	江苏	男	66	79	81	83	80	389	77.8	良好
004	王国文	黑龙江	男	85	87	61	77	73	383	76.6	良好
006	汤卫平	河南	男	71	88	72	62	90	383	76.6	良好
012	高欣欣	河北	女	77	69	80	67	80	373	74.6	及格
005	刘燕燕	江西	女	94	95	41	71	66	367	73.4	及格
013	朱端京	河南	男	73	62	54	58	70	317	63.4	及格
011	金佳怡	山东	男	59	44	62	61	65	291	58.2	不及格

图 9-49　期末考试成绩表 1

期末考试成绩表

学号	姓名	籍贯	性别	语文	数学	外语	政治	计算机	总分	平均分	评语
002	任高阳	山东	女	89	77	68	79	81	394	78.8	良好
005	刘燕燕	江西	女	94	95	41	71	66	367	73.4	及格
007	连鹏举	甘肃	女	80	82	69	93	97	421	84.2	优秀
012	高欣欣	河北	女	77	69	80	67	80	373	74.6	及格
女 平均值										77.75	
001	王鹏	河南	男	100	87	82	88.5	66	423.5	84.7	优秀
003	杨春玲	江苏	男	66	79	81	83	80	389	77.8	良好
004	王国文	黑龙江	男	85	87	61	77	73	383	76.6	良好
006	汤卫平	河南	男	71	88	72	62	90	383	76.6	良好
008	沈洋	湖南	男	88	74	75	79	90	406	81.2	优秀
009	文静	湖南	男	71	75	79	86	98	409	81.8	优秀
010	韩小明	河北	男	81	82	86	70	79	398	79.6	良好
011	金佳怡	山东	男	59	44	62	61	65	291	58.2	不及格
013	朱端京	河南	男	73	62	54	58	70	317	63.4	及格
014	李朔	四川	男	58	90	77	76	89	390	78	良好
男 平均值										75.79	
总计平均值										76.35	

图 9-50   期末考试成绩表 2

> 📖 **提示**
>
> 按总成绩排出每个学生在班级里的名次须使用 RANK 函数。因每个学生的名次是相对于全班同学而言的,所以在 RANK 函数中需要使用绝对引用。

 知识拓展及训练

1. 计算多张工作表

在实际工作中,有时需要引用多张工作表中的数据进行计算。例如,在"晨曦科技有限公司员工工资表"中,要求计算 1 月至 12 月每月实发工资合计,具体操作步骤如下。

(1)打开"晨曦科技有限公司员工工资表",如图 9-51 所示。

智新中维科技有限公司员工工资表

员工编号	姓名	职务	基本工资	职务工资	效益工资	地方补贴	应发工资	水电费	天然气	个人所得税	扣除总计	实发工资
2001005	刘义睿	工程师	1800.0	1000.0	800.0	600.0	¥4,200.00	120.0	57.0	110.0	287.0	¥3,913.00
2001001	张怡玲	营销经理	1200.0	800.0	1500.0	600.0	¥4,100.00	59.0	34.0	105.0	198.0	¥3,902.00
2001009	张伟波	营销经理	1200.0	800.0	1500.0	600.0	¥4,100.00	74.0	39.0	105.0	218.0	¥3,882.00
2001007	甄一凡	工程师	1600.0	1000.0	800.0	600.0	¥4,000.00	115.0	69.0	100.0	284.0	¥3,716.00
2001006	沈飞	技术主管	1500.0	800.0	800.0	600.0	¥3,700.00	54.0	65.0	85.0	204.0	¥3,496.00
2001004	吕琪美	高级技工	1500.0	700.0	800.0	600.0	¥3,600.00	76.0	48.0	80.0	204.0	¥3,396.00
2001014	杨佳华	营销顾问	900.0	600.0	1000.0	600.0	¥3,100.00	27.0	51.0	55.0	133.0	¥2,967.00
2001008	邹晓川	营销顾问	900.0	600.0	1000.0	600.0	¥3,100.00	34.0	72.0	55.0	161.0	¥2,939.00
2001010	邹尚宇	营销顾问	900.0	600.0	1000.0	600.0	¥3,100.00	78.0	33.0	55.0	166.0	¥2,934.00
2001013	马晓	营销顾问	900.0	600.0	1000.0	600.0	¥3,100.00	45.0	66.0	55.0	166.0	¥2,934.00
2001011	吕民康	营销顾问	900.0	600.0	1000.0	600.0	¥3,100.00	67.0	61.0	55.0	183.0	¥2,917.00
2001013	安志浩	营销顾问	900.0	600.0	1000.0	600.0	¥3,100.00	76.0	62.0	55.0	193.0	¥2,907.00
2001012	卢斌斌	营销顾问	900.0	600.0	1000.0	600.0	¥3,100.00	110.0	72.0	55.0	237.0	¥2,863.00
2001002	宁九丁	营销助理	1000.0	600.0	500.0	600.0	¥2,700.00	56.0	42.0	35.0	133.0	¥2,567.00
应发工资合计:			¥48,100.00			扣除合计:			2,767.00		实发工资合计:	¥45,333.00

图 9-51   晨曦科技有限公司员工工资表

(2)选择存放 12 个月实发工资总和单元格"一月"工作表的 M17 单元格,单击"公式"→"函数库"→"插入函数"按钮,在弹出的"插入函数"对话框中选择"SUM"

函数，如图 9-52 所示。单击"确定"按钮，弹出"函数参数"对话框，如图 9-53 所示。

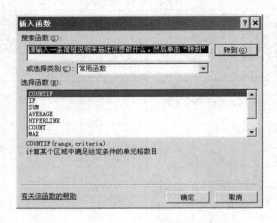

图 9-52 "插入函数"对话框

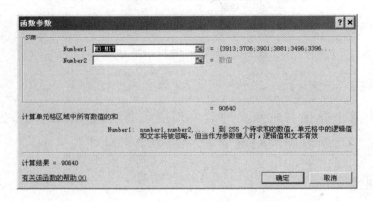

图 9-53 "函数参数"对话框 1

（3）单击"选择数据源"按钮，弹出"函数参数"对话框，选择要进行计算的 M17 单元格，如图 9-54 所示。

图 9-54 "函数参数"对话框 2

（4）单击"选择数据源"按钮，返回"函数参数"对话框。重复以上步骤，依次添加剩余的 11 个月的实发工资合计，如图 9-55 所示。单击"确定"按钮，即可计算出各月实发工资总和。

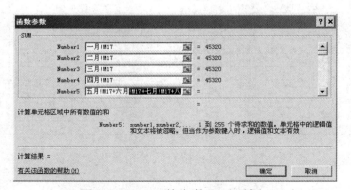

图 9-55 "函数参数"对话框 3

> 📖 **提示**
> "十月！M17" 表示 "十月" 工作表的 M17 单元格。引用不同工作簿中某工作表中的数据，其表示形式为 "[工作簿名]工作表名!单元格引用区域"。

2. 拓展训练——计算工资总和

计算 "晨曦科技有限公司员工工资表" 中 1 月至 12 月每月应发工资的总和，并将结果保存在 "应发工资总计" 工作表中。

习　题

一、填空题

1. 在 Excel 中设置单元格字体,弹出的 "单元格格式" 对话框中的字体特殊效果有_____、上标、下标。

2. 在 Excel 中数字格式化包括常规格式、货币格式、_____、_____、百分比格式等。具体的操作可以在_____中找到。

3. A3 单元格中的数字为 3000，将它的数字格式定义为 "会计专用" 格式，则 3000 在单元格内显示为_____。

4. 输入公式=A1+G6*H4-J15,选中要输入公式的单元格,在单元格中首先输入_____,然后输入表达式=A1+G6*H4-J15,单击编辑栏上的_____按钮,或者按_____键。

5. 在构造公式时，经常要使用各种运算符，Excel 提供的 4 种运算符为引用运算符、_____、_____和比较运算符。

6. 在一个公式中可能会出现多个运算符，当在单元格内依次出现以下运算符：+-（）*/则正常的运算顺序为_____。

二、选择题

1. 在 Excel 表格中，单元格的数据填充（　　）。
   A. 与单元格的数据复制是一样的
   B. 与单元格的数据移动是一样的
   C. 必须在相邻单元格中进行
   D. 不一定在相邻单元格中进行

2. 在 Excel 表格中，在对数据清单分类汇总前，必须做的操作是（　　）。
   A. 排序　　　　B. 筛选　　　　C. 合并计算　　　D. 指定单元格

3. 在 Excel 表格中，对一工作表进行排序，当在 "排序" 对话框中选择 "数据包含标题" 复选按钮时，该标题行（　　）。
   A. 将参加排序　　　　　　　B. 将不参加排序
   C. 位置总在第一行　　　　　D. 位置总在倒数第一行

三、判断题

1. 对 Excel 中的数据进行统计时，不需要先排序，只需直接统计即可。　　（　　）

2. 删除当前工作表的某列只要选定该列，按键盘中的【Delete】键。　　（　　）

3. Excel 中数据清单中的记录进行排序操作时，只能进行升序操作。　　（　　）

4. Excel 中分类汇总后的数据清单不能再恢复原工作表的记录。　　（　　）

5. Excel 的工作簿是工作表的集合，一个工作簿文件的工作表的数量是没有限制的。

（　　）

6. 所谓"筛选"是指经筛选后的数据清单仅包含满足条件的记录，其他的记录都被删除掉了。　　（　　）

四、简答题

试述在 Excel 中使当前正在编辑的工作表销售利润表中，只显示 C 列利润字段的值大于 10000 的所有记录的操作方法。

第 10 章

Excel 2010 电子表格的数据分析
——制作销售利润分析表

 本章重点掌握知识

1. Excel 图表的创建
2. 图表类型的设置与修改
3. 图表的编辑
4. 数据透视表的使用

 任务描述

晨曦科技有限公司是一家以经营笔记本电脑和计算机零配件为主的公司，在 2011 年里，公司取得了较好的效益，为了进一步发展公司的业务，开拓市场，需分析各种商品的市场需求和所获利润。公司财务部已将 2011 年各商品的利润制成了表格的形式，晨曦科技有限公司 2011 年销售利润表，如图 10-1 所示。

	A	B	C	D	E	F	G
1	晨曦科技有限公司2011年销售利润表						
2	产品编号	商品名称	一季度	二季度	三季度	四季度	合计
3	A-302	复印纸	718500.0	643700.0	593200.0	845790.0	2801190.0
4	A-303	HP打印机	543600.0	710040.0	320000.0	603300.0	2176940.0
5	A-304	墨盒	10330.0	19800.0	7600.0	124600.0	162330.0
6	A-305	硒鼓	78600.0	78800.0	57200.0	730000.0	944600.0
7	A-306	复印机	1120000.0	1760000.0	1834000.0	980000.0	5694000.0
8	A-307	多功能一体机	40000.0	126800.0	326000.0	297600.0	790400.0
9	B-101	笔记本电脑	165300.0	321000.0	147800.0	265540.0	899640.0
10	B-201	显示器	102350.0	204560.0	231200.0	206700.0	744810.0
11	合计		2778680.0	3864700.0	3517000.0	4053530.0	14213910.0

图 10-1　晨曦科技有限公司 2011 年销售利润表

公司要求能用图表的形式更清晰直观的表明商品的利润情况，以便进一步调整经营战略，获得更大的利润，要求包括以下 4 个图表。

1．同一季度不同商品的利润比较图表：主要用来分析同一季度里不同商品的利润情况。
2．同一商品不同季度的利润比较图表：主要用来分析同一商品在不同季度的利润情况。
3．各商品 2011 全年利润情况图表：主要用来分析不同商品全年的利润情况。

4. 2011年各季度利润情况图表：主要用来分析不同季度的利润情况。

财务部小高承担此项任务，最终效果图如图10-2所示。

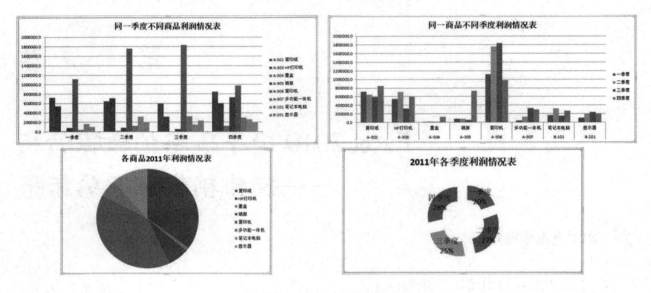

图10-2　最终效果图

通过本任务的完成，学会创建与编辑数据图表，了解常见图表的功能和使用方法。

　操作步骤

1．制作同一商品不同季度的利润比较图表

（1）打开已经制作好的"晨曦科技有限公司2011年销售利润表"工作表。

（2）单击"插入"→"图表"→"柱形图"按钮，在弹出的下拉菜单中选择第一个"二维柱形图"选项，如图10-3所示。

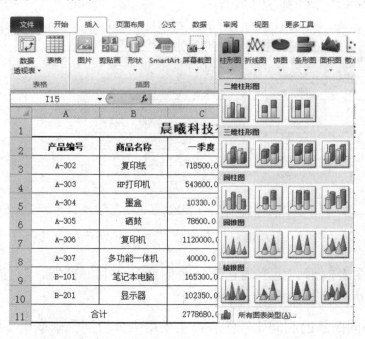

图10-3　"二维柱形图"选项

（3）在屏幕上出现矩形方框（这是将来放图表的地方）。同时在屏幕的上方出现图表工具的设计选项卡，如图 10-4 所示。

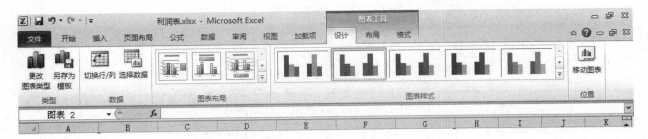

图 10-4　图表工具的"设计"选项卡

（4）选择"图表样式"组中的第 2 个样式，单击"数据"→"选择数据"按钮，弹出"选择数据源"对话框，如图 10-5 所示。

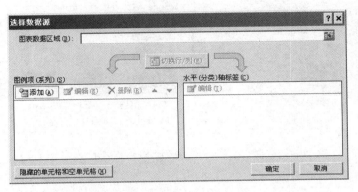

图 10-5　"选择数据源"对话框 1

（5）单击"图表数据区域"文本框后的"选择数据源"按钮，在"晨曦科技有限公司 2011 年销售利润表"工作表上拖动，选择"图表数据区域"，即如图 10-6 所示的虚线部分（注意：没有选下方的合计）。

产品编号	商品名称	一季度	二季度	三季度	四季度	合计
A-302	复印纸	718500.0	643700.0	593200.0	845790.0	2801190.0
A-303	HP打印机	543600.0	710040.0	320000.0	603300.0	2176940.0
A-304	墨盒	10330.0	19800.0	7600.0	124600.0	162330.0
A-305	硒鼓	78600.0	78800.0	57200.0	730000.0	944600.0
A-306	复印机	1120000.0	1760000.0	1834000.0	980000.0	5694000.0
A-307	多功能一体机	40000.0	126800.0	326000.0	297600.0	790400.0
B-101	笔记本电脑	165300.0	321000.0	147800.0	265540.0	899640.0
B-201	显示器	102350.0	204560.0	231200.0	206700.0	744810.0
合计		2778680.0	3864700.0	3517000.0	4053530.0	14213910.0

图 10-6　选择"图表数据区域"

（6）再一次单击"图表数据区域"文本框后的"选择数据源"按钮，弹出"选择数据源"对话框，如图 10-7 所示，可根据需要单击"切换行/列"按钮。单击"确定"按钮，这时"二维柱形"图表出现在屏幕上，如图 10-8 所示，同一商品在不同季度利润的比较图表，如果多选数据列的话，可选中该数据列，按【Delete】键删除该列数据，如图 10-9 所示。

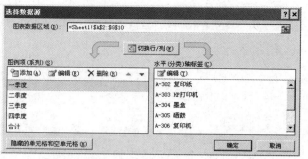

图 10-7 "选择数据源"对话框 2

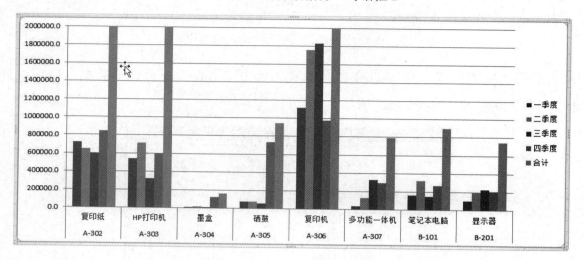

图 10-8 "二维柱形"图表

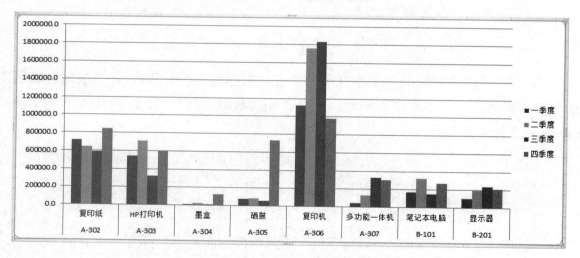

图 10-9 删除多选数据列

（7）在图表上加标题，单击"图表工具"→"布局"→"标签"→"图表标题"按钮，如图 10-10 所示。在弹出的下拉菜单中选择"图表上方"选项，如图 10-11 所示。

图 10-10 "图表标题"按钮

图 10-11　"图表上方"选项

（8）在图表上方出现"图表标题"选框，在其中输入图表的标题即可，如图 10-12 所示。

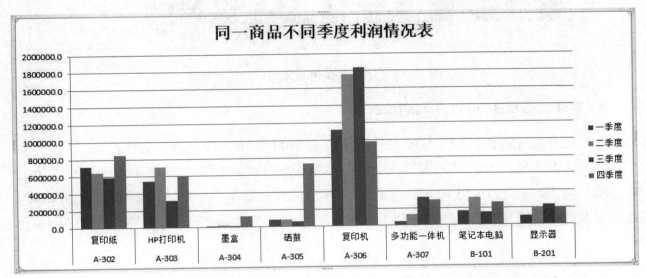

图 10-12　在图表上方输入标题

此时，同一商品不同季度的利润比较图表制作完毕。

📖 **提示**

　　如果修改工作表中的数据，图表中的图形会自动地随之变化。

2. 制作"同一季度不同商品利润情况表"

（1）选择已经制作好的"同一商品不同季度利润情况表"。

（2）单击"图表工具"→"设计"→"数据"→"切换行/列"按钮（这一步的操作使得图表上的行列坐标相互交换），如图 10-13 所示。

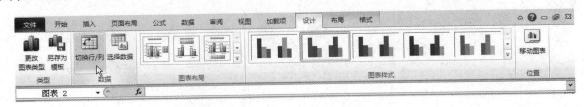

图 10-13　"切换行/列"按钮

（3）单击"切换行/列"按钮后，图表中的行列坐标相互交换，再将图表的标题改为"同一季度不同商品利润情况表"，行列坐标相互交换后的图表，如图 10-14 所示。

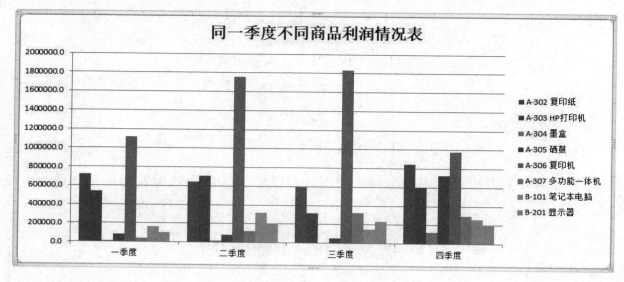

图 10-14　行列坐标相互交换后的图表

3. 制作"各商品 2011 年利润情况表"

（1）打开已经制作好的"晨曦科技有限公司 2011 年销售利润表"工作表。

（2）单击"插入"→"图表"→"饼图"按钮，在弹出的下拉菜单中选择第一个"二维饼图"图形，如图 10-15 所示。这时在屏幕上出现如图 10-16 所示的矩形方框（这是将来放图表的地方）。同时，在屏幕的上方出现"图表工具"的"设计"选项卡，如图 10-17 所示。

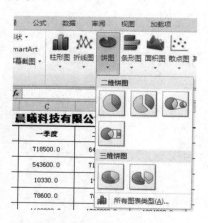

图 10-15　选择"二维饼图"

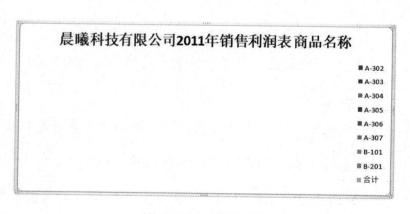

图 10-16　矩形方框

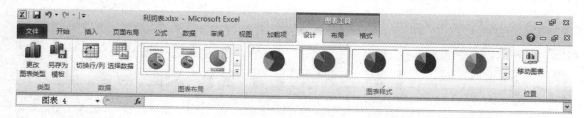

图 10-17　"图表工具"的"设计"选项卡

（3）在"图表样式"组中选择第 2 个图表样式，在"图表布局"组中选择"布局 2"，选择"数据"→"选择数据"选项，打开"选择数据源"对话框。

（4）单击"图表数据区域"文本框后的"选择数据源"按钮，在"晨曦科技有限公司 2011 年销售利润表"工作表上拖动，选择虚线部分，如图 10-18 所示（注意：选择了"商品名称"列后，按住【Ctrl】键再选择"合计"列）。

晨曦科技有限公司2011年销售利润表						
产品编号	商品名称	一季度	二季度	三季度	四季度	合计
A-302	复印纸	718500.0	643700.0	593200.0	845790.0	2801190.0
A-303	HP打印机	543600.0	710040.0	320000.0	603300.0	2176940.0
A-304	墨盒	10330.0	19800.0	7600.0	124600.0	162330.0
A-305	硒鼓	78600.0	78800.0	57200.0	730000.0	944600.0
A-306	复印机	1120000.0	1760000.0	1834000.0	980000.0	5694000.0
A-307	多功能一体机	40000.0	126800.0	326000.0	297600.0	790400.0
B-101	笔记本电脑	165300.0	321000.0	147800.0	265540.0	899640.0
B-201	显示器	102350.0	204560.0	231200.0	206700.0	744810.0
合计		2778680.0	3864700.0	3517000.0	4053530.0	14213910.0

图 10-18　选择虚线部分

（5）再一次单击"图表数据区域"文本框后的"选择数据源"按钮，单击"确定"按钮，这时"二维饼图"图表出现在屏幕上，修改标题为"各商品 2011 年利润情况表"，如图 10-19 所示，可以看出，各商品的利润占全部利润的比重。

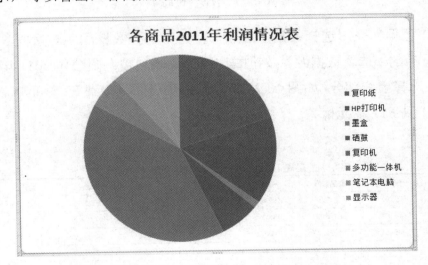

图 10-19　各商品 2011 年利润情况表

4. 制作"2011 年各季度利润情况表"

（1）打开已经制作好的"晨曦科技有限公司 2011 年销售利润表"工作表。

（2）单击"插入"→"图表"→"其他图表"按钮，在弹出的下拉菜单中选择"圆环图"中的第二个图形，如图 10-20 所示。

（3）这时在屏幕的上方出现图表工具的"设计"选项卡，在"图表样式"组中选择第二个图表样式，在"图表布局"组中选择"布局 1"，如图 10-21 所示。

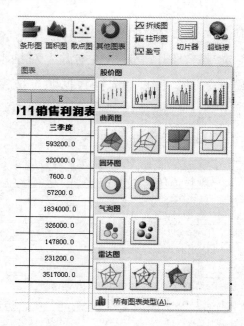

图 10-20　单击"圆环图"中的第二个图形

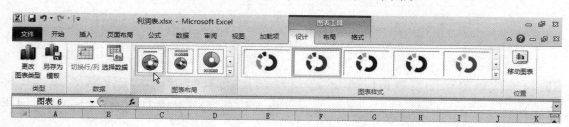

图 10-21　选择"布局 1"

（4）选择"数据"→"选择数据"选项，打开"选择数据源"对话框，单击"图表数据区域"文本框后的"选择数据源"按钮 🔳，在"晨曦科技有限公司 2011 年销售利润表"工作表上拖动，选择虚线部分，如图 10-22 所示（注意：选择 C2 到 F2 单元格后，按住【Ctrl】键，再选择 C11 到 F11 单元格）。

	A	B	C	D	E	F	G
1	晨曦科技有限公司2011年销售利润表						
2	产品编号	商品名称	一季度	二季度	三季度	四季度	合计
3	A-302	复印纸	718500.0	643700.0	593200.0	845790.0	2801190.0
4	A-303	HP打印机	543600.0	710040.0	320000.0	603300.0	2176940.0
5	A-304	墨盒	10330.0	19800.0	7600.0	124600.0	162330.0
6	A-305	硒鼓	78600.0	78800.0	57200.0	730000.0	944600.0
7	A-306	复印机	1120000.0	1760000.0	1834000.0	980000.0	5694000.0
8	A-307	多功能一体机	40000.0	126800.0	326000.0	297600.0	790400.0
9	B-101	笔记本电脑	165300.0	321000.0	147800.0	265540.0	899640.0
10	B-201	显示器	102350.0	204560.0	231200.0	206700.0	744810.0
11	合计		2778680.0	3864700.0	3517000.0	4053530.0	14213910.0

图 10-22　选择虚线部分（第一行和最后一行）

（5）再一次单击"图表数据区域"文本框后的"选择数据源"按钮 🔳，然后单击"确定"按钮。将图表的标题改为"2011 年各季度利润情况表"，最后的图表如图 10-23 所示。

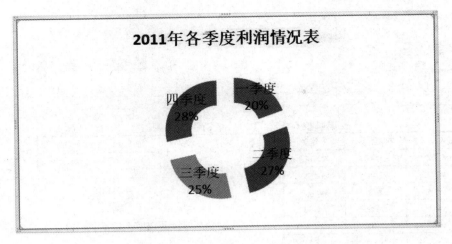

图 10-23　2011 年各季度利润情况表

 知识解析

图表是一种以图形来表示表格中数据的方式，与工作表相比，图表不仅能够直观地表现出数据值，还能更形象地反映出数据的对比关系。

1．图表的类型

Excel 2010 的图表有多种类型，主要有柱形图、条形图、折线图、饼图、散点图、股价图、曲面图、圆环图、气泡图和雷达图等，而每一种类型的图表又有多种不同的表现形式。

（1）柱形图。

柱形图用来显示一段时期内数据的变化或者描述各项之间的比较，它采用分类项水平组织、数据垂直组织，这样可以强调数据随时间变化，如图 10-24 所示。

图 10-24　柱形图强调数据随时间的变化

（2）条形图。

条形图描述了各项之间的差别情况，它采用分类项垂直组织、数据水平组织，从而突出数值的比较而淡化数据随时间的变化，如图 10-25 所示。

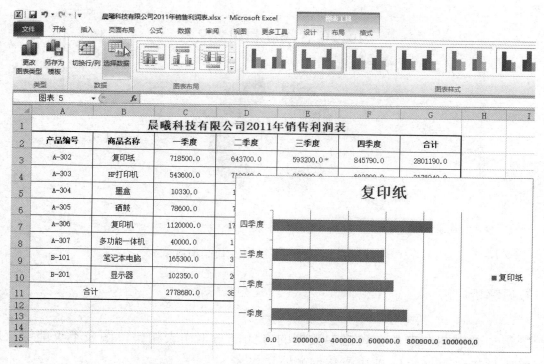

图 10-25　条形图突出数值的比较

（3）饼图。

饼图显示数据系列中每一项占该系列数值总和的比例关系，如图 10-26 所示。

图 10-26　饼图显示数据占该系列数值总和的比例关系

其他类型的图表（如折线图、面积图、圆环图、散点图、股价图、曲面图、圆环图、气泡图、雷达图等）都有自己特色的用法，此处不再赘述。

2. 创建图表

在 Excel 2010 中，创建图表非常简单，不管是创建何种类型的图表，其方法都是类似的。下面以"晨曦科技有限公司 2011 年销售利润表"为例说明创建图表的一般操作步骤。

（1）首先制作好工作表，并选中要制作图表的数据，如图 10-27 中的 B2:F10 单元格。

产品编号	商品名称	一季度	二季度	三季度	四季度	合计
		晨曦科技有限公司2011年销售利润表				
A-302	复印纸	718500.0	643700.0	593200.0	845790.0	2801190.0
A-303	HP打印机	543600.0	710040.0	320000.0	603300.0	2176940.0
A-304	墨盒	10330.0	19800.0	7600.0	124600.0	162330.0
A-305	硒鼓	78600.0	78800.0	57200.0	730000.0	944600.0
A-306	复印机	1120000.0	1760000.0	1834000.0	980000.0	5694000.0
A-307	多功能一体机	40000.0	126800.0	326000.0	297600.0	790400.0
B-101	笔记本电脑	165300.0	321000.0	147800.0	265540.0	899640.0
B-201	显示器	102350.0	204560.0	231200.0	206700.0	744810.0
合计		2778680.0	3864700.0	3517000.0	4053530.0	14213910.0

图 10-27　选中要制作图表的数据

（2）单击"插入"选项卡，其中的"图表"组中包含 7 个关于图表类型的按钮，"其他图表"类型选项中又包含股价图、曲面图、圆环图、气泡图及雷达图等类型，如图 10-28 所示。

（3）单击其中的一个图表类型（如图 10-28 所示的柱形图），在弹出的下拉菜单中选择并单击其中一个类型（如堆积圆柱图），如图 10-29 所示。

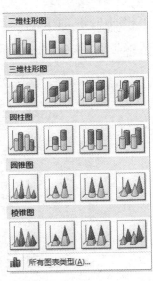

图 10-28　"图表"组

图 10-29　选择一个图表类型

（4）这时建立起与所选数据、图表类型相匹配的图表，如图 10-30 所示。

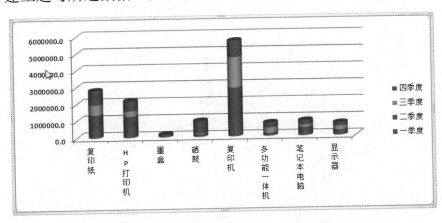

图 10-30　建立起与所选数据、图表类型相匹配的图表

3. 编辑图表

图表建立好以后，如果想修改图表，必须单击"激活图表"按钮，这时在标题栏处出现"图表工具"，包含 3 个与图表操作有关的选项卡："设计选项卡""布局选项卡""格式选项卡"。利用这 3 个选项卡，可以非常方便地对图表进行编辑修改。

（1）对图表进行重新设计。

单击"激活图表"按钮，打开"图表工具"的"设计"选项卡，如图 10-31 所示。

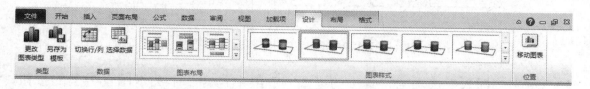

图 10-31 "图表工具"的"设计"选项卡

在"设计"选项卡中，包含"类型""数据""图表布局""图表样式""位置"组，每个组完成一定的设计功能。

① 更改图表类型。

在"设计"选项卡的"类型"组中，单击"更改图表类型"按钮，弹出"更改图表类型"对话框，如图 10-32 所示。

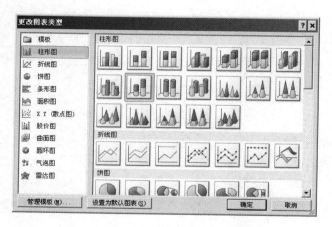

图 10-32 "更改图表类型"对话框

从中选择所需类型，选择"堆积棱锥图"的效果，如图 10-33 所示。

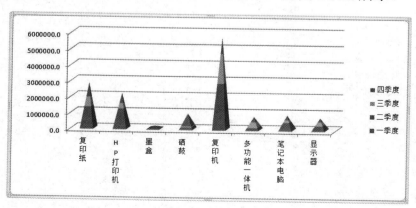

图 10-33 选择"堆积棱锥图"的效果

② 更改图表数据。

更改图表数据包括"切换行/列""选择数据"。

单击"设计"→"数据"→"切换行/列"按钮，可使原图表的行列坐标互换，如图 10-34 所示，行列坐标已经互换。

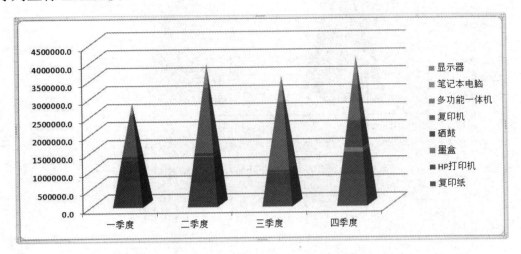

图 10-34　行列坐标互换

如果要重新选择数据，则应单击"设计"→"数据"→"选择数据"按钮，弹出"选择数据源"对话框，如图 10-35 所示。

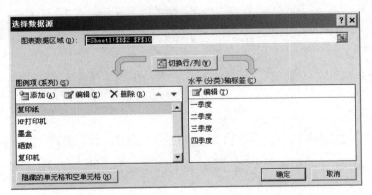

图 10-35　"选择数据源"对话框

在"选择数据源"对话框中，可以对图表中涉及的数据进行修改，最简便的方法是：单击"图表数据区域"文本框中的"选择数据源"按钮，这时可在数据表中重新选择数据，重新选择的数据只包括"笔记本电脑""显示器"两行数据。重新选择完数据后，再一次单击"选择数据源"按钮返回"选择数据源"对话框，单击"确定"按钮，此时的图表已经更改为新数据的图表，如图 10-36 所示。

③ 改变图表布局。

改变图表布局是指改变图表的标题、图例、坐标和数据等的显示位置和形状，Excel 2010 中提供了一些图表布局的样式，可以非常方便地进行选择。

单击"设计"→"图表布局"组的下拉按钮，弹出"图表布局"下拉菜单，如图 10-37 所示。选择所需样式，即改变了图表布局，如图 10-38 所示。

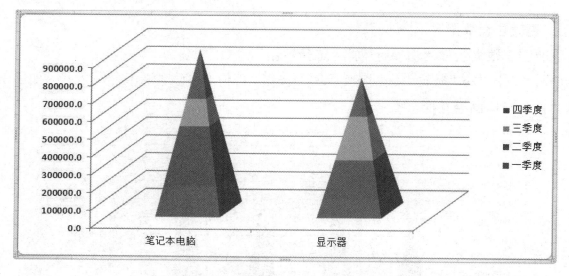

图 10-36　图表更改为只包括两组数据的图表

图 10-37　"图表布局"下拉菜单

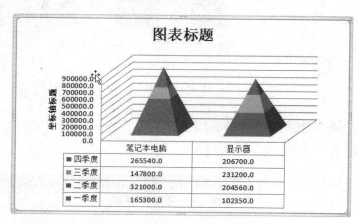

图 10-38　改变了图表布局

④ 改变图表样式。

单击"设计"→"图表样式"组的下拉按钮，弹出"图表样式"下拉菜单，有多种图表样式可供选择，如图 10-39 所示。选择所需样式，可以使图表样式发生更改，如图 10-40 所示。

图 10-39　"图表样式"下拉菜单

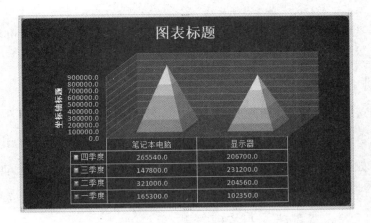

图 10-40　更改后的图表样式

⑤ 确定图表存放的位置。

图表制作完成后，默认的存放位置是当前工作表，根据需要，可将图表放在当前工作簿的其他工作表中，也可以单独建一张工作表专门存放图表。

单击"设计"→"位置"→"移动图表"按钮，弹出"移动图表"对话框，如图 10-41 所示。

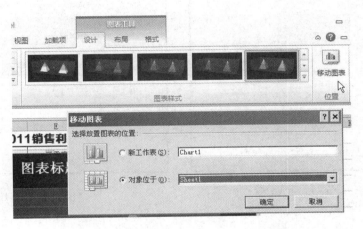

图 10-41　"移动图表"对话框

在"移动图表"对话框中，若选择第一项"新工作表"，则将制作的图表放在一个新的工作表中，该工作表仅包含该图表。若选择第二项"对象位于"，并在后面的下拉菜单中选择已有的工作表名，则将图表放在该工作簿的其他工作表中。

（2）对图表的布局进行调整。

图表布局的调整包括对图表中各元素的位置、坐标轴及背景进行调整。

单击"激活图表"按钮，单击"图表工具"→"布局"选项卡，如图 10-42 所示。

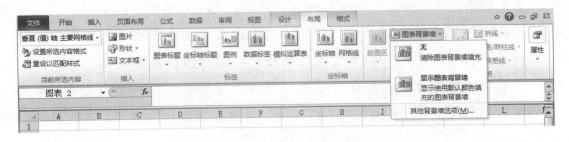

图 10-42　"布局"选项卡

在"布局"选项卡中，包含"当前所选内容""插入""标签""坐标轴""背景""分析""属性"7 个组，每个组完成一定的功能。

① 所选内容进行调整。

选中图表中任意元素，均可设置图表区元素的格式。

选中图表背景，在"背景"组中，单击"图表背景墙"按钮，弹出下拉菜单，从中选择要调整的内容（如"显示图表背景墙"），然后单击"其他背景墙选项"按钮，弹出"设置背景墙格式"对话框，"填充"选项如图 10-43 所示，"三维格式"选项如图 10-44 所示，从中可以设置所选内容（背景墙）的各种效果。

图 10-43　"填充"选项　　　　　　　　图 10-44　"三维格式"选项

② 插入图片、形状、文本框。

在"布局"选项卡的"插入"组中，包含"图片""形状""文本框"3 个按钮，可以在图表中插入相应的对象。

③ 设置图表中各元素的位置。

在"布局"选项卡的"标签"组中，包含"图表标题""坐标轴标题""图例""数据标签""模拟运算表"5 个按钮，可以设置或改变图表中各元素的位置和内容。

● 设置图表标题：选中图表，单击"图表标题"按钮，可为图表添加标题。

● 设置坐标轴标题：单击"坐标轴标题"按钮，则可以选择并添加横/纵坐标标题。

● 设置图例位置：单击"图例"按钮，可以设置图例在图表中的位置。

● 设置数据标签：单击"数据标签"按钮，可以将数据添加到图表上。

● 在图表中添加数据表：单击"模拟运算表"按钮，可以将数据表添加到图表上。

图表标题和图例位置，如图 10-45 所示，将数据表放在图表里，如图 10-46 所示。

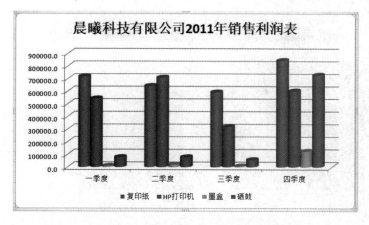

图 10-45　图表标题和图例位置

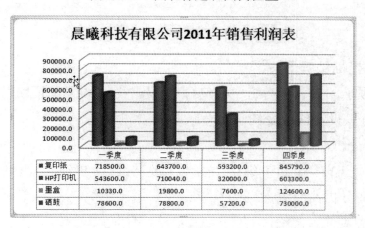

图 10-46　将数据表放在图表里

④ 设置图表中的坐标轴。

在"布局"选项卡的"坐标轴"组中，包含"坐标轴""网格线"2 个按钮，可以设置或改变图表中坐标轴的格式和样式。改变坐标轴的效果如图 10-47 所示，图 10-48 所示的是改变了网格线的效果。

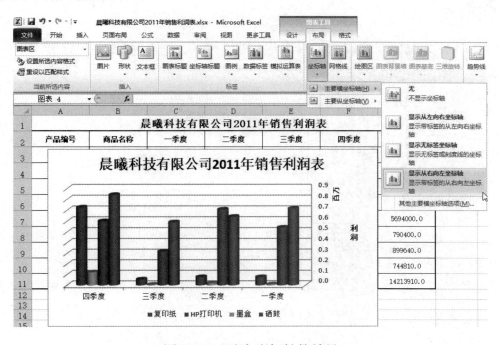

图 10-47　改变坐标轴的效果

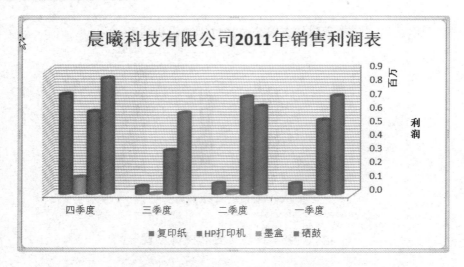

图 10-48　改变网格线的效果

⑤ 设置图表的坐标轴背景。

在"布局"选项卡的"背景"组中，包含"绘图区""图表背景墙""图表基底""三维旋转"4 个按钮，可以设置或改变图表中背景的色彩和样式。

⑥ 添加图表的分析曲线。

在"布局"选项卡的"分析"组中，包含"趋势线""折线""涨跌柱线""误差线"4 个按钮，可以将这些分析曲线添加到图表中。

（3）对图表的格式进行调整。

图表格式的调整包括对图表中各元素的形状样式、文本的形状样式、各元素的排列和大小进行设置和调整。

单击"激活图表"按钮，选择"图表工具"中的"样式"选项卡，对图表中各元素格式进行调整与前面介绍的方法类似，此处不再赘述。

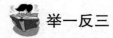 举一反三

某团购公司对参加首期培训后的员工进行业绩评估，进行业绩统计分析，制作排名表，营销人员业绩表如图 10-49 所示。

	A	B	C	D	E
1	5月全省营销顾问排名表				
2	营销顾问	签单量	上线量	销售金额	毛利额
3	陈巍	0	18	359407	61099.19
4	师焕旭	4	8	340818	57939.06
5	张巧玲	5	4	244518	41568.06
6	马晓鸽	6	8	148584	25259.28
7	吕瑞芬	2	2	79555	13524.35
8	刘瑞华	5	3	59885	10180.45
9	梁晓龙	1	4	112221	19077.57
10	李浩鹏	3	5	208443	35435.31
11	黄晨诚	7	3	132574	22537.58
12	白玉苹	5	2	56705	9639.85
13	白鸽	3	3	25869	4397.73

图 10-49　营销人员业绩表

先完成表格的制作，再按要求制作以下图表。

（1）营销人员业绩变动曲线图表如图 10-50 所示。

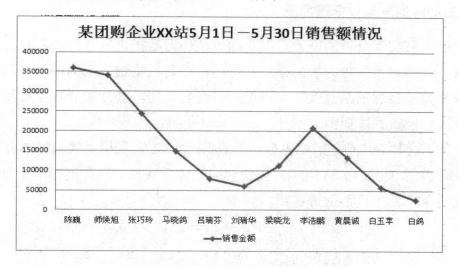

图 10-50　营销人员业绩变动曲线图表

（2）营销人员电话量、拜访量、签单量图表如图 10-51 所示。

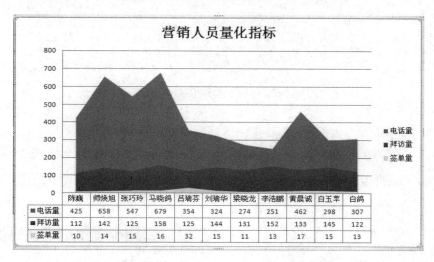

	陈巍	师焕旭	张巧玲	马晓鸽	吕瑞芬	刘瑞华	梁晓龙	李浩鹏	黄晨诚	白玉苹	白鸽
■电话量	425	658	547	679	354	324	274	251	462	298	307
■拜访量	112	142	125	158	125	144	131	152	133	145	122
■签单量	10	14	15	16	32	15	11	13	17	15	13

图 10-51　营销人员电话量、拜访量、签单量图表

（3）营销人员电话量、拜访量、签单量、上线量图表，如图 10-52 所示。

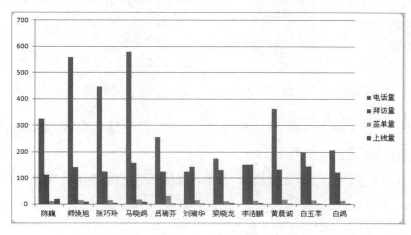

图 10-52　营销人员电话量、拜访量、签单量、上线量图表

📝 知识拓展及训练

1. 使用数据透视表与数据透视图

数据透视表具有交互分析的能力，能全面灵活地对数据进行分析和汇总。只要改变对应的字段位置，即可得到多种分析结果。数据透视图是数据透视表的图形显示效果，为了更直观地反映数据透视表的汇总效果，一般二者结合使用，当创建好数据透视表后，可直接用数据透视表生成数据透视图。

在使用"数据透视表"前，需要先创建"数据透视表"。利用"晨曦科技有限公司2011年销售业绩统计表"，如图10-53所示，创建对应的数据透视表，并根据产品名称统计每位销售人员的销售额，并生成数据透视图。

	A	B	C	D	E	F	G	H	I
1	晨曦科技有限公司2011年销售业绩统计表								
2	产品编号	商品名称	购买日期	客户名称	单价	单位	数量	金额	销售人员
3	A-302	复印纸	2011/3/1	国贸公司	380	箱	10	3800	刘瑞华
4	A-303	HP打印机	2011/4/5	晨光学校	1890	台	3	5670	白玉苹
5	A-304	墨盒	2011/6/7	国贸公司	568	盒	4	2272	邬荣垠
6	A-305	晒鼓	2011/5/10	南通机电	420	个	3	1260	赵宇
7	A-306	复印机	2011/4/4	大洋广告	8920	台	2	17840	师艳艳
8	A-307	主板	2011/5/14	合肥通达电	660	块	32	21120	白玉苹
9	B-308	多功能一体机	2011/7/5	大洋广告	4500	台	1	4500	师艳艳
10	B-101	笔记本电脑	2011/1/1	晨光学校	6300	台	12	75600	邬荣垠
11	B-201	显示器	2011/1/5	晨光学校	1100	台	25	27500	白玉苹

图10-53　晨曦科技有限公司2011年销售业绩统计表

具体的操作步骤如下。

（1）打开"晨曦科技有限公司2011年销售业绩统计表"，单击"插入"→"表"→"数据透视表"按钮，如图10-54所示。弹出"创建数据透视表"对话框，如图10-55所示。

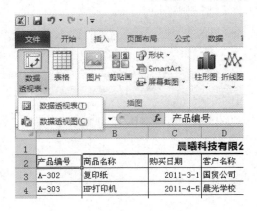

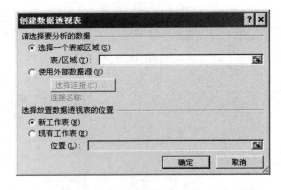

图10-54　"数据透视表"按钮　　　图10-55　"创建数据透视表"对话框

（2）单击"选择数据源"按钮🔲，框选要分析的表区域，如图10-56所示，选中"新工作表"单选按钮，如图10-57所示。

（3）单击"确定"按钮，因没有设置字段，数据透视表显示为空白，如图10-58所示的界面。

图 10-56　选择要分析的表区域

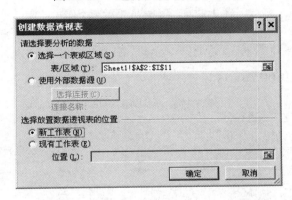

图 10-57　选中"新工作表"单选按钮

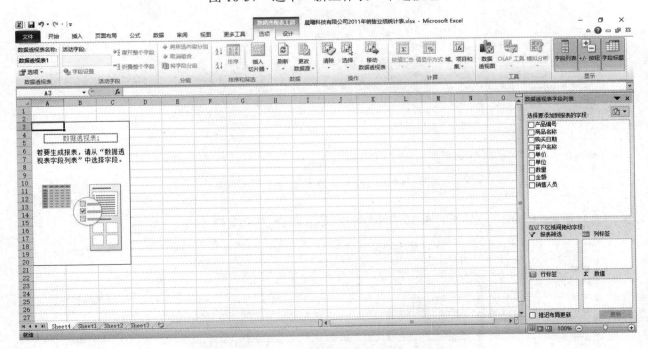

图 10-58　生成的数据透视表

（4）勾选"商品名称"复选框，将"商品名称"拖到"行标签"中，将"销售人员"拖到"列标签中"，将"金额"拖动到"数值"中，则会按"产品名称"自动统计每位员工的销售额，如图 10-59 所示。

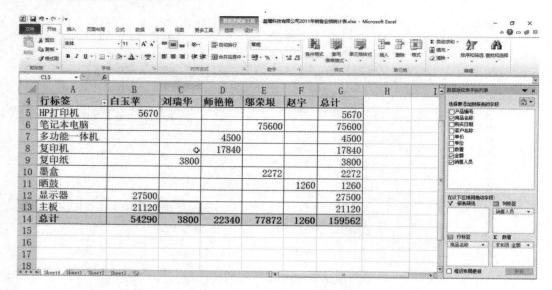

图 10-59　每位员工的销售额

（5）单击"工具"→"数据透视图"按钮，在弹出的"插入图表"对话框中选择"簇状柱形图"选项，如图 10-60 所示。

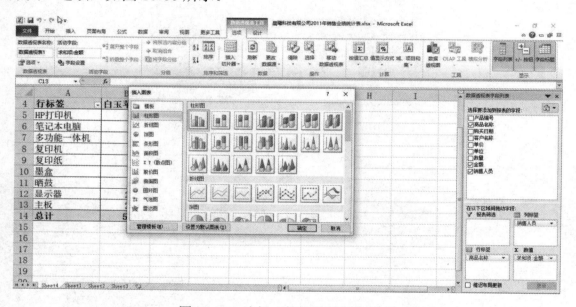

图 10-60　选择"簇状柱形图"选项

（6）单击"确定"按钮，生成数据透视图，如图 10-61 所示。

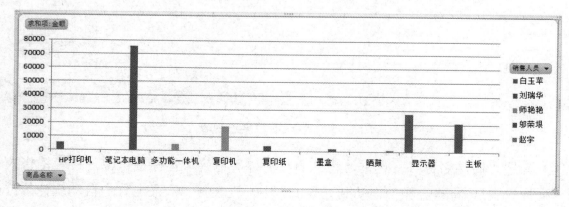

图 10-61　数据透视图

2．拓展训练——生成员工销售业绩透视表和透视图

宏发家电是一个以液晶电视、空调、冰箱、洗衣机和音箱为主营业务的公司，2011 年取得了不错收入，为了公司的进一步发展，宏发家电需分析 2011 年员工的销售业绩，请根据给出的员工销售业绩表，如图 10-62 所示，生成员工销售业绩透视表和透视图，如图 10-63 所示。

产品名称	销售日期	销售人员	单价	单位	数量	金额
宏发家电2011年员工销售业绩表						
复印纸	2011/3/1	刘瑞华	380	箱	10	3800
HP打印机	2011/4/5	白玉苹	1890	台	3	5670
墨盒	2011/6/7	邹荣垠	568	盒	4	2272
晒鼓	2011/5/10	赵宇	420	个	3	1260
复印机	2011/4/4	师艳艳	8920	台	2	17840
主板	2011/5/14	白玉苹	660	块	32	21120
多功能一体机	2011/7/5	师艳艳	4500	台	1	4500
笔记本电脑	2011/1/1	邹荣垠	6300	台	12	75600
显示器	2011/1/5	白玉苹	1100	台	25	27500
显示卡	2011/5/2	苏永杰	450	块	10	4500
电视机	2011/5/3	梁晓龙	3450	台	12	41400
洗衣机	2011/5/1	邢蕊丽	1280	台	3	3840
电冰箱	2011/4/29	陈巍	2180	台	5	10900

图 10-62　宏发家电 2011 年员工销售业绩表

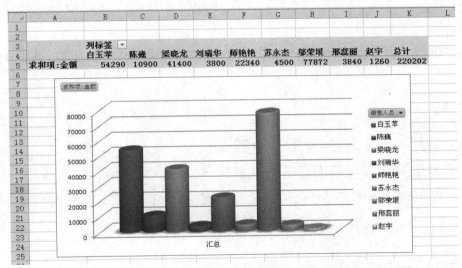

图 10-63　宏发家电 2011 年员工销售业绩透视表和透视图

习　题

一、填空题

1．在 A3 单元格内建立公式=A1+A2，把 A3 单元格内的内容复制到 B3 单元格时，存放在 B3 单元格内的内容变成了_____，类似此公式的引用称为_____，即在公式的复制过程中，单元格内的公式随着单元格地址的变化而变化。

2．在 A1 单元格内输入公式=\$C\$4*\$D\$4，将该公式复制到 H99 单元格中，则 H99 单元格中显示的公式为_____。此引用称为_____。

3．Excel 中，默认的中文排序是按照_____排序的，可将其改为按_____排序。

4．分类汇总功能可以自动对所选数据进行汇总，并插入汇总行。汇总方式灵活多样，如求和、_____、_____、标准方差等。

5．Excel 包含了_____种基本图表类型，在这些图表中，有些图表可以叠放在一起形成组合图表，以区分不同数据所代表的意义。

6．圆环图与饼图相似，用来显示部分与整体的关系，但_____能显示多个数据系列，而_____仅能显示一个数据系列。

二、选择题

1．在 Excel 中，数据可以按图形方式显示在图表中，当修改工作表中这些数据时，图表（　　）。

A．不会更新 　　　　　　　B．使用命令才能更新

C．自动更新 　　　　　　　D．必须重新设置数据源区域才更新

三、判断题

1．Excel 的工作簿是工作表的集合，一个工作簿文件的工作表的数量是没有限制的。

（　　）

2．所谓"筛选"是指经筛选后的数据清单仅包含满足条件的记录，其他的记录都被删除掉了。

（　　）

四、简答题

1．简述对数据进行分类汇总的操作步骤。

2．有一个学生数据表，其中有学生姓名、学号、语文成绩、数学成绩、总分等项目。请叙述步骤实现学生数据表的排序：按"总分"递减排序，当"总分"相同时再按"学号"递增排序。

第11章

Excel 2010 工作表的打印与输出
——打印员工工资表

 本章重点掌握知识

1. 设置页边距
2. 设置页眉与页脚
3. 设置打印区域
4. 预览与打印

 任务描述

法瑞文化交流中心经过努力，实现了员工工资的计算机管理。公司的财务部准备将 2011 年的每个月的员工工资打印出来，要求打印成工资条的形式，法瑞文化交流中心工资表如图 11-1 所示。

月份	部门职务	姓名	基本工资	岗位工资	销售提成	全勤奖	交通补助	电话补助	应发工资	工作天数	扣款						实发工资	签名确认
											迟到	旷工	请假	未上班扣回	借款扣回	任务未完成		
4月	销售经理	陈真	1300	800	4940	50	300	200	7590	25						800	6790	
月份	部门职务	姓名	基本工资	岗位工资	销售提成	全勤奖	交通补助	电话补助	应发工资	工作天数	迟到	旷工	请假	未上班扣回	借款扣回	任务未完成	实发工资	签名确认
4月	销售代表	李浩鹏	900	400	2340	50	100	100	3890	25							3890	
月份	部门职务	姓名	基本工资	岗位工资	销售提成	全勤奖	交通补助	电话补助	应发工资	工作天数	迟到	旷工	请假	未上班扣回	借款扣回	任务未完成	实发工资	签名确认
4月	销售代表	杨戈	900	400	1760	50	100	100	3310	25						500	2810	
月份	部门职务	姓名	基本工资	岗位工资	销售提成	全勤奖	交通补助	电话补助	应发工资	工作天数	迟到	旷工	请假	未上班扣回	借款扣回	任务未完成	实发工资	签名确认
4月	销售助理	邢菀丽	800	500	0		100	100	1500	25	10						1490	

图 11-1　法瑞文化交流中心工资表

通过完成本任务，学会根据输出要求设置打印方向与边界、掌握添加页眉和页脚的方法，会设置打印属性、会预览和打印文件等。

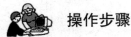操作步骤

1. 设置页边距

（1）打开"法瑞文化交流中心工资表"，单击"页面布局"→"页面设置"组的"对话框启动器"按钮 ，弹出"页面设置"对话框。选中"页面"→"方向"→"纵向"单选按钮，在"纸张大小"下拉列表中选择"A4"选项，如图 11-2 所示。

（2）单击"页边距"选项卡，在"上""下"数值框中设置参数为"1.9"，在"左""右"数值框中设置参数为"1.8"，勾选"水平""垂直"复选框，如图 11-3 所示。

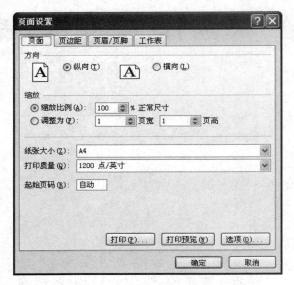

图 11-2　"页面"选项卡

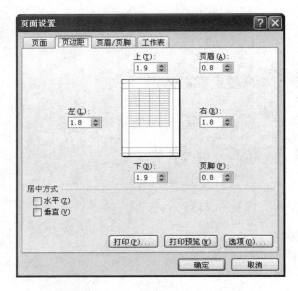

图 11-3　"页边距"选项卡

2. 设置页眉页脚

（1）单击"页眉/页脚"→"自定义页眉"按钮，如图 11-4 所示。弹出"页眉"对话框，如图 11-5 所示。将光标定位到"中"文本框，输入"法瑞文化交流中心工资表"。

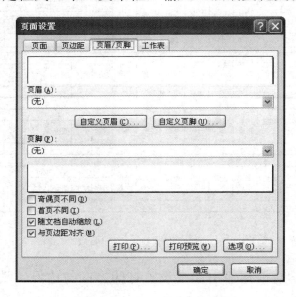

图 11-4　"页眉/页脚"选项卡

图 11-5　"页眉"对话框

　　（2）选择输入的"法瑞文化交流中心工资表"，单击"格式文本"按钮，在弹出的"字体"对话框中设置字体为"华文行楷"，字形为"常规"，大小为"20"，颜色为"黑色"，如图 11-6 所示。

　　（3）单击"确定"按钮，回到"页眉"对话框，单击"确定"按钮，回到"页面设置"对话框，如图 11-7 所示。单击"自定义页脚"按钮，将光标定位到"左"列表框，然后单击"插入页码"按钮，如图 11-8 所示。将光标定位到"中"列表框，输入"内部资料"并将其选中，单击"格式文本"按钮，设置字体为"楷体"，字形为"加粗"，大小为"12"，颜色为"黑色"，如图 11-9 所示，单击"确定"按钮，返回"页眉/页脚"选项卡。

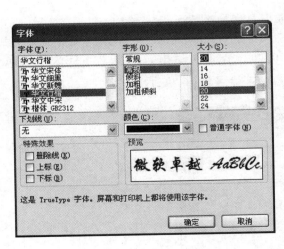

图 11-6　"字体"对话框

图 11-7　"页面设置"对话框

　　（4）单击"确定"按钮，返回"页面设置"对话框。

3.　设置打印区域

（1）单击"工作表"→"打印标题"→"顶端标题行"右侧的"选择数据源"按钮。

在"法瑞文化交流中心工资表"中选择要重复打印的标题区域，如图11-10所示。

图11-8 在"页脚"对话框中插入页码

图11-9 在"页脚"对话框中更改字体格式

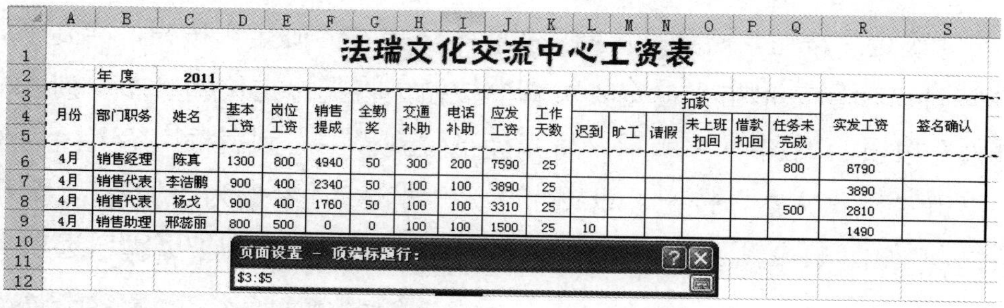

		法瑞文化交流中心工资表										扣款						
A	B	C	D	E	F	G	H	I	J	K	L	M	N	O	P	Q	R	S
	年度	2011																
月份	部门职务	姓名	基本工资	岗位工资	销售提成	全勤奖	交通补助	电话补助	应发工资	工作天数	迟到	旷工	请假	未上班扣回	借款扣回	任务未完成	实发工资	签名确认
4月	销售经理	陈其	1300	800	4940	50	300	200	7590	25						800	6790	
4月	销售代表	李洁鹏	900	400	2340	50	100	100	3890	25							3890	
4月	销售代表	杨戈	900	400	1760	50	100	100	3310	25						500	2810	
4月	销售助理	邢蕊丽	800	500	0	0	100	100	1500	25	10						1490	

页面设置 - 顶端标题行：
$3:$5

图11-10 选择需重复打印的标题行

（2）单击"选择数据源"按钮 ，返回"页面设置"对话框，选择"工作表"选项卡，在"顶端标题行"文本框中显示刚才选择的标题区域，如图11-11所示。

图11-11 在"顶端标题行"中显示标题区域

（3）单击"确定"按钮，在工作表中选择要打印的工资条数据区，如 A3:G3。

（4）单击"页面布局"→"页面设置"→"打印区域"按钮，在弹出的菜单中选择"设置打印区域"选项，将 A6:S6 设置为打印区域，如图 11-12 所示。

图 11-12　设置打印区域

4．预览与打印

（1）选择"文件"→"打印"选项，进行打印前的设置和预览，如图 11-13 所示。

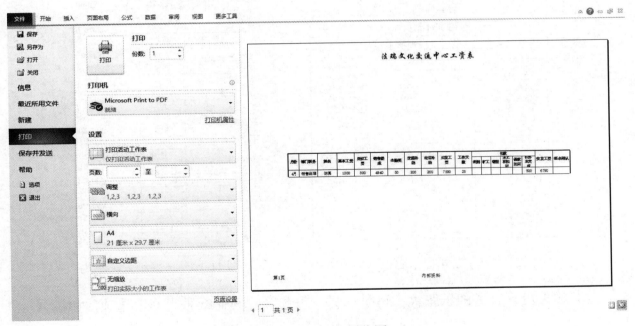

图 11-13　打印预览图

（2）确认设置无误后，单击"打印"按钮，弹出"打印内容"对话框，放大后的打印预览图，如图 11-14 所示。

月份	部门职务	姓名	基本工资	岗位工资	销售提成	全勤奖	交通补助	电话补助	应发工资	工作天数	扣款					实发工资	签名确认
											迟到	旷工	请假	未上班扣回	借款扣回	任务未完成		
4月	销售经理	陈其	1300	800	4940	50	300	200	7590	25						800	6790	

图 11-14　放大后的打印预览图

（3）打印机内放入纸张，单击"确定"按钮后，即可开始打印该工资条了。如果要打印其他员工的工资条，只要将现有打印区域清除，重新选择要打印的员工的数据区域即可。

203

（4）其他月份的每个员工的工资条打印方法与以上方法相同，在此不再赘述。至此本任务全部完成。

知识解析

1. 设置打印方向与边界

根据打印文档的不同需求，在打印工作表时，会选择不同的纸张，选择不同的打印边界，并可要求打印方向为横向打印，操作步骤如下。

（1）打开"公司内部通讯录"，如图 11-15 所示。

（2）单击"页面布局"→"页面设置"→"纸张大小"按钮，在弹出的下拉菜单中选择纸张大小为"A4"，如图 11-16 所示。

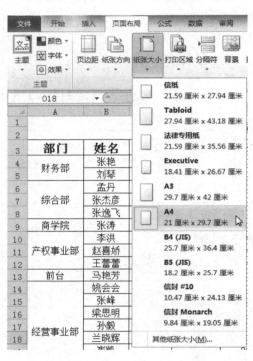

图 11-15 公司内部通讯录	图 11-16 选择纸张大小为"A4"

（3）如果没有合适的纸张大小可供选择，可选择"其他纸张大小"选项，如图 11-17 所示。

（4）单击"页面布局"→"页面设置"→"纸张方向"按钮，在弹出的下拉菜单中选择打印方向为"纵向"，如图 11-18 所示。

（5）选择"页面布局"→"调整为合适大小"，可对"宽度""高度""缩放比例"等选项进行设置。

（6）单击"页面布局"→"页面设置"→"页边距"按钮，在弹出的菜单中选择"普通"选项，如图 11-19 所示。（如果需要自定义页边距，可选择"自定义边距"选项，在弹出的"页面设置"对话框中设置相应的参数即可。）

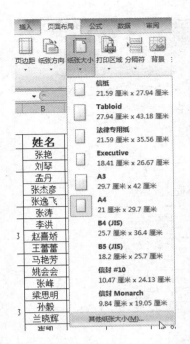

图 11-17　选择"其他纸张大小"选项

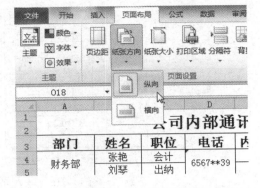

图 11-18　选择打印方向

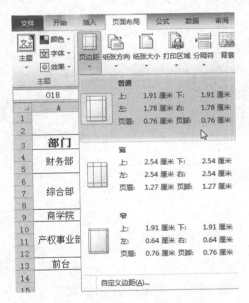

图 11-19　选择"普通"页边距

2. 添加页眉页脚

Excel 2010 中，可以在工作表中显示页码、日期、文档标题等内容。用户可以使用 Excel 默认的页眉和页脚，也可以自定义设置页眉和页脚，具体操作步骤如下。

（1）单击"插入"→"文本"→"页眉和页脚"按钮，进入页眉和页脚编辑状态，如图 11-20 所示。

（2）在页眉和页脚编辑状态下，单击"设计"→"导航"→"转至页脚"按钮，切换至页脚编辑状态，输入"内部资料，请勿外传"。单击当前正在编辑页脚区外的任意位置或按【Esc】键，退出页眉/页脚编辑状态，如图 11-21 所示。

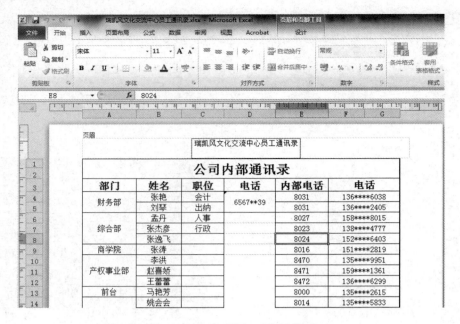

图 11-20　进入页眉/页脚编辑状态

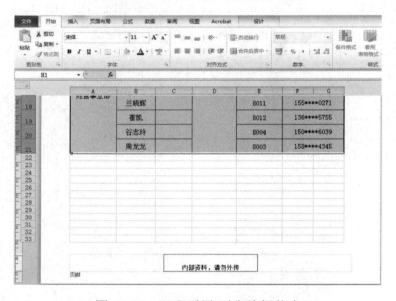

图 11-21　退出页眉/页脚编辑状态

3. 预览打印效果并打印文件

设置好工作表的页面布局后，可以打开预览窗口查看所做的设置是否符合打印的要求。如果不符合打印要求，可调整打印设置，直到满意即可打印输出，预览打印效果的操作如下。

（1）选择"文件"→"打印"选项，进入打印预览窗口，如图 11-22 所示。可以对工作表的页眉设置进行查看。

在预览界面中可进行如下设置。

● 在"打印机"下拉菜单中，选择要进行打印的打印机，如图 11-23 所示。对打印机进行设置，如图 11-24 所示为设置打印范围，如图 11-25 所示为设置打印方式。

● 在"打印范围"组中，选择打印整个工作表还是打印工作表中指定的页。

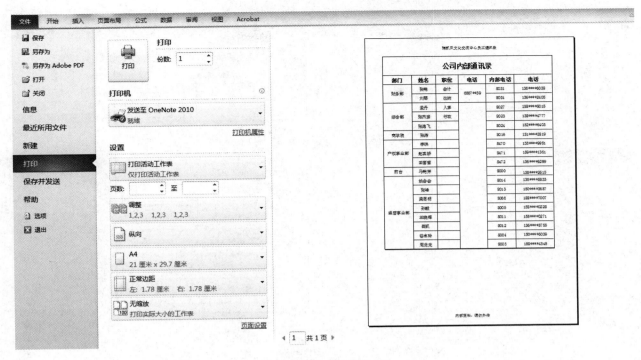

图 11-22　打印预览窗口

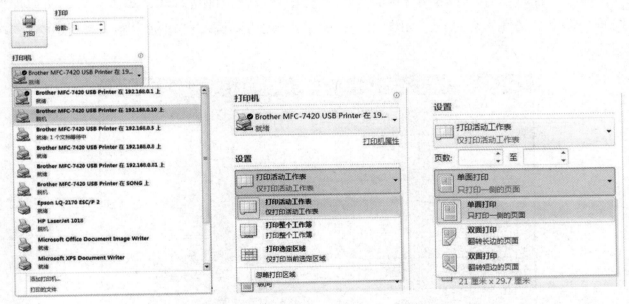

图 11-23　"打印机"选项　　　图 11-24　设置打印范围　　　图 11-25　设置打印方式

- 在"打印内容"组中，选择打印内容，如设置的打印区域、当前工作表或整个工作簿。
- 在"份数"组的"打印份数"文本框中，输入打印的份数，即可一次打印多份相同的工作表。

设置相应参数后，单击"打印"按钮，即可按设置的内容进行打印。

（2）单击预览界面右下角的页边距按钮，将显示页边距，并可对页边距进行调整，如图 11-26 所示。

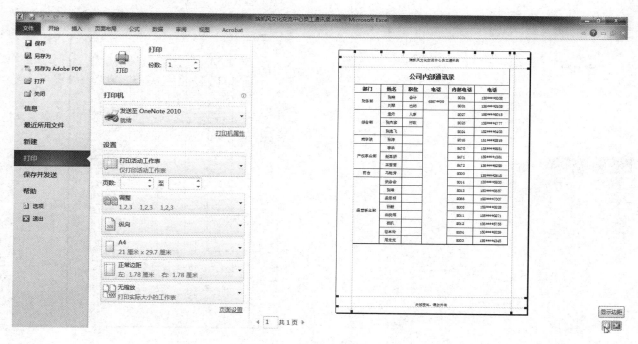

图 11-26　对页边距进行调整

（3）设置完毕后，单击图 11-22 中的"打印"按钮，即可打印，单击"打印机属性"按钮，弹出"属性"对话框，如图 11-27 所示。（注：不同的打印机，弹出对话框会略有不同）

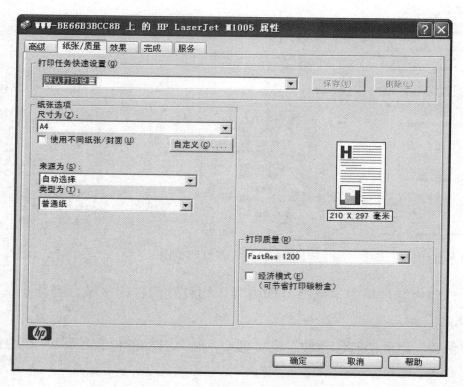

图 11-27　"属性"对话框

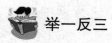 举一反三

打印出某公司 2011 年销售利润表，要求添加页眉、页脚和页码，打印内容，如图 11-28 所示。

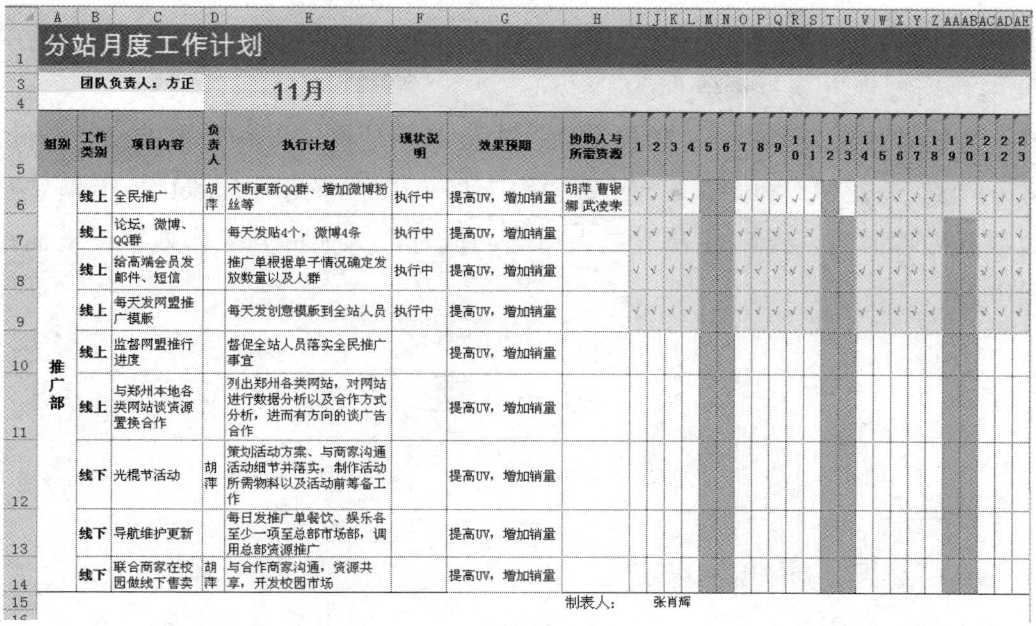

分站月度工作计划

团队负责人：方正　　11月

组别	工作类别	项目内容	负责人	执行计划	现状说明	效果预期	协助人与所需资源	1	2	3	4	5	6	7	8	9	10	11	12	13	14	15	16	17	18	19	20	21	22	23
推广部	线上	全民推广	胡萍	不断更新QQ群、增加微博粉丝等	执行中	提高UV，增加销量	胡萍 曹银娜 武凌荣	√	√	√	√			√	√	√	√	√			√	√	√	√	√			√	√	√
	线上	论坛，微博、QQ群		每天发贴4个，微博4条	执行中	提高UV，增加销量		√	√	√	√			√	√	√	√	√			√	√	√	√	√			√	√	√
	线上	给高端会员发邮件、短信		推广单根据单子情况确定发放数量以及人群	执行中	提高UV，增加销量		√	√	√	√			√	√	√	√	√			√	√	√	√	√			√	√	√
	线上	每天发网盟推广模版		每天发创意模版到全站人员	执行中	提高UV，增加销量		√	√	√	√			√	√	√	√	√			√	√	√	√	√			√	√	√
	线上	监督网盟推行进度		督促全站人员落实全民推广事宜		提高UV，增加销量																								
	线上	与郑州本地各类网站谈资源置换合作		列出郑州各类网站，对网站进行数据分析以及合作方式分析，进而有方向的谈广告合作		提高UV，增加销量																								
	线下	光棍节活动	胡萍	策划活动方案、与商家沟通活动细节并落实，制作活动所需物料以及活动前筹备工作		提高UV，增加销量																								
	线下	导航维护更新		每日发推广单餐饮、娱乐各至少一项至总部市场部，调用总部资源推广		提高UV，增加销量																								
	线下	联合商家在校园做线下售卖	胡萍	与合作商家沟通，资源共享，开发校园市场		提高UV，增加销量																								

制表人：　张肖辉

图 11-28　打印内容

总结与思考

Excel 2010 是用来制作表格、数据分析的功能强大的电子表格软件，它广泛地应用于各个领域。第 7 章到第 11 章从 5 个方面介绍了 Excel 2010 的功能和常用操作：电子表格的基本操作、表格格式的设置、数据的处理、数据的分析及打印输出等。学习完后应达到如下要求。

- 理解工作簿、工作表、单元格等基本概念。
- 熟练创建、编辑、保存电子表格文件。
- 熟练输入、编辑、修改工作表中的数据。
- 熟练掌握工作表的格式设置方法（设置单元格、行、列、单元格区域、工作表、自动套用格式等）。
- 熟练插入单元格、行、列、工作表、图表、分页符、符号等，熟练设置工作表的格式。
- 理解单元格地址的引用，会使用常用函数。
- 会对工作表中的数据进行排序、筛选、分类汇总操作。
- 了解常见图表的功能和使用方法，会创建与编辑数据图表。
- 会根据输出要求，设置打印方向与边界、页眉和页脚，设置打印属性。
- 会预览和打印文件。

学有余力和对数据处理分析有兴趣的同学可在掌握以上知识的基础上，选学“知识拓展与训练”中的内容，包括以下几点。

- 导入外部数据、使用模板及数据保护。
- 使用表样式快速设置表格式。

● 多张工作表的计算。

● 使用数据透视表与数据透视图。

随着社会信息化的蓬勃发展，在日常生活中会经常遇到的各种数据的分析与处理问题，如家庭财务收支、班级学习成绩、产品销售等，如果能熟练使用 Excel 2010 解决日常生活中遇到的数据处理问题，一定能获取更为精确的信息，大大提高工作效率，从而增强个人的社会竞争力。

习　题

一、填空题

1．Excel 的主要功能体现在以下三个方面_____、_____和_____。

2．Excel 中工作表是_____；工作簿是_____，其默认的扩展名是_____；保存 Excel 文件，是指保存_____。

3．正在处理的单元格称为_____，其特征是_____，完整的单元格地址包括_____、_____、_____和_____。

4．Excel 缺省的文字对齐方式为_____，若希望输入的文字在单元格中自动换行，则必须执行_____菜单中的_____指令，在出现的对话框中选择"自动换行"选择框。

5．按【Delete】键可对选定的单元格的_____进行清除，而单元格的_____和_____保持不变，若要清除全部信息，则必须用_____菜单中的_____命令，在弹出的四个选项中选择全部。而删除的含义是_____。

6．当选择插入整行或整列时，插入的行总在活动单元格的_____，插入的列总在活动单元格的_____。

7．"页面设置"对话框包括_____、_____、_____和_____4 个选项标签；打印对话框中的打印方式有_____、_____和_____3 种。

8．Excel 中的公式是_____的核心，公式输入时都是以_____开始，后面由_____和_____构成。

9．运算符有_____、_____和比较运算符 3 种，比较运算符的优先级_____，运算结果是_____或_____。

10．若某工作表的 C2 单元格中的公式是：=A1+$B$1，再将 C2 单元格复制到 C3 单元格中，则 C3 单元格中的公式是：_____。

11．若要在 Sheet1 中 H2 单元格中引用 Book2.xls 中 Sheet2 中的单元格 A1，只要在 Sheet1 中的 H2 单元格中键入公式_____即可。

12．公式"=SUM(C2:F2)−G2"的意义是_____。

13．图表向导的四个步骤是_____、_____、图表选项和_____；图表选项的对话框共有 6 个标签_____、_____、_____、坐标轴、网格线和数据标志。

14．Excel 清单中的列被认为是数据库的_____，清单中的列标记被认为是数据库的

_____，清单中的每一行被认为是数据库的_____。

二、简答题

1．如何选定指定的行及整个工作表？

2．要输入产生星期一、星期二……的序列，应如何操作？

3．某工作表中已经有工作表数据和其对应的图表，若在表中增加一列数据，并希望新的数据反映到图表中，应如何操作？

三、操作题

制作某一单位业务销售工作簿，并针对"某单位各部门销售指标统计表"按照如下要求进行操作。

1．在当前"销售表"添加页眉页脚，页眉区域中输入文本"自定义页眉"，页脚区域中输入文本"自定义页脚"。

2．建立"销售表"的副本"销售表（2）"，并移至最后。

3．保存文件。

第12章 Excel 2010 综合实训——员工档案和工资表的制作及数据分析

为了方便管理，深圳好行旅行社决定对员工的档案和工资实行计算机管理，请利用 Excel 2010 软件完成以下数据处理任务。

1. 制作“深圳好行旅行社市场营销部员工简历”

深圳好行旅行社市场营销部员工简历为该公司员工档案，如图 12-1 所示。

	C	D	E	F	G
1	深圳好行旅行社市场营销部员工简历				
2	姓　名	杨涛	性　别	男	照片
3	出生年月	1987/1/5	政治面貌	中共党员	
4	籍　贯	贵州	民　族	汉族	
5	身　高	175cm	体　重	68kg	
6	专　业	机械设计制造及自动化	健康状况	健康	
7	学　历	本科	毕业时间	2010年6月	
8	联系电话	134****2475	电子邮件	yangtao@163.com	
9	教育背景	专业：广东XX学院　机电工程系 06机械设计制造及其自动化			
10		学历：本科　　排名：10/46			
11		主修课程：工程数学、工程力学、机械制图、机械原理、机械零件、工程材料、机械强度、发动机原理、汽车构造、汽车制作工艺、汽车维修等			
12	个人简历	兴趣广泛、学习能力强、责任心强，独立工作能力强、能吃苦耐劳，具有团队精神多年的学生干部生涯使自己具备了良好的策划、组织、协调、管理能力。			
13	能力与特长	业余特长：喜欢摄影摄像并会多种摄影摄像的剪辑技术			
14		语言能力：英语四级，具有一定听说读写能力			
15		计算机能力：国家计算机二级（VB）熟悉office应用办公软件Photoshop、Adobe Premiere等软件。			
16		专业能力：汽车高级维修工、驾驶执照C1牌　良好的专业知识水平			
17	在校经历	一、2007年9月-2008年6月担任校园电视台副台长以及摄影协会副会长			
18		期间：1、创立了主持部为学校统一选取并培训主持人；			
19		2、在任职期间获得“校园十佳社团”			
20		二、2008年9月-2009年6月担任院学生会副主席、学生委员会委员			
21		三、2009年5月参加第二届广东省大学生科技创新比赛作品《关于广东梧桐山旅游资源开发的思考》获得省内“三等奖”			
22		期间：1、对整个项目的开发进行统筹，对人员和资源时间等进行前期规划与安排；			
23		2、引导小组成员进行资料获取以及协调分工；			
24	奖励情况	1、2006年新生军训期间获“军训标兵”			
25		2、2007年6月期间获系“优秀学生干部”			
26		3、2009年5月广东XX学院大学生“挑战杯”作品《关于开展高校传统文化教育的研究》获得院“三等奖”			
27		4、2009年11月获学院“优秀大学生”			
28	社会实践工作经历	一、2009年9月一2009年11月担任副院长办公室行政助理			
29		二、2010年2月一2012年4月在深圳好行旅行社市场营销部担任客户经理			
30					

图 12-1　员工档案

2. 制作“深圳好行旅行社市场营销部员工工资表”

制作 2011 年 2 月“深圳好行旅行社市场营销部员工工资表”并用公式算出“应领工资

合计""加班费""代扣个人所得税""实发工资"4 项。其中，应领工资合计=基本工资+岗级工资+提成金额+全勤奖+津贴+补贴+加班费；所得税=（应领工资合计-2000）×0.05；实发工资=应领工资合计-其他应扣款-代扣代支-代扣个人所得税；计算出该月所有职工的工资总和；添加页眉"深圳好行旅行社市场营销部员工工资表"，页脚"内部资料，请勿外传"；添加页码。员工工资表如图 12-2 所示，预览效果如图 12-3 所示。

编号	姓名	职务	基本工资	岗级工资	提成金额	金勤奖	津贴	交通补助	电话补助	加班费/小时	加班时长	加班费	应领工资合计	三险	病假应扣	其他应扣	扣款罚款	养老保险	住房公积金	失业保险	医疗保险	代扣个人所得税	实发工资	领款人签字
1	乔巧巧	营销顾问	1200	600	1256	50	120	200	100	30	9	270	3796	145.6	90			360	0.00	27.0	67.0	89.8	3016.60	
2	李艳	营销顾问	1200	600	890	50	120	200	100	30			3160	145.6	0		20	360	0.00	27.0	67.0	58.0	2482.40	
3	李玉平	营销顾问	1200	600	734	50	120	200	100	30	4	120	3124	145.6	0			360	0.00	27.0	67.0	56.2	2468.20	
4	苏永吉	营销顾问	1200	600	800	50	120	200	100	30			3070	145.6	0			360	0.00	27.0	67.0	53.5	2416.90	
5	曾志勇	营销经理	1800	900	3200	50	150	300	200	50			6600	145.6	0		100	360	0.00	27.0	89.0	230.0	5648.40	
6	张峰	运营经理	2000	900	0	50	150	300	200	60			3600	145.6	0			360	0.00	27.0	89.0	80.0	2898.40	
7	姜小勇	策划专员	1500	700	0	50	100	200	100	40	3	120	2790	145.6	0			360	0.00	27.0	67.0	39.5	2030.90	
8	董怡	市场总监	2500	1200	4300	50	200	300	200	80			8750	145.6	0			360	0.00	27.0	89.0	337.5	7790.90	
9	黄飞鹏	总经理	3500	1500	5600	50	500	400	300	100			11850	145.6	0			360	0.00	27.0	89.0	492.5	10735.90	
10	赵鹏	营销经理	1800	900	2300	50	150	200	200	50	2	100	5800	145.6	0			360	0.00	27.0	89.0	190.0	4988.40	
合计			17900	8500	19080	500	1750	2600	1600	500	18	610	52540	1456	210	0	120	3600	0	270	780	1627	44477	

（表头）2月份工资计算发放明细表　深圳好行旅行社市场营销部员工工资表　2011/3/15　单位：　元

图 12-2　员工工资表

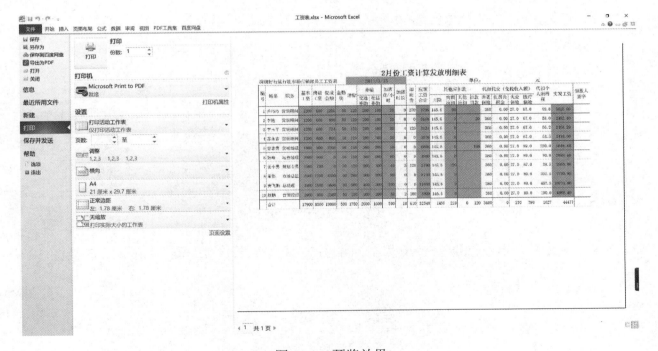

图 12-3　预览效果

3. 对工资表进行分析

工资表制作完成后，要求进行如下分析。

（1）对各月份的实发工资按由高到低的顺序排序。设置参数，如图 12-4 所示，排序效果如图 12-5 所示。

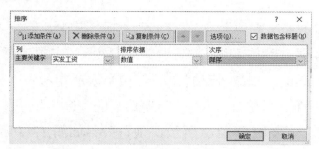

图 12-4　设置参数

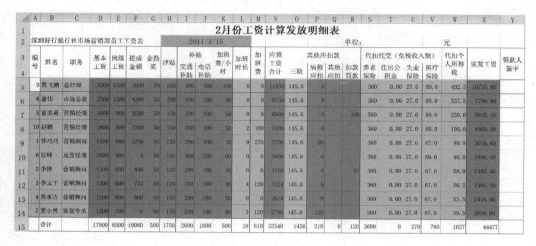

图 12-5　排序效果

（2）筛选出实发工资大于 3000 元的员工，如图 12-6 所示。

图 12-6　实发工资大于 3000 元的员工

（3）分类汇总出不同职务员工和不同学历员工的实发平均工资，如图 12-7 至图 12-9 所示。

图 12-7　"分类汇总"对话框

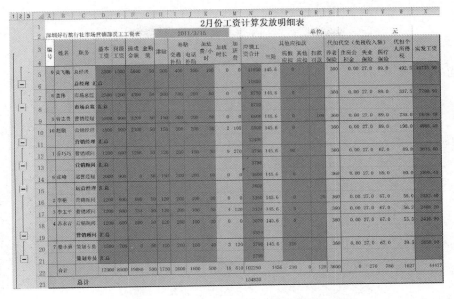

图 12-8　不同职务员工的实发平均工资

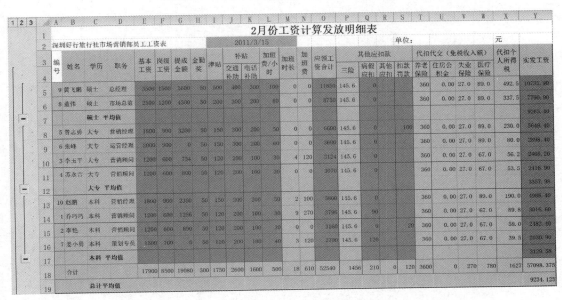

图 12-9　不同学历员工的实发平均工资

（4）以图表的形式显示不同学历员工的实发工资平均值，如图 12-10 所示（注意选取区域）。

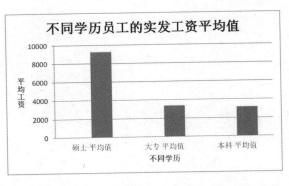

图 12-10　不同学历员工的实发平均工资图表

4．将以上表格分别打印出来

215

Power Point 2010 篇

PowerPoint 2010 是优秀的演示文稿处理软件之一，作为 Office 2010 办公应用软件中的一个重要组件，PowerPoint 2010 专门用来进行演示文稿的创建、制作、设计和播放，从而帮助用户创建和共享专业的演示文稿。

PowerPoint 2010 能轻松地创建演示文稿，其完善的演示文稿处理功能给用户提供了很大的方便，掌握该软件的使用已成为用户工作和学习的必备技能。本篇通过完成具体的案例，使用户基本掌握 PowerPoint 2010 中的基本操作，能够制作文字、图片、表格、图形、声音和视频的演示文稿，初步具备现代办公的应用能力。

第 13 章

PowerPoint 2010 窗口组成及基本操作
——创建 "公司文化简介"

PowerPoint 2010 是 Microsoft Office 2010 的一个组件,是专门用来制作演示文稿的应用软件。使用 PowerPoint 2010,能够制作出包含文字、图片、表格、图形、声音和视频的图文并茂的演示文稿,可用于企业介绍、产品展示、专家报告和职工培训等各种场合,是日常办公最得力的工具之一。本章将介绍 PowerPoint 2010 的使用,通过完成本章所设置的任务,能够轻松掌握演示文稿的创建、制作、设计和播放。

 本章重点掌握知识

1. PowerPoint 2010 的工作界面
2. 创建、保存与放映文档
3. 文字的输入与编辑
4. 幻灯片版式及幻灯片的添加、删除

 任务描述

惠券团购公司每年对招聘进来的新员工都要进行培训,这次的培训内容是向新员工介绍公司的企业文化、经营理念等基本情况,以帮助他们尽快了解公司,从而能够更快、更好地投入工作。培训部要求秘书小陈制作一组介绍公司基本情况的幻灯片,用来配合培训工作。

介绍公司概况的幻灯片,由 7 张幻灯片组成,第 1 张是本组幻灯片的封面,第 2 张至第 7 张是介绍企业文化、经营理念。需要注意的是:演示文稿中的内容,应是演讲者讲话的主题和核心,而不是所说的每一句话都要显示在演示文稿中。幻灯片的参考样张如图 13-1 所示。

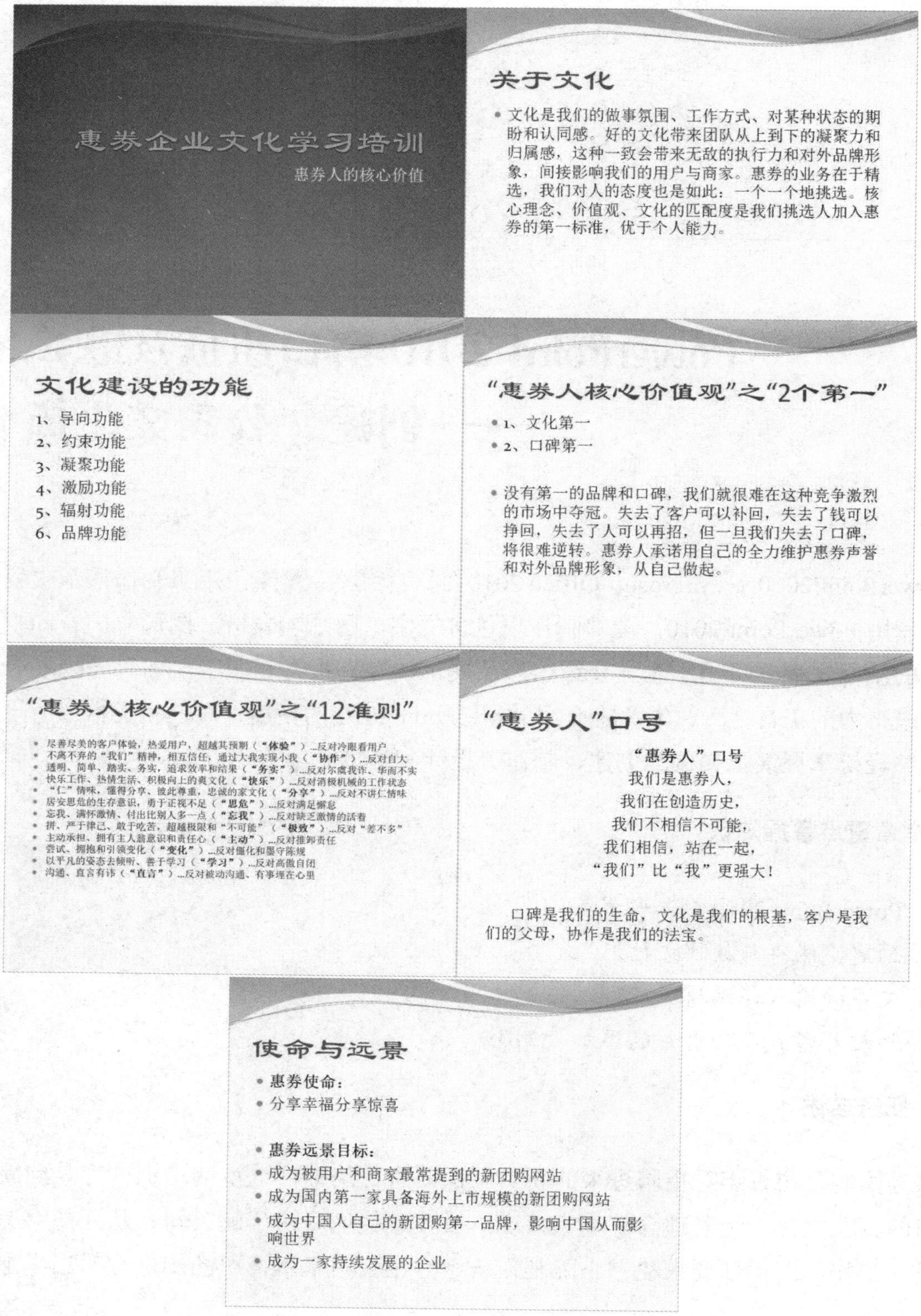

图 13-1　幻灯片的参考样张

操作步骤

1. 制作标题幻灯片

（1）选择"开始"→"所有程序"→"Microsoft Office"→"Microsoft PowerPoint 2010"选项，打开 PowerPoint 2010 的工作窗口，如图 13-2 所示。

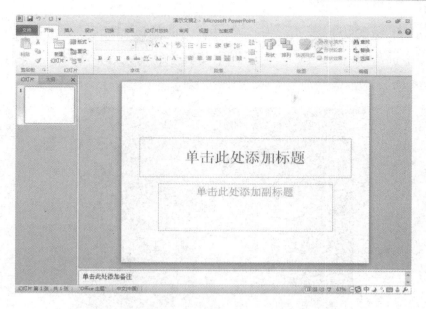

图 13-2　PowerPoint 2010 的工作窗口

（2）单击"设计"→"主题"组的下拉按钮，在弹出的下拉菜单中选择"流畅"样式，如图 13-3 所示，幻灯片的背景如图 13-4 所示。

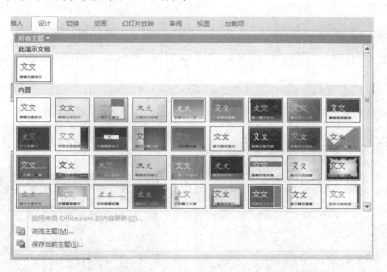

图 13-3　"设计"→"主题"组

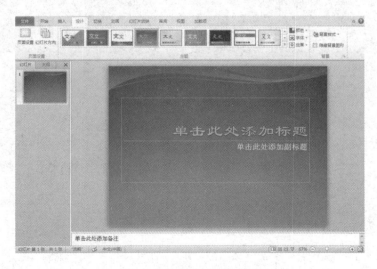

图 13-4　幻灯片的背景

（3）在编辑区上边的矩形框（内有文字"单击此处添加标题"）中单击，输入文字"惠券企业文化学习培训"，并在"开始"选项卡中将其字体设置为"隶书"，字号设置为"54"，如图 13-5 所示。

图 13-5　输入主标题

（4）单击矩形框边线（即选中该文本框），此时在标题栏上出现"绘图工具"，单击"格式"选项卡，在"艺术字样式"组中单击"对话框启动器"按钮 █，从中选择如图 13-6 所示样式；用同样的方法在下面矩形框（内有文字"单击此处添加副标题"）内输入"惠券人的核心价值"，设置字体为"汉仪超粗黑简"、字号为"28"、颜色为"白色"，第一张幻灯片制作完成。第一张幻灯片的效果如图 13-7 所示。

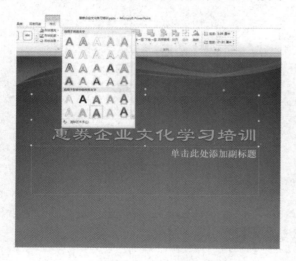

图 13-6　主标题字形格式

图 13-7　第一张幻灯片的效果

> 📖 **提示**
>
> 　　PowerPoint 2010 幻灯片编辑区中的矩形框就是一个文本框，单击文本框边线，即选中了该文本框，可对其中的文本进行字体、字号、颜色等各种设置，也可对文本框的填充色、边框等进行设置。

2. 添加一张新的幻灯片

（1）单击"开始"→"幻灯片"→"新建幻灯片"按钮，从中选择不同版式，如图 13-8 所示，此时在第一张幻灯片后面添加一张新幻灯片，如图 13-9 所示。

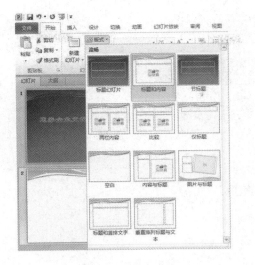

图 13-8　新幻灯片的版式

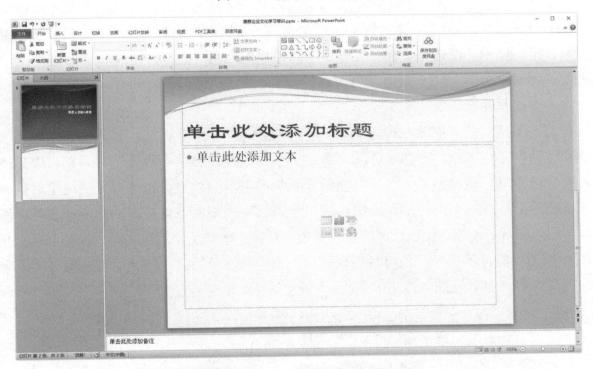

图 13-9　添加一张新幻灯片

（2）新幻灯片的背景样式是在创建第 1 张幻灯片时所选主题确定的。在上边的矩形文本框内输入"关于文化"，选中文本，将字体设置为"华文琥珀"，字号设置为"50"。在下边的矩形文本框中输入该幻灯片的正文，并将字体设置为"汉仪菱心体简"，字号设置为"28"，颜色设置为"黑色"，加阴影。第 2 张幻灯片的效果如图 13-10 所示。

3．完成并保存幻灯片

用同样的方法，添加并编辑第 3 至第 8 张幻灯片，保留项目符号。第 3 张幻灯片的效果如图 13-11 所示。

至此，任务 1 所要求的演示文稿制作完毕。

单击界面右下角的"幻灯片放映"按钮，则可以全屏播放演示文稿。选择"文件"→"保存"选项，或直接在快捷工具栏上单击"保存"按钮，可将该演示文稿保存到磁盘上。

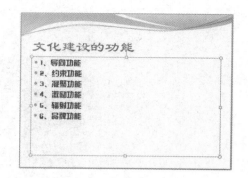

图 13-10　第 2 张幻灯片的效果　　　　　　　图 13-11　第 3 张幻灯片的效果

 知识解析

1. PowerPoint 2010 的工作界面

PowerPoint 2010 的工作界面与 Word 2010、Excel 2010 类似，也是由标题栏、功能区、选项卡、组、图形化的命令按钮、工作区及状态栏组成的，其操作方法也类似。

PowerPoint 2010 的工作区有 3 种常用的显示方式。

（1）普通视图。

普通视图是默认的视图方式，通过启动 PowerPoint 2010 进入的工作界面即是普通视图方式。普通视图将工作区分为 3 部分：左边是幻灯片浏览窗格，每张幻灯片都以缩略图的方式整齐地排列在该窗格中，可以方便地观看设计更改的效果，也可以方便地重新排列、添加或删除幻灯片；右边是幻灯片编辑区，在该窗格中不仅可以显示幻灯片，还可以添加文本，插入图片、表格、图表、文本框、音频、视频、动画及超链接等对象，是 PowerPoint 2010 中编辑幻灯片的区域；幻灯片编辑区的下面是备注编辑区，用于添加与幻灯片内容相关的备注内容，普通视图如图 13-12 所示。

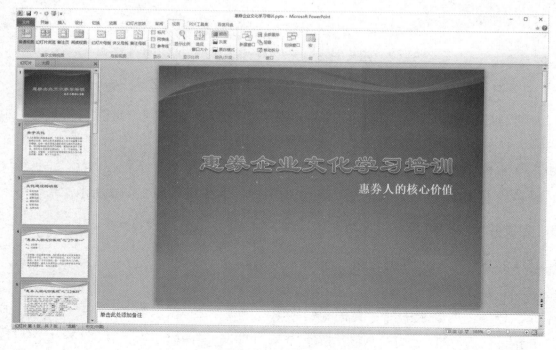

图 13-12　普通视图

（2）幻灯片浏览视图。

单击 PowerPoint 2010 窗口右下角的"幻灯片浏览"按钮，演示文稿就切换到幻灯片浏览视图，如图 13-13 所示。幻灯片浏览视图将演示文稿的所有幻灯片缩小放在屏幕上，可以方便地查看演示文稿的整体效果，还可以方便地插入、删除幻灯片及重新排列幻灯片的显示顺序。

（3）幻灯片放映视图。

单击 PowerPoint 2010 窗口右下角的"幻灯片放映"按钮，演示文稿就切换到幻灯片放映视图方式。幻灯片放映视图是专门用于播放幻灯片的，在幻灯片中加入的动画、音频、视频及特效必须在幻灯片放映视图下才能播放出来。

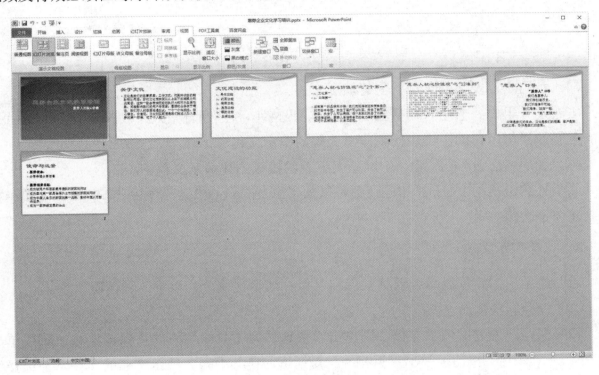

图 13-13　幻灯片浏览视图

2. 创建演示文稿

当 PowerPoint 2010 启动后，会自动创建名为"演示文稿 1"的空白演示文稿，在空白演示文稿中可以插入幻灯片，输入文本，插入图片、剪贴画、表格、声音和视频等各种对象，从而创建一份图文并茂的演示文稿。

PowerPoint 2010 还提供了许多制作演示文稿的方法，可以快速制作出具有专业水平的演示文稿。

选择"文件"→"新建"选项，弹出"新建演示文稿"对话框，如图 13-14 所示。

在"新建演示文稿"对话框中，除提供从空白演示文稿开始以外，还提供了多种创建演示文稿的方法。

（1）利用"已安装的模板"创建演示文稿。

PowerPoint 2010 中已经安装了一些演示文稿的模板，利用这些模板，可以很容易地创建出包含一定内容和格式的演示文稿。

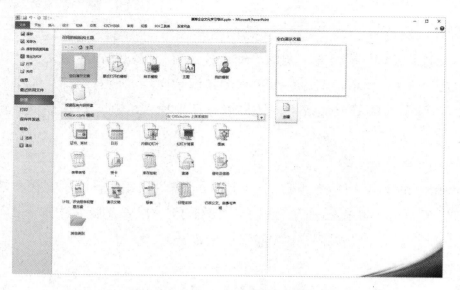

图13-14 "新建演示文稿"对话框

（2）利用"已安装的主题"创建演示文稿。

主题是一组格式选项，包括主题颜色、主题字体和主题背景效果。PowerPoint 2010 提供的主题效果可以帮助用户轻松制作出美观的演示文稿。

（3）利用"Microsoft Office"网站上下载的模板创建演示文稿。

如果计算机已与 Internet 相连，则可以从"Microsoft Office"网站上下载演示文稿模板来创建演示文稿。

3. 保存演示文稿

当创建了演示文稿以后，要将其保存。保存演示文稿分为以下 5 种情况。

（1）保存新的演示文稿。

若要保存新创建的演示文稿，则单击"快速访问工具栏"上的"保存"按钮或单击"文件"→"保存"按钮，弹出"另存为"对话框，在其中输入演示文稿的文件名并选择保存位置，然后单击"保存"按钮即可。

（2）将修改后的演示文稿保存。

若对已有的演示文稿进行修改后需要重新保存，单击"快速访问工具栏"上的"保存"按钮或选择"文件"→"保存"选项，则修改后的演示文稿将以原来的文件名保存。

（3）将演示文稿另存。

若需要对演示文稿重新命名（即原来的演示文稿仍保留）或保存到新的位置，则选择"文件"→"另存为"选项，在弹出的"保存文档副本"菜单中选择"PowerPoint 演示文稿（T）"选项，在弹出的"另存为"对话框中输入新的文件名或选择新保存位置，然后单击"保存"按钮即可。

（4）将演示文稿保存为可以直接放映的文件。

若需要将演示文稿保存为可以直接放映的文件，则要在"保存文档副本"菜单中单击"PowerPoint 放映"，然后在弹出的"另存为"对话框中输入文件名及保存位置，单击"保存"按钮即可。

（5）将演示文稿保存为"PowerPoint 97-2003"格式。

若希望在 PowerPoint 2010 中创建的演示文稿能够在 PowerPoint 97-2003 软件中编辑和播放，则要在"保存文档副本"菜单中单击"PowerPoint 97-2003 演示文稿（9）"，然后在弹出的"另存为"对话框中输入文件名并选择保存位置，单击"保存"按钮即可。

4. 放映演示文稿

当创建了演示文稿以后，若要查看播放效果，只需单击 PowerPoint 2010 窗口右下角的"幻灯片放映"按钮 即可。

> 📖 提示
>
> 直接按【F5】键，可以从头开始放映幻灯片；按【Shift+F5】组合键，可以从当前幻灯片开始放映幻灯片。

5. 在演示文稿中输入文字

在演示文稿中输入文字的方法有两种，一种是将文字直接输入到占位符中，另一种是利用文本框输入文字。

（1）在占位符中输入文字。

当选定演示文稿中的一张幻灯片时，在幻灯片上会出现虚线矩形框，其中还会有一些提示性的文字（如"单击此处添加标题"），这些提示性的文字称为"占位符"。用户可以在"占位符"上单击，然后用实际需要的内容去替换"占位符"中的文本。输入完毕后，单击幻灯片的空白区域即可结束文本的输入，"占位符"的虚线边框将消失。

（2）使用文本框添加文字。

使用"占位符"输入文字虽然方便，但并不灵活。当需要在"占位符"以外的地方输入文字时，可以利用文本框输入。操作方法是：单击"开始"→"绘图"→"文本框"按钮 ，然后在幻灯片上拖出一个矩形框，其中会有一个闪烁的插入点，即可输入文本。输入完毕后，单击文本框以外的区域结束文本的输入。

6. 设置文字的格式

文字的格式包括字体、字号、颜色、段落格式、项目符号和编号等，通过"开始"选项卡中的"字体""段落"组中的按钮进行设置，其设置方法与在 Word 2010 中的设置文字格式的方法类似，只不过幻灯片中的文字是在文本框中，因此在设置格式前应单击文本框的边线（即选中文本框）或选中其中的文字后再进行设置。

7. 设置或改变幻灯片的背景主题

恰当地选择幻灯片的背景主题可以强化幻灯片的效果。除可以在新建演示文稿时从"已安装的主题"中选择和创建背景主题，还可以利用"设计"选项卡的"主题"组来设置或改变幻灯片的背景主题。

打开演示文稿，单击"设计"→"主题"→"网格"主题后，幻灯片的主题即变为所选的主题，如图 13-15 所示。

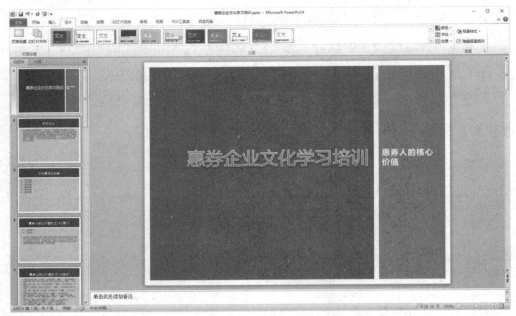

图 13-15　在"主题"组中选择"网格"主题

　　单击"设计"→"背景"→"背景样式"按钮，弹出"背景样式"下拉菜单，如图 13-16 所示。从列表中选择图案，可对背景做进一步的修改。在"背景样式"下拉菜单中选择"设置背景格式"选项，如图 13-16 所示，弹出"设置背景格式"对话框，如图 13-17 所示，从中可进一步调整背景的色彩和图案。

图 13-16　"背景样式"下拉菜单　　　　　图 13-17　"设置背景格式"对话框

8. 幻灯片的添加、删除、复制和重排位置

（1）添加幻灯片。

　　单击"开始"→"幻灯片"→"新建幻灯片"按钮，或在幻灯片的缩略图上右击，弹出快捷菜单，如图 13-18 所示，选择"新建幻灯片"选项，可在当前幻灯片之后添加一张新幻灯片。若单击"版式"按钮右边的下拉按钮，则先弹出一个如图 13-19 所示的"版式"下拉菜单，从中可选择新添加的幻灯片的编辑格式。

（2）删除幻灯片。

　　在要删除的幻灯片的缩略图上右击，在弹出的快捷菜单中选择"删除幻灯片"选项，即可将选择的幻灯片删除。

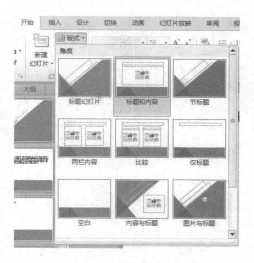

图 13-18　快捷菜单　　　　　　　　图 13-19　"版式"下拉菜单

（3）复制幻灯片。

如果希望创建两个内容和布局都类似的幻灯片，则可以先创建一张，然后复制该幻灯片，再在复制幻灯片上进行修改。

在要复制的幻灯片的缩略图上右击，在弹出的快捷菜单中选择"复制"选项，再将鼠标移动到要添加幻灯片副本的位置上右击，在弹出的快捷菜单中选择"粘贴"选项，即完成了幻灯片的复制。

（4）重新排列幻灯片的顺序。

在"幻灯片"的浏览视图中，单击要移动的幻灯片，将其拖动到所需的位置即可。

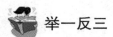 举一反三

晨曦文化创意有限公司进行企业内部培训讲座，为了使讲座更加生动形象，讲师希望制作一个介绍本次培训内容的演示文稿。要求至少由 6 张幻灯片组成，内容主要是工作效率低下的因素、提升工作效率的方法、时间管理、精心计划等，背景样式要符合内容风格，字体格式的设置要美观、整齐。

企业内部培训讲座的演示文稿样张如图 13-20 所示。

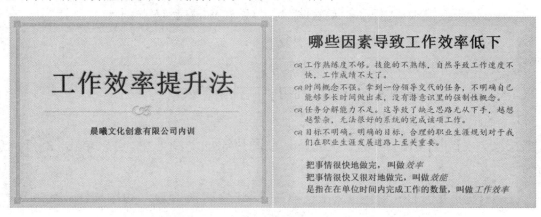

图 13-20　企业内部培训讲座的演示文稿样张

怎样提高工作效率

任务效率提升

分解任务，找到方法，转化成系统的行动，一步一步有时间截点的进行，最后一个月的任务会很好的完成。举例这个月部门给各位安排的工作。

项目效率提升

项目往往属于一个系统工程，需要协调各个部门。比如我们需要招聘一批实习生培养，我们需要跟学校、人资部、财务部、门店确认等等，确定最佳沟通时间。

行动效率提升

量化指标，立即执行，寻找方法，提高效率，核实结果。比如今天打多少电话，接待多少客户，盖多少章，签多少合同等等。

杂事效率提升

对于工作意义不大的事情，比如工作中遇见老同学有说不完的话题，比如和某同事聊到服饰、减肥、美容等话题，可以放到午休时间。

时间管理

- 时间管理就是自我管理。
- 自我管理即是改变习惯，以令自己更富绩效，更富效能。
- 时间管理就是事前的规划或长期的计划。

时间管理是指通过事先规划和运用一定的技巧、方法与工具实现对时间的灵活以及有效运用，从而实现个人或组织的既定目标。

精心计划

- 精心计划是高效工作的基础，我们为什么要做计划？
（1）凡是可能出错的都会出错；
（2）每次出错的时候，总在最不可能出错的地方；
（3）不论您估算多少时间，计划的完成都会超出期限；
（4）不论您估算多少的开销，计划的花费都会超出预算；
（5）所以，在做任何事情之前，都必须先做一些准备的工作。

图13-20　企业内部培训讲座的演示文稿样张（续）

习　题

一、填空题

1．PowerPoint 2010文件默认扩展名为_____。

2．幻灯片模板文件的默认扩展名为_____。

3．在制作PowerPoint 2010演示文稿时可以使用设计模板，方法是单击_____菜单，选中"主题"命令。

二、选择题

1．在一个演示文稿中选择了一张幻灯片，按【Delete】键，则（　　）。

　　A．这张幻灯片被删除，且不能恢复

　　B．这张幻灯片被删除，但能恢复

　　C．这张幻灯片被删除，但可以利用"回收站"恢复

　　D．这张幻灯片被移到"回收站"

2．如果想对幻灯片中的某段文字或是某个图片添加动画效果，可以单击"幻灯片放映"菜单的（　　）命令。

　　A．动作设置　　B．自定义动画　　C．幻灯片切换　　D．动作按钮

三、简答题

通过查询资料，叙述PowerPoint 2010跟以前版本相比增加了哪些功能？

第 14 章

插入各种多媒体对象
——制作旅游宣传片

 本章重点掌握知识

1. 插入剪贴画和形状
2. 制作组织结构图
3. 插入图片及文本框
4. 添加并设置图表对象

 任务描述

山水旅行公司是一家专门经营北京市内旅游的公司，为了拓宽本公司的业务，宣传古都北京的旅游资源，公司决定在全国所有的省会城市进行北京旅游的大型宣传活动，需要制作宣传北京旅游资源的演示文稿，公司策划部小贾承担设计制作演示文稿的任务。

演示文稿既要宣传北京的旅游资源，又要介绍公司业务，为了吸引人的眼球，应将演示文稿做得图文并茂，能够充分展示北京古老而美丽的文化魅力。因此，在设计演示文稿时，除应有精心设计的文字以外，还应合理地插入图片、图形、图表等对象。

"北京自助旅游全攻略"样张如图 14-1 所示。

图 14-1 "北京自助旅游全攻略"样张

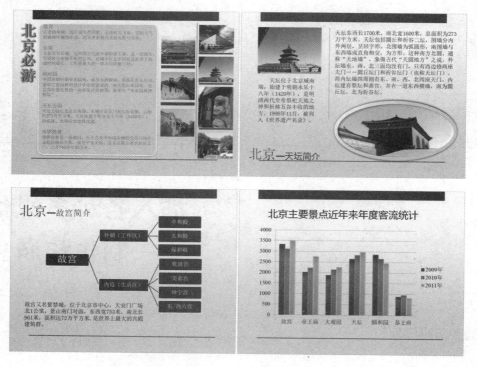

图 14-1　"北京自助旅游全攻略"样张（续）

 操作步骤

1. 设置演示文稿背景和文本格式

（1）运行 PowerPoint 2010，新建幻灯片。

（2）选择"设计"→"新闻纸"设计样式，如图 14-2 所示。

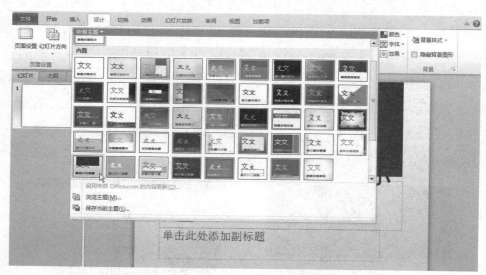

图 14-2　"新闻纸"设计样式

（3）单击设置"背景样式"按钮，可以指定背景颜色，如图 14-3 所示，或者单击"背景"组右下角的"对话框启动器"按钮，打开"设置背景格式"对话框，如图 14-4 所示，在对话框中设置填充颜色，可指定一种渐变色。

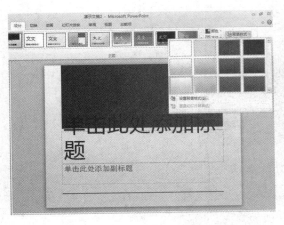

图 14-3　设置幻灯片背景

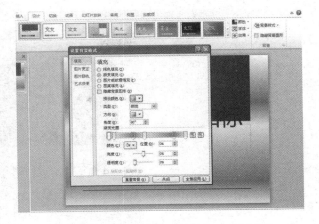

图 14-4　"设置背景格式"对话框

（4）插入文本框，输入文字"北京"，设置字体为"汉仪圆叠体简"，字号为"166"，如图 14-5 所示。选择"格式"选项卡，单击"艺术字样式"按钮，从中选择艺术字样式，如图 14-6 所示。

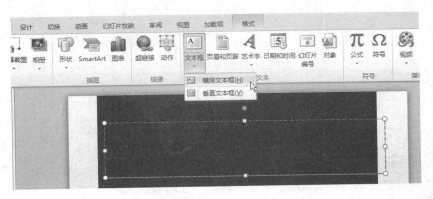

图 14-5　插入文本框并输入文字

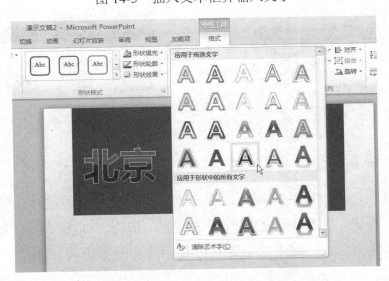

图 14-6　选择艺术字样式

（5）输入副标题"自助旅游全攻略"，设置字体为"汉仪太极体简"，字号为"28"，第 1 张幻灯片的制作效果如图 14-7 所示。

图 14-7　第 1 张幻灯片的制作效果

2. 插入图片和修饰图片

（1）选择"开始"→"幻灯片"→"新建幻灯片"按钮，在第 1 张幻灯片后面添加第 2 张幻灯片。单击工具栏上的"版式"按钮，可以指定幻灯片排版样式，如图 14-8 所示。

（2）单击"插入"→"图片"按钮，选择"素材"文件夹中的"导航标题"，如图 14-9 所示。设置幻灯片版式，如图 14-10 所示。

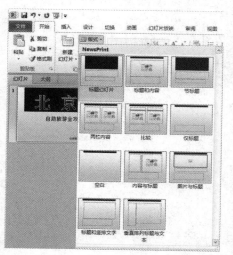

图 14-8　设置幻灯片版式

图 14-9　插入图片素材

（3）单击"插入"→"图片"按钮，选择"素材"文件夹中的"长城"素材，在工具栏上单击"颜色"按钮，选择下方的"设置透明色"按钮，如图 14-11 所示。鼠标变为色吸管形状，在图像的白色区域中单击即可设置图片背景为透明，如图 14-12 所示。

（4）单击"标记要保留的区域"，如图 14-13 所示。在图形中要保留的图像上单击，图像中紫色区域扩大；设置完成后单击"保留更改"按钮，保留区域效果，如图 14-14 所示。

（5）选中图片，单击"格式"→"图片样式"按钮，展开"样式"下拉菜单，从中选择"柔化边缘矩形"样式，如图 14-15 所示，修改样式效果如图 14-16 所示。

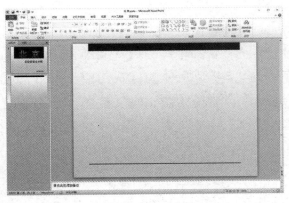

图 14-10　设置幻灯片版式

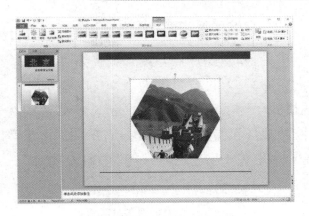

图 14-11　插入图片素材

图 14-12　设置透明背景

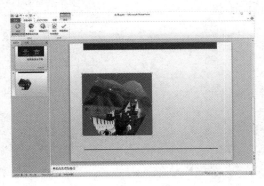

图 14-13　设置保存区域

图 14-14　保留区域效果

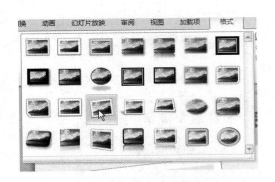

图 14-15　选择"柔化边缘矩形"样式

图 14-16　修改样式效果

（6）在标题文本框中输入"千年帝都——北京剪影"并设置文字样式，如图 14-17 所示。再利用文本框输入文字内容，设置字体为"汉仪雪君体简"，设置字号为"18"，如图 14-18 所示。

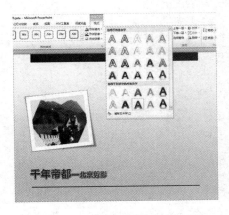

图 14-17　设置标题文字样式

图 14-18　输入其他文字

3. 自选图形与形状

（1）新建幻灯片并设置版式为"垂直排列标题与文本"样式，插入文本框，输入文字"北京必游"，设置字体为"汉仪圆叠体简"，字号为"54"，字体的样式与前一幻灯片标题的样式一样，如图 14-19 所示。单击"开始"选项卡，选择绘图工具功能区，在其中选择"圆角矩形"绘制圆角矩形。右击图形，在弹出的快捷菜单中选择"编辑文字"选项，在圆角矩形中输入文字内容，如图 14-20 所示。

图 14-19　输入文字并设置标题文字样式

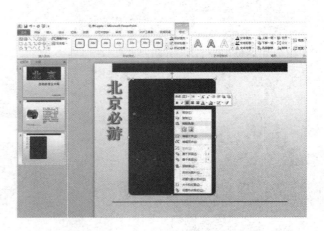

图 14-20　添加自定义图形并输入文字

（2）单击选中圆角矩形，在"格式"→"形状样式"下拉菜单中选择"浅色 1-轮廓"样式，如图 14-21 所示；单击工具栏上的"形状填充"按钮，弹出"形状填充"下拉菜单，如图 14-22 所示，从中选择"其他填充颜色"，指定颜色如图 14-23 所示并单击"确定"按钮。文字效果如图 14-24 所示。

图 14-21　设置形状样式

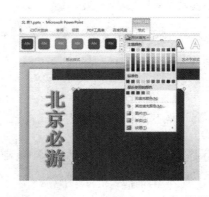

图 14-22　"形状填充"下拉菜单

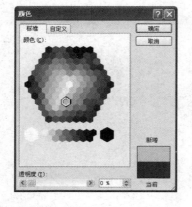

图 14-23　设置自定义颜色

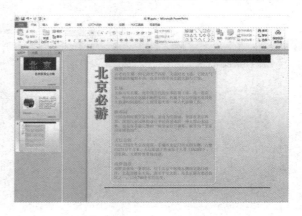

图 14-24　文字效果

（3）单击"插入"→"图片"按钮，依次从素材文件夹中选择图片，插入图片，如图 14-25 所示。再单击"开始"选项卡，从中选择绘图工具，绘制矩形和线条如图 14-26 所示。

图 14-25　插入图片

图 14-26　绘制矩形和线条

（4）再新建幻灯片并设置版式为"内容与标题"样式，根据前面所述的方法插入文字和图片，设置图片样式，如图 14-27 所示，第 4 张幻灯片的效果如图 14-28 所示，

图 14-27　设置图片样式

图 14-28　第 4 张幻灯片的效果

4．制作组织结构图

（1）新建幻灯片并插入文本框，输入文字"北京——故宫简介"，字体设置为"汉仪圆叠体简"、字号为"49"、颜色为"黑色"，设置字体样式，如图 14-29 所示。

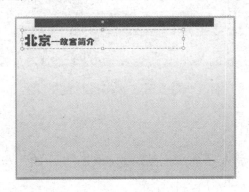

图 14-29　设置字体样式

（2）单击"插入"→"插图"→"SmartArt"按钮，在弹出的"选择 SmartArt 图形"对话框中选择"层次结构"选项，如图 14-30 所示。幻灯片中出现层次图，如图 14-31 所示，

在文本框中可输入所需要的文字。当层次结构数需要添加时，可单击"设计"→"添加形状"按钮，如图 14-32 所示。在此可以设置层次位置。第 5 张幻灯片的效果如图 14-33 所示。

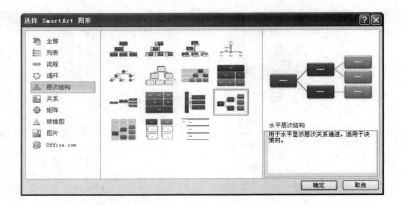

图 14-30　"选择 SmartArt 图形"对话框

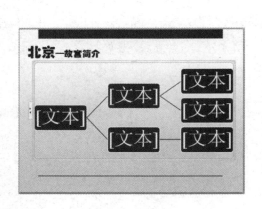

图 14-31　插入的层次结构

图 14-32　添加形状按钮

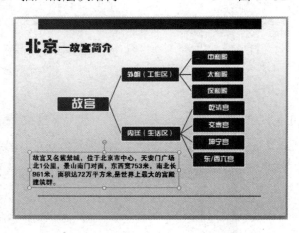

图 14-33　第 5 张幻灯片的效果

5. 添加并设置图表对象

（1）在第 5 张幻灯片后插入一张新幻灯片，单击"开始"→"插图"→"图表"按钮，弹出"插入图表"对话框，如图 14-34 所示。

（2）在对话框中选择"柱形图"中的一种样式，单击"确定"按钮，这时弹出 Excel 2010 的界面（与 PowerPoint 同时显示在桌面上），如图 14-35 所示。

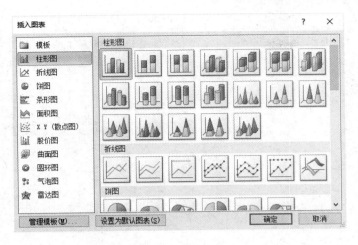

图 14-34　"插入图表"对话框

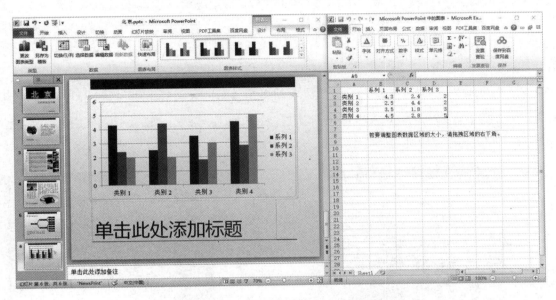

图 14-35　弹出 Excel 2010 的界面

（3）在 Excel 电子表格中输入相应的数据，如图 14-36 所示，关闭 Excel 窗口，则在幻灯片中出现与 Excel 表中的数据相符合的图表，如图 14-37 所示。

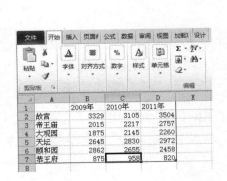

图 14-36　在 Excel 电子表格中输入数据

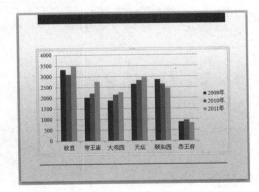

图 14-37　幻灯片中出现与电子表格相符合的图表

（4）选中图表，单击"设计"→"图表样式"下拉按钮，弹出"图表样式"的列表，如图 14-38 所示。

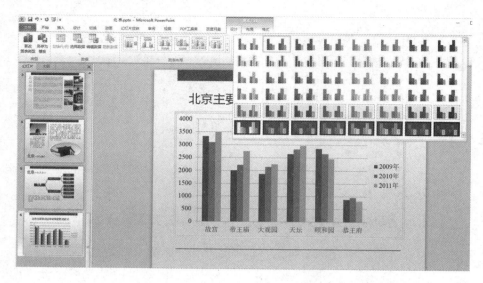

图 14-38 "图表样式"列表

（5）单击"样式 26"，图表增加立体感，如图 14-39 所示。

（6）在"插入"选项卡中，单击"文本框"按钮，输入"北京主要景点近年来年度客流统计"并设置字体及字体颜色，第 6 张幻灯片的制作效果，如图 14-40 所示。至此，"北京旅游宣传"的演示文稿全部制作完毕。

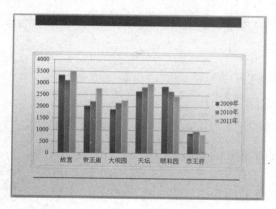

图 14-39 图表增加立体感

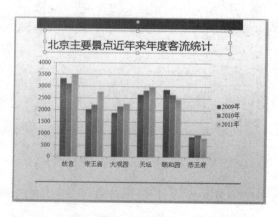

图 14-40 第 6 张幻灯片的制作效果

 知识解析

本任务使用了在幻灯片中插入图片、剪贴画、形状图形、SmartArt 图形及图表等方法，下面将对相关知识进一步说明。

PowerPoint 2010 的"插入"选项卡包含"表格""图像""插图""链接""文本""符号""媒体" 7 个组，如图 14-41 所示。通过插入这些对象，可以使制作的演示文稿内容更加丰富，形式更加美观，

图 14-41 "插入"选项卡

1．插入相册

如果要展示个人照片或工作照片，可以创建一个 PowerPoint 相册，然后在其中添加引人注目的幻灯片切换效果、丰富的背景和主题、特定版式及其他效果等。"插入相册"操作可以在幻灯片中根据一组照片（或图片）快速创建一个相册演示文稿。

单击"插入"→"图像"→"相册"按钮，弹出"相册"对话框，如图 14-42 所示。

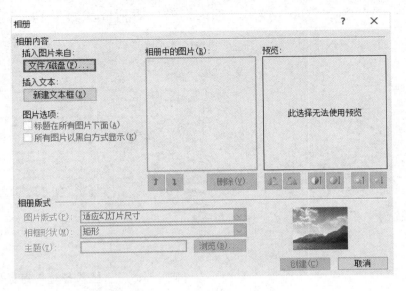

图 14-42　"相册"对话框

单击其中的"文件/磁盘（F）"按钮，则可从弹出的对话框中选择和插入多张图片，在"相册"对话框中设置相册的版式（即设置一张幻灯片中包含几张图片），然后单击"创建"按钮，即可快速创建一个 PowerPoint 相册。

2．插入幻灯片的页眉和页脚、日期、时间和编号

单击"插入"→"文本"→"页眉和页脚""日期和时间""幻灯片编号"等按钮，弹出"页眉和页脚"对话框，如图 14-43 所示，在该对话框中可以设置幻灯片的日期和时间、幻灯片编号、页脚等。

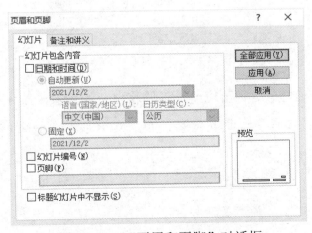

图 14-43　"页眉和页脚"对话框

3. 在幻灯片中插入媒体剪辑

PowerPoint 中的媒体剪辑主要指声音和影片，在幻灯片中根据需要加入声音或影片可增强演示文稿的功能和播放效果。

（1）插入音频。

单击"插入"→"媒体"→"音频"按钮，弹出"音频"下拉菜单，如图 14-44 所示，从中选择"文件中的音频"选项，弹出"插入音频"对话框，如图 14-45 所示。

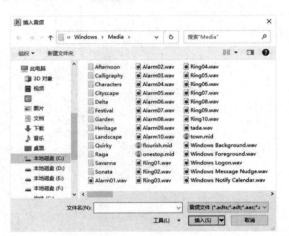

图 14-44　"音频"下拉菜单　　　　　　图 14-45　"插入音频"对话框

在"插入音频"对话框中，可以选择需要播放的音频文件，这时 PowerPoint 中会弹出"播放"工具条，如图 14-46 所示，在这里可设置是否循环播放、音量等参数。

图 14-46　"播放"工具条

如果单击"录制声音"按钮，则可以通过话筒将自己的声音录制下来并插入幻灯片中。"录音"对话框，如图 14-47 所示，从中可对声音的播放录制形式等进行设置。

图 14-47　"录音"对话框

（2）插入视频。

单击"插入"→"媒体"→"视频"按钮，弹出"插入影片"对话框，从中可选择视频文件，并将其插入到幻灯片中。

当在幻灯片中插入了视频以后，单击"视频工具"中的"播放"选项卡，可对视频的播放形式等进行设置，如图 14-48 所示。

图 14-48　"视频工具"中的"播放"选项卡

4．插入超链接

在 PowerPoint 2010 中，超链接是指从一张幻灯片到同一演示文稿中的另一张幻灯片的链接，或是从一张幻灯片到不同演示文稿中的另一张幻灯片、电子邮件地址、网页或文件的链接。可对文本或一个对象（如图片、图形、形状）创建链接。

（1）创建链接到相同演示文稿中的幻灯片的超链接。

① 首先选择要用作超链接的文本或对象。

② 单击"插入"→"链接"→"超链接"按钮，弹出"插入超链接"对话框，如图 14-49 所示。

图 14-49　"插入超链接"对话框

③ 在"链接到"处，单击"本文档中的位置"按钮。

④ 在"请选中文档中的位置"处，选择要用作超链接目标的幻灯片，单击"确定"按钮。

📖提示

如果在文本和某张幻灯片中间建立了超链接，则文本就出现下画线，放映幻灯片时，当光标指向文本时，就变成了一只手👆，单击就可以转到所链接的那张幻灯片了。

（2）创建链接到不同演示文稿中的幻灯片的超链接。

① 在"插入超链接"对话框的"链接到"选区中，选择"现有文件或网页"选项。

② 找到包含要链接到的幻灯片的演示文稿，单击"书签"按钮，弹出"在文档中选择位置"对话框。

③ 从中单击要链接到的幻灯片的标题，单击"确定"按钮即可。

按照类似方法，还可以创建链接到电子邮件地址、网站页面或新文件的超链接。

（3）删除超链接。

如果要删除超链接，选中建立超链接的文本（或对象），单击"插入超链接"对话框中的"删除链接"按钮即可。

5. 插入动作

在 PowerPoint 2010 中，插入动作实际上是为所选的对象添加一个操作，以指定单击该对象或者鼠标在其上悬停时应执行的操作。具体操作方法如下。

（1）首先选择要插入动作的文本或对象。

（2）单击"插入"→"链接"→"动作"按钮，弹出"动作设置"对话框，如图 14-50 所示。

图 14-50　"动作设置"对话框

在"动作设置"对话框中有两个选项卡，"单击鼠标"选项卡是设置单击鼠标时要做的动作，"鼠标移过"选项卡是设置鼠标经过对象时要做的动作。

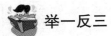 举一反三

为了增长同学们的地理文化知识，学校举办了一次旅游风情展示活动，要求以幻灯片的形式向大家展示一个地区的基本概况、风景名胜、风俗人情、经济发展等，要合理利用剪贴画、图片、图表、SmartArt 图、声音、影片等对象增加演示的趣味性和吸引力。

由于任务较大，同学们以小组为单位制作，相互分工合作，所需资料可通过互联网查询和下载，任务可选学校所在城市或自己熟悉的城市。为便于制作，建议先列出制作提纲，搜集相关素材，通过小组分工协作共同完成。"地理文化知识"演示文稿的样张如图 14-51 所示。

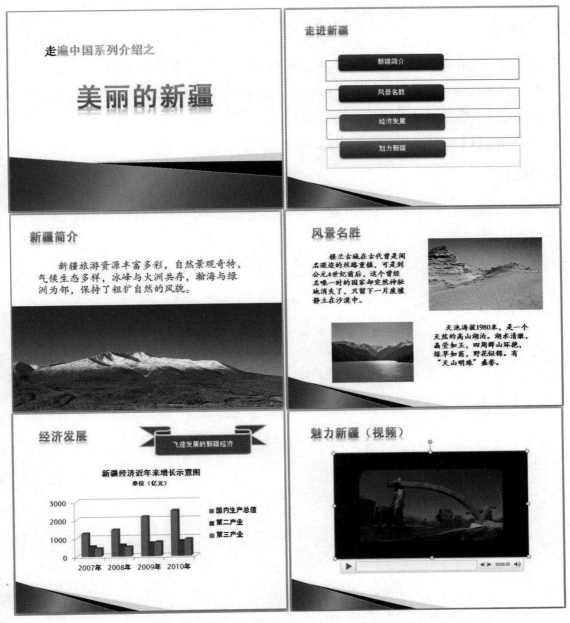

图 14-51 "地理文化知识"演示文稿的样张

习　　题

一、填空题

1．在演示文稿中要添加一张新的幻灯片，应该单击_____菜单中的"新建幻灯片"命令。

2．设置自选图形的填充方式中，可以有_____、_____、图案填充、_____和_____5 种填充方式。

二、判断题

1．在 PowerPoint 2010 中设置了主题的幻灯片，背景是不可以取消的。　　　　（　　）

2．幻灯片所设置的版式，是可以更改的，但更改版式后原有的幻灯片的文字色彩会跟随新版式变化，不随主题变化而变化。　　　　（　　）

3．在 PowerPoint 2010 中可直接插入屏幕截图。　　　　（　　）

三、简述题

在 PowerPoint 2010 中插入 Excel 表格对象的方法是如何操作的？

第 15 章

设置动画效果和幻灯片切换
——制作游戏测试题

 本章重点掌握知识

1. 设计主题的选择
2. 自定义动画效果
3. 设置幻灯片的切换
4. 设置幻灯片的放映方式
5. 设计和应用幻灯片母版

 任务描述

　　国庆节即将来临之际，为了使职工能够在节日期间放松心情，增进大家的凝聚力，文化传播公司的工会和团委决定联合举办职工联欢会，其中有一个项目为"智力游戏"活动，要求用演示文稿的方式将题目显示出来，等职工回答完再将正确答案公布（显示）出来。

　　由于本演示文稿用在联欢会上，所以应该具有表现力、轻松活泼，构成幻灯片的元素都能够动起来。例如，文字以不同的方式出现，并伴有不同的声音，特别是答案应单击鼠标后才出现等，这些都要用到演示文稿的动画效果。"智力游戏"演示文稿的样张如图 15-1 所示。

图 15-1　"智力游戏"演示文稿的样张

图 15-1 "智力游戏"演示文稿的样张（续）

操作步骤

1. 选择符合氛围的设计主题

（1）新建幻灯片，单击"设计"选项卡，在"主题"组中单击"火光"主题，如图 15-2 所示。

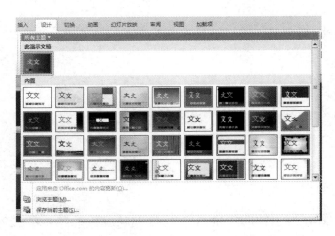

图 15-2 "火光"主题

（2）单击"添加标题"文本框，输入文字"国庆联欢会智力游戏"，单击"格式"选项卡，设置艺术字样式，如图 15-3 所示，在"副标题"文本框中输入"文化传播公司"，设置字体为"黑体"，字号设置为"32"；颜色设置为"渐变填充，黑色，轮廓-白色，外部阴影"，如图 15-4 所示，最终效果如图 15-5 所示。

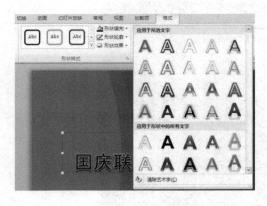
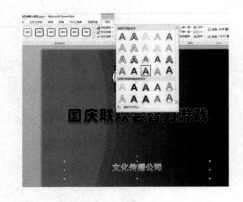

图 15-3 设置艺术字样式 1 　　　　　图 15-4 设置艺术字样式 2

（3）选中艺术字边框，单击"动画"→"动画"→"飞入"按钮，设置如图 15-6 所示。

图 15-5　最终效果

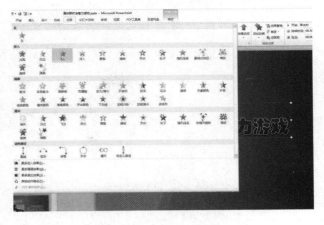

图 15-6　"飞入"按钮

（4）单击"动画"组的"对象启动器"按钮，弹出"飞入"对话框，如图 15-7 所示，在"效果"对话框中设置各种效果，可设置弹跳速度、平滑速度，设置声音等。设置副标题"文化传播公司"为"上浮"效果，如图 15-8 所示。

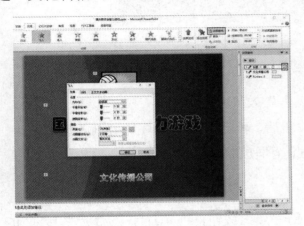

图 15-7　"飞入"对话框

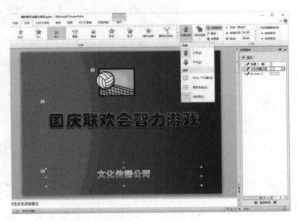

图 15-8　"上浮"效果

（5）单击"插入"选项卡，在"插图"组中的"剪贴画"中，选中第一个贴画，拖动至幻灯片中的位置。如图 15-9 所示。

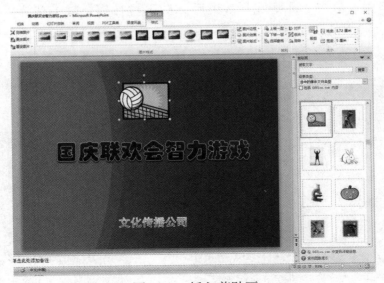

图 15-9　插入剪贴画

（6）选中图片，设置其动画效果为"弹跳"即可。

（7）设置其他动画效果时，单击"添加动画"按钮，弹出"添加动画"下拉菜单，如图15-10所示。

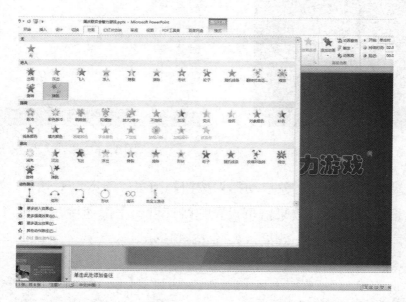

图15-10   "添加动画"下拉菜单

对动画进行设置，可添加多种"进入""退出"效果。

设置完成，单击"动画窗格"→"播放"按钮后，可查看当前幻灯片动画的设置效果。单击"幻灯片放映"按钮，可从当前幻灯片开始全屏放映演示文稿。

2. 根据需要设置自定义动画效果

（1）单击"开始"→"幻灯片"→"新建幻灯片"按钮，在第1张幻灯片之后添加一张新幻灯片，在幻灯片中插入文本和图片，如图15-11所示。

（2）选中题目文字"谜语"，在"动画"→"动画"组中，选择"淡出"效果；选中正文文字，打开"添加进入效果"对话框，如图15-12所示。单击"华丽型"→"挥鞭式"按钮。在动画窗格中，单击"挥鞭式"效果后方的下拉按钮，从中选择"效果选项"选项，如图15-13所示，弹出"挥鞭式"对话框，如图15-14所示。单击"计时"选项卡，可以设置播放方式和时长。

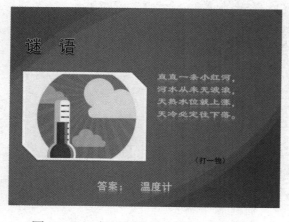

图15-11   在幻灯片中插入文本和图片

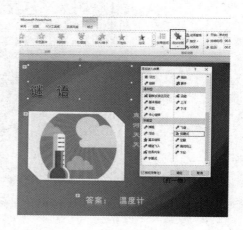

图15-12   "添加进入效果"对话框

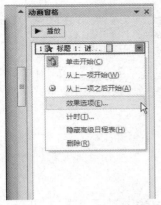
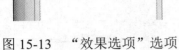

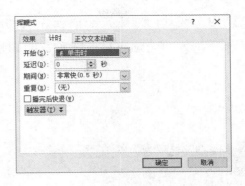

图 15-13　"效果选项"选项　　　　图 15-14　"挥鞭式"对话框

（3）在图 15-14 中，输入延迟时间和期间时间，单击"确定"按钮，即将题目文字设置为"挥鞭式"效果，设置"开始"为"单击时"，"期间"为"非常快"。

（4）选中"答案"文本框，单击"动画"选项卡，在"动画"组中选择进入效果为"缩放"，打开"缩放"对话框，如图 15-15 所示。

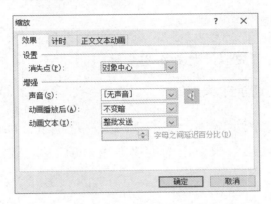

图 15-15　"缩放"对话框

（5）单击图片，对图片样式进行设置，如图 15-16 所示。

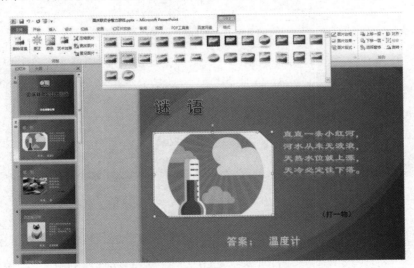

图 15-16　设置图片样式

（6）在幻灯片中，单击"图片"→"自定义动画"按钮，弹出"自定义动画"对话框，单击"添加效果"→"进入"→"其他效果"→"细微型"→"展开"→"确定"按钮，即将图片设置为"展开"效果，然后在"动画窗格"对话框的"动画效果"中，在"开始"下拉菜单中选择"上一动画之后"选项，期间设置为"中速（2秒）"，如图 15-17 和图 15-18 所示。

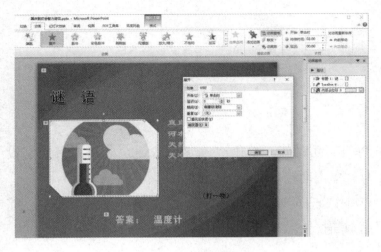

图 15-17　动画窗格中选择效果

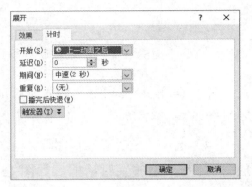

图 15-18　"展开"对话框

第 3～6 张幻灯片的设置类似，此处不再赘述。

3. 合理选择幻灯片的切换效果

（1）打开已经制作好的演示文稿，单击"切换"选项卡，如图 15-19 所示，在"切换到此幻灯片"组中选择"淡出"效果，单击"效果选项"按钮，弹出"效果选项"下拉菜单，如图 15-20 所示。

图 15-19　"切换"选项卡

图 15-20　"效果选项"下拉菜单

（2）单击"声音"的下拉按钮，可从"声音"下拉菜单中选择切换时的声音，选择切换声音为"风铃"选项，如图 15-21 所示。勾选"设置自动换片时间"复选框，如图 15-22 所示，从中设置换片时间。

（3）如果单击"全部应用"按钮，则将幻灯片过渡的设置应用到所有的幻灯片中，否则仅对当前幻灯片有效。

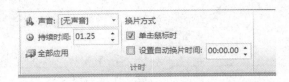

图 15-21　"风铃"选项　　　　图 15-22　"设置自动换片时间"复选框

至此，"智力游戏"演示文稿制作完毕，单击 PowerPoint 2010 窗口右下角的"幻灯片放映"按钮，即可播放演示文稿。

 知识解析

PowerPoint 2010 中设置动画和幻灯片切换效果是在"动画"选项卡中完成的。"动画"选项卡包括 3 个组，其中，"预览"组用于预览当前幻灯片所设置的动画和预览效果；"动画"组用于设置对象的动画效果；"切换到此幻灯片"组用于设置幻灯片的切换效果。

1．设置动画

先选择幻灯片上的一个对象（文字、剪贴画、图形、SmartArt 图形或图表），单击"动画"选项卡，可在"动画"组中设置动画效果。

（1）用预置的动画效果设置动画。

选择幻灯片上的一个对象后，打开"动画"→"动画"组的下拉菜单，选择预置的动画效果，从中可选择设置对象的动画效果，不同的对象预置的动画效果是不同的。

（2）用"添加动画"设置动画效果。

选择幻灯片上的一个对象后，单击"动画"→"添加动画"按钮，弹出"添加动画"下拉菜单，如图 15-23 所示，从中可以设置对象的各种效果，包括 4 个选项。

① 添加进入效果：设置进入效果，"添加进入效果"对话框如图 15-24 所示。

② 添加强调效果：设置动画的强调效果，"添加强调效果"对话框如图 15-25 所示。

③ 添加退出效果：可从其下拉菜单中选择对象退出幻灯片的效果，"添加退出效果"对话框如图 15-26 所示。

④ 添加动作路径：可从下拉菜单中选择对象进入或退出幻灯片的路径，除可以选择规定好的路径外，还可以自定义路径，使对象的进入和退出更加个性化，"添加动作路径"对话框如图 15-27 所示。

图 15-23　"添加动画"
下拉菜单

图 15-24　"添加进入效果"
对话框

图 15-25　"添加强调效果"
对话框

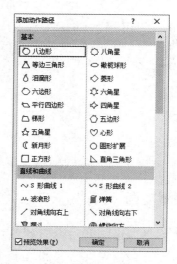

图 15-26　"添加退出效果"对话框

图 15-27　"添加动作路径"对话框

2. 设置幻灯片的切换方式

单击"切换"→"切换到此幻灯片"组的下拉按钮，弹出"幻灯片切换"下拉菜单，如图 15-28 所示。在下拉菜单中选择一种切换方式，即可把该切换方式添加到幻灯片上。下拉菜单中包含有几十个切换方式，基本可以满足演示文稿的需要。

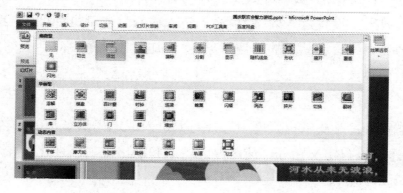

图 15-28　"幻灯片切换"下拉菜单

如果希望在切换幻灯片时配有声音，可单击"声音"的下拉按钮，在"声音"列表中选择所需声音。在"持续时间""设置自动换片时间"中还可选择切换的速度。

在"换片方式"栏里，若选择"单击鼠标时"，则只有单击时才切换到下一张幻灯片；若选择"在此之后自动设置动画效果"并输入一个时间（秒），则经过特定秒数后自动切换到下一张幻灯片。

3. 设置幻灯片的放映方式

放映幻灯片最简单的方式是将第 1 张幻灯片设置为当前幻灯片，然后按【F5】快捷键即可进入幻灯片放映方式。但若对放映有更高的要求，则要使用"幻灯片放映"选项卡中的命令。

PowerPoint 2010 中的"幻灯片放映"选项卡如图 15-29 所示。

图 15-29　"幻灯片放映"选项卡

"幻灯片放映"选项卡包含 3 个组。

（1）"开始放映幻灯片"组。

该组中包含 4 个按钮。

① 从头开始：单击该按钮，则不论当前位置在哪一张幻灯片，都从第一张幻灯片开始放映演示文稿。

② 从当前幻灯片开始：单击该按钮，则从当前幻灯片开始放映演示文稿，与单击"幻灯片放映"按钮相同。

③ 广播幻灯片：单击该按钮，可以在 Web 浏览器中观看远程广播幻灯片放映。

④ 自定义幻灯片放映：单击该按钮，则弹出"自定义放映"对话框，如图 15-30 所示。单击"新建"按钮，弹出"定义自定义放映"对话框，如图 15-31 所示。

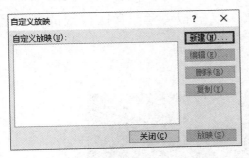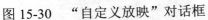
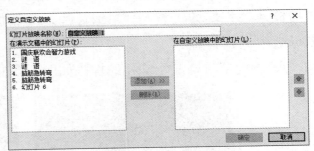

图 15-30　"自定义放映"对话框　　　图 15-31　"定义自定义放映"对话框

在该对话框中，也可以对当前演示文稿中的幻灯片挑选一部分放映，而不必全部放映。使用右侧上下箭头可以调整幻灯片播放前后顺序。

（2）"设置"组。

该组中包含 4 个按钮。

① 设置幻灯片放映：单击该按钮，弹出"设置放映方式"对话框，如图 15-32 所示；在该对话框中可以对幻灯片的放映方式进行高级设置。

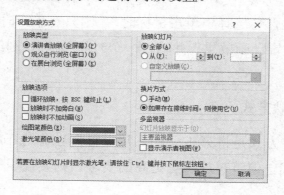

图 15-32　"设置放映方式"对话框

② 隐藏幻灯片：单击该按钮，则隐藏当前幻灯片，在全屏放映时，不显示此幻灯片。

③ 排练计时：单击该按钮，进入全屏幕放映，计算机可以自动地将每张幻灯片所用的时间记录下来，供以后自动放映计时使用，这就像对演示文稿的演练。

④ 录制幻灯片演示：单击该按钮，弹出"录制"对话框，可以使用计算机附带的麦克风录制旁白，播放演示文稿时，录制的旁白可一起播放。

（3）监视器。

该组主要用来对计算机的显示器等进行设置。

 举一反三

公司或单位经常会搞一些文娱活动，通过使用幻灯片制作知识测验，既可提高双方的互动性，又能增加节目的娱乐性，一举两得。为了使节目更具有指导意义，"知识测验节目"演示文稿不仅要给出答案，有的还需要给出解释说明。

本任务要求至少由 6 张幻灯片组成：一张封面和 5 张正文幻灯片，也可根据需要适当增加。所需的图片和剪贴画可利用 Office 从网上搜寻后剪辑得到。效果为单击鼠标时，问题字体颜色淡出，灰暗色，然后出现相关图片进行提示，再次单击后出现答案。为了增加播放效果和现场气氛，可为幻灯片之间添加切换效果和声音，有些样式或特效还可以在母版中进行设置。

"知识测验节目"演示文稿的样张如图 15-33 所示。

图 15-33　"知识测验节目"演示文稿的样张

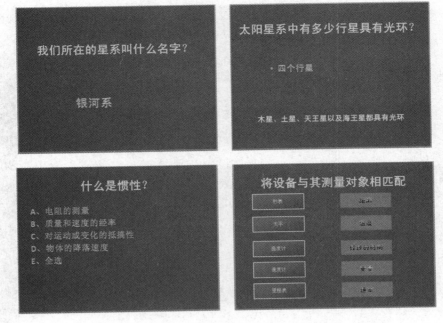

图 15-33　"知识测验节目"演示文稿的样张（续）

 拓展知识与训练

1. 设计和应用幻灯片母版

所谓母版是指记录演示文稿中所有幻灯片布局信息资料的模版。在 PowerPoint 2010 中，每一个演示文稿中都包含 3 个母版：幻灯片母版、讲义母版和备注母版。幻灯片母版中包括文本和对象在幻灯片上的放置位置、占位符的大小、文本样式、背景、颜色主题、效果和动画；讲义母版包括页眉和页脚占位符的位置、大小和格式的设置；备注母版包括了对备注格式的设置。

> 📖 **什么是占位符？**
>
> 占位符是一种带有虚线边缘的框，绝大部分幻灯片版式中都有这种框。在这些框内可放置标题及正文，或者图表、表格和图片等对象。

设计幻灯片母版的方法如下。

（1）单击"视图"→"母版视图"→"幻灯片母版"按钮，如图 15-34 所示。

图 15-34　"幻灯片母版"按钮

（2）此时出现"幻灯片母版"选项卡，并弹出一张幻灯片母版，从中可插入或设计各种对象和效果（与设计一般幻灯片的方法一样）。设计幻灯片母版的样式，如图 15-35 所示，在幻灯片母版上设计了背景，定义了艺术字格式，并设置了动画效果。

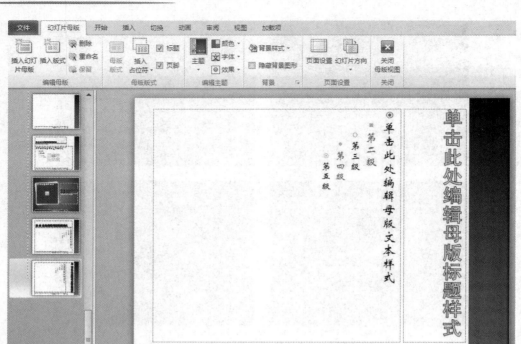

图 15-35　设计幻灯片母版的样式

（3）单击"关闭母版视图"按钮，即可完成对母版的编辑，返回到幻灯片编辑状态。此时再添加新的幻灯片，其背景都是与母版相同的背景。

2.　拓展训练——创建"保护环境，关爱地球"演示文稿

地球是人类共同的家园，爱护地球，保护环境，人人有责。请以"保护环境，关爱地球"为主题创建包括封面和至少 5 张正文幻灯片的演示文稿。

制作本例时，可先设计一个幻灯片母版，母版中插入剪贴画和形状，并设置合适的动画，使每一张幻灯片都有相同的背景和动画效果。为便于浏览，"主题"幻灯片和后面的幻灯片应有链接，当单击某一主题时，可转向相应的幻灯片显示；每一个主题演讲完后，应能返回"导航"幻灯片。建议设置幻灯片切换效果和声音，所需素材资料可通过互联网下载参考。

"保护环境，关爱地球"演示文稿的样张如图 15-36 所示。

图 15-36　"保护环境，关爱地球"演示文稿的样张

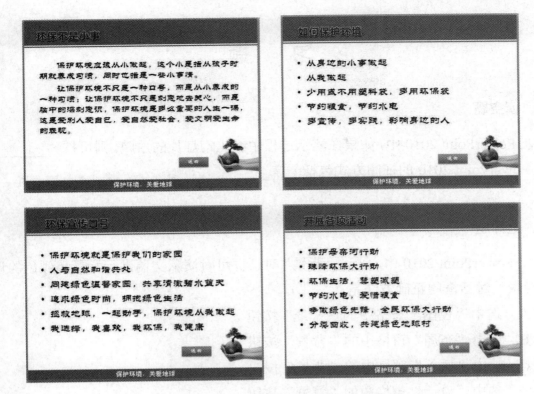

图 15-36　"保护环境，关爱地球"演示文稿的样张（续）

总结与思考

PowerPoint 2010 是专门制作演示文稿的软件。使用该软件能够制作出集文字、图形、图像、声音、动画及视频等多媒体元素于一体的图文并茂、色彩丰富、生动形象并且具有极强的表现力和感染力的演示文稿。第 13 至第 15 章主要学习了 PowerPoint 2010 软件的基本功能和应用，通过各个任务的学习和训练，应达到以下要求。

● 了解 PowerPoint 2010 的基本功能，理解演示文稿的基本概念。

● 熟练掌握创建、打开、保存和放映演示文稿的基本操作方法。

● 会设置幻灯片的版式、背景及配色等修饰演示文稿。

● 熟练掌握通过插入编辑剪贴画、艺术字、形状等内置对象对演示文稿的修改方法。

● 会在幻灯片中插入多媒体素材，包括图像、声音、照片和动画，会在幻灯片中建立表格、图表，会创建动作按钮及超链接，以增加演示文稿的感染力。

● 会使用自定义动画功能及设置幻灯片以不同的效果、切换方式放映，使演示文稿更生动活泼。

学有余力和对 PowerPoint 2010 演示文稿设计有兴趣的同学可在掌握以上知识的基础上，选学"知识拓展与训练"中的内容，了解 PowerPoint 2010 主题、链接和自定义母版等功能。

通过学习，同学们还可以试着制作如新年贺卡、教学课件、论文演示等电子演示文稿，在制作过程中还可以把各种动画效果加以组合，形成新的特效，如钟摆、雪花等。试试吧，开动你的思维和想象，就可以创作出千变万化、美丽多彩的电子演示文稿。

习　题

一、填空题

1. 在 PowerPoint 2010 中，如果在演示过程中终止幻灯片的放映，则可按＿＿＿＿＿键。

2. PowerPoint 2010 的视图方式包括＿＿＿＿＿＿、＿＿＿＿＿＿、＿＿＿＿＿＿、＿＿＿＿＿＿。

二、选择题

1. 在 PowerPoint 2010 中，通过"背景"对话框可对演示文稿进行背景和颜色的设置，打开"背景"对话框的正确方法是（　　　）。

　　A．选中"视图"窗格中的"背景"按钮

　　B．选中"布局"窗格中的"背景"按钮

　　C．选中"插入"窗格中的"背景"按钮

　　D．选中"设计"窗格中的"背景"按钮

2. PowerPoint 2010 建立演示文稿的 3 种方式为（　　　）。

　　A．文件、新建及插入

　　B．内容提示向导、设计模板及空演示文稿

　　C．新建、常用及空演示文稿

　　D．应用设计模板、幻灯片配色方案及幻灯片切换

三、判断题

1. PowerPoint 2010 浏览模式下选择分散的多张幻灯片应同时按住【Shift】键。
（　　　）

2. 在演示文稿中，给幻灯片重新设置背景，若要给所有幻灯片使用相同背景，则在"背景"对话框中应单击全部应用。（　　　）

3. 在 PowerPoint 2010 中，设置幻灯片放映时的换页效果为"垂直百叶窗"，可使用"动画"窗格下的"幻灯片切换效果"按钮。（　　　）

4. 放映幻灯片时，要对幻灯片的放映具有完整的控制权，可使用演讲者放映功能。
（　　　）

第 16 章

PowerPoint 2010 综合实训
——创建"中国瓷文化"演示文稿

 任务描述

中瓷文化公司为了进一步推广业务，普及瓷文化知识，拟制作一个有关中国瓷文化的幻灯片，包括瓷的起源、瓷的分类、品瓷及瓷工艺等内容，要求文稿不少于 8 张幻灯片，图文并茂、版面合理，包含背景音乐、相关视频和旁白等内容以增加可视性。制作各幻灯片之间的导航，以利于相互跳转，动画效果和幻灯片切换要协调。

 操作步骤

首先要设计好演示文稿的制作方案，在方案中要明确以下内容。

1. 演示文稿的主题

中国瓷文化介绍可以选择的主题很多。如瓷的起源、瓷艺瓷道、瓷的分类、品瓷及有关瓷的文学作品等。作为向公众普及瓷文化知识，应当尽可能全面，但不宜太专业，主要倾向于基础了解。

2. 确定幻灯片的总体结构

主题确定之后，要围绕主题确定演示文稿的基本结构。明确整个演示文稿大致需要几张幻灯片，分成几部分主要内容，是否需要设置标题幻灯片，各主要内容之间如何链接，是否使用模板，对模板做哪些修改等问题。

3. 确定幻灯片的播放方式

要根据展示主题及放映场合的实际情况，决定幻灯片采用什么播放方式，如何进行幻灯片切换，是否要隐藏幻灯片或者设置自定义播放等内容。

4. 搜集整理素材

利用各种方式搜集整理有关的文字、图片、音乐、视频、动画等素材。

5. 制作演示文稿

该阶段主要完成创建演示文稿、建立超链接、自定义动画、设置幻灯片切换方式、录制解说词、排练计时、设置循环播放等具体工作。"中国瓷文化"演示文稿的样张如图16-1所示。

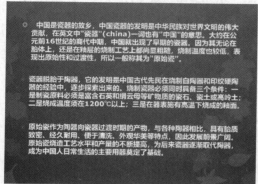

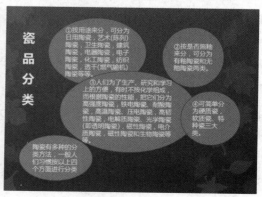

图16-1　"中国瓷文化"演示文稿的样张

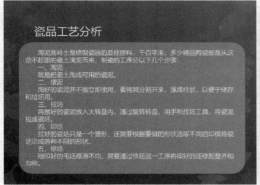
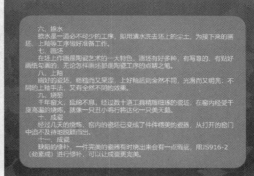
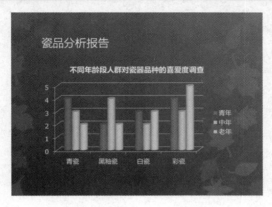

图 16-1　"中国瓷文化"演示文稿的样张（续）

反侵权盗版声明

　　电子工业出版社依法对本作品享有专有出版权。任何未经权利人书面许可，复制、销售或通过信息网络传播本作品的行为；歪曲、篡改、剽窃本作品的行为，均违反《中华人民共和国著作权法》，其行为人应承担相应的民事责任和行政责任，构成犯罪的，将被依法追究刑事责任。

　　为了维护市场秩序，保护权利人的合法权益，我社将依法查处和打击侵权盗版的单位和个人。欢迎社会各界人士积极举报侵权盗版行为，本社将奖励举报有功人员，并保证举报人的信息不被泄露。

举报电话：（010）88254396；（010）88258888

传　　真：（010）88254397

E-mail：　dbqq@phei.com.cn

通信地址：北京市万寿路 173 信箱

　　　　　电子工业出版社总编办公室

邮　　编：100036